TENSORRECHNUNG
IN ANALYTISCHER DARSTELLUNG

VON

A. DUSCHEK UND A. HOCHRAINER

III. ANWENDUNGEN IN PHYSIK UND TECHNIK

ZWEITE AUFLAGE

1965
SPRINGER-VERLAG
WIEN · NEW YORK

GRUNDZÜGE DER TENSORRECHNUNG IN ANALYTISCHER DARSTELLUNG

VON

DR. PHIL. **ADALBERT DUSCHEK**
WEILAND O. PROFESSOR DER MATHEMATIK
AN DER TECHNISCHEN HOCHSCHULE WIEN

UND

DR. TECHN. **AUGUST HOCHRAINER**
A. O. PROFESSOR AN DER TECHNISCHEN HOCHSCHULE WIEN
DIREKTOR DES HOCHSPANNUNGSINSTITUTES UND DER HOCHSPANNUNGS-
SCHALTGERÄTEFABRIK DER AEG, KASSEL

IN DREI TEILEN

III. TEIL: ANWENDUNGEN IN PHYSIK UND TECHNIK

MIT 26 TEXTABBILDUNGEN

ZWEITE ERGÄNZTE AUFLAGE

1965
SPRINGER-VERLAG
WIEN · NEW YORK

ISBN-13: 978-3-211-80714-9 e-ISBN-13: 978-3-7091-8118-8
DOI: 10.1007/978-3-7091-8118-8

Softcover reprint of the hardcover 2nd edition 1965

Library of Congress Catalog Card Number 49—29507

Titel-Nr 8184

Vorwort zur zweiten Auflage

Ähnlich wie bei der zweiten Auflage des zweiten Bandes habe ich mich auch bei der zweiten Auflage des dritten Bandes, abgesehen von gewissen Verbesserungen einiger Herleitungen, auf Ergänzungen beschränkt, die die Anwendung krummliniger Koordinaten sowohl in der Mechanik als auch in der Festigkeitslehre anzeigen. Dabei leitete mich, so wie im Vorwort zur ersten Auflage ausgedrückt, der Gedanke, daß dieser Band die Aufgabe hat, zu zeigen, was man mit den Methoden der Tensorrechnung anfangen kann, allerdings unter Beschränkung auf jene Gebiete, in denen Tensoren im geometrischen Sinn und nicht bloß als Abbilder anderer Größen auftreten. An die erwähnten Abschnitte sind jetzt auch einige Aufgaben angefügt. Mit Rücksicht auf den Zusammenhang mit den anderen beiden Bänden, von denen der erste seit 1960 in vierter und der zweite seit 1961 in zweiter Auflage vorliegt, ist die Anwendung und Reihenfolge der Abschnitte beibehalten worden, und es blieben auch die beiden Abschnitte über die Doppelfelder, die inhaltlich richtiger zum zweiten Band gehören, an ihrer Stelle.

Mein besonderer Dank gilt Herrn Dipl.-Ing. F. Eiserlo für seine Mithilfe nicht nur beim Korrekturenlesen, ebenso wie dem Verlag für die stets angenehme Zusammenarbeit und die vorbildliche Ausstattung des Buches.

Kassel, im Januar 1965

A. Hochrainer

Aus dem Vorwort zur ersten Auflage

... Wir hoffen, daß die vielen treuen Leser, die das Erscheinen des letzten Teils mit oft geäußerter Ungeduld erwartet haben, jetzt nicht enttäuscht sind und daß auch dieser Band ihren Erwartungen entspricht. Sein Thema ist die theoretische Physik, zum Teil ziemlich weit in technische Anwendungen reichend. Aber das Buch ist, das sei ausdrücklich gesagt, kein Lehrbuch, weder der theoretischen Physik noch der technischen Mechanik oder Elektrotechnik. Wir wollten vor allem an den handfesten Problemen der Anwendungen zeigen, was man mit Fug und Recht mit den Methoden der Tensorrechnung behandeln kann, und wir glauben, daß das ein recht großes Gebiet ist. Wir haben keine Vollständigkeit angestrebt, das wäre für ein einführendes Buch ein sinnloses Unterfangen gewesen. Wir glauben aber, daß das hier Dargelegte genügt, um dem verstehenden Leser zu zeigen, nicht nur, was man mit tensoriellen Methoden behandeln kann, sondern auch, wo man diese Methoden nicht anwenden darf.

Aus dem Inhaltsverzeichnis kann man entnehmen, daß vor allem drei Gruppen physikalischer Erscheinungen behandelt sind: Mechanik, Wärme und Elektrizität. Die drei Paragraphen über Relativitätstheorie gehören teils zur Geometrie, teils zur Mechanik und Elektrodynamik. Eine besondere Rolle spielen die beiden Paragraphen über die vektoriellen Doppelfelder, in denen zum erstenmal versucht wird, eine ganze Reihe von Eigenschaften der im folgenden behandelten speziellen physikalischen Felder unter einen gemeinsamen geometrischen Hut zu bringen.

Die Hauptarbeit an diesem Band hat A. Hochrainer übernommen; von A. Duschek stammen lediglich Teile der Elastizitätstheorie und die Relativitätstheorie (bis auf die relativistische Elektrodynamik).

Für zahlreiche äußerst wertvolle Verbesserungsvorschläge sind wir Herrn Dipl.-Ing. Josef Bomze zu aufrichtigem Dank verpflichtet; zu danken haben wir außerdem noch den Herren Dozent Dr. Fritz Chmelka, Dr. Walter Eberl, Dr. Hans Reiter, Dozent Dr. Hermann Robl, Dr. Max Skalicky und Prof. Dr. Eugen Skudrzyk für wertvolle Ratschläge und für die Hilfe bei der Korrektur.

A. Duschek, A. Hochrainer

Inhaltsverzeichnis

Dritter Teil

Anwendungen in Physik und Technik

Zur Bezeichnung

Die partiellen Ableitungen irgendwelcher Funktionen (Tensorkoordinaten) $\varphi(x_p)$ nach den Koordinaten x_i und nur diese sind, wo kein Mißverständnis zu befurchten ist, mit

$$\partial_i \varphi$$

an Stelle von

$$\frac{\partial\varphi}{\partial x_i}$$

geschrieben. Ferner sind die Christoffelklammern erster und zweiter Art mit

$$[ij, k] \text{ und } \begin{Bmatrix} k \\ ij \end{Bmatrix}$$

an Stelle von

$$\begin{bmatrix} ij \\ k \end{bmatrix} \quad \text{und} \quad \begin{Bmatrix} ij \\ k \end{Bmatrix}$$

bezeichnet.

Inhaltsübersicht des ersten und zweiten Teiles

Tensoralgebra

Der Gegenstand der Tensorrechnung. — Punkte, Strecken und Vektoren — Addition von Vektoren. Produkt eines Vektors mit einem Skalar. — Lineare Abhängigkeit von Vektoren. — Länge eines Vektors. — Das innere oder skalare Produkt. — Beispiele aus der Geometrie. — Lineare Vektorfunktionen. Tensoren. — Orthogonale Transformationen und Bewegungsgruppe. — Tensoren und einfachste Tensoroperationen. — Der ε-Tensor und das äußere Produkt von Vektoren. — Reziproke Dreibeine. — Tensoren zweiter Stufe. — Symmetrische Tensoren zweiter Stufe. — Flächen zweiten Grades

Tensoranalysis

Veränderliche Vektoren und Raumkurven. — Das begleitende Dreibein und die Formeln von FRENET. — Krümmung und Windung. Die natürlichen Gleichungen einer Kurve. — Raumkurven und Torsen. — Die erste Grundform der Flächentheorie. Messung von Längen, Winkeln und Flächeninhalten auf einer Fläche. — Die zweite Grundform der Flächentheorie. Die Krümmung einer Fläche. — Weiteres über die Krümmung der Fläche. — Tensorfelder. — Die Integration der Feldgrößen. Kurvenintegrale. — Flächenintegrale. Der Stokessche Satz. — Raumintegrale. Die Integralsätze von GAUSS und GREEN. — Das quellen- und wirbelfreie Feld (Laplace-Feld). — Das Poissonsche oder wirbelfreie Feld. — Das quellenfreie oder Wirbelfeld. — Die geometrischen Eigenschaften der Vektorfelder. — Das ebene Feld I. — Das ebene Feld II. — Allgemeine (krummlinige) Koordinaten. — Vektoren und Tensoren in allgemeinen Räumen. — Absolute Differentiation und Parallelverschiebung im Riemannschen Raum. — Der Riemannsche Krümmungstensor. — Anwendungen auf die Flächentheorie. — Spezielle Koordinaten.

Dritter Teil

Anwendungen in Physik und Technik

§ 39. Mechanik des Massenpunktes

1. Vorbemerkungen. Die Mechanik war das erste Anwendungsgebiet der Vektorrechnung; die einfachsten Beispiele für Vektoren, die nicht aus der Geometrie stammen, wie Geschwindigkeiten und Kräfte, werden auch heute noch der Mechanik entnommen. Von der zunächst rein anschaulichen Begriffsbildung ist man später zur strengen Definition der verschiedenen Größen und damit zu dem rein geometrisch definierten Tensorbegriff gekommen. Wir müssen daher bei der Anwendung der Tensorrechnung in der Physik stets erst nachweisen, ob und wie weit sich die Eigenschaften der verwendeten Größen mit den im geometrischen Sinn definierten allgemeinen Tensoreigenschaften decken, bevor wir Zusammenhänge zwischen diesen Größen mit den Hilfsmitteln der Tensorrechnung behandeln. Die folgenden Ausführungen werden sich daher in erster Linie mit diesen Fragen zu befassen haben und weniger damit, zu zeigen, wie spezielle Probleme gelöst werden können.

Man pflegt die Mechanik nach den wichtigsten Eigenschaften der physikalischen Objekte in mehrere große Abschnitte zu teilen und unterscheidet demgemäß die Mechanik des Massenpunktes, des Punktsystems, des starren und des deformierbaren Körpers. Die letztere werden wir in der Elastizitätstheorie und in der Mechanik der Flüssigkeiten behandeln. Die Mechanik des Massenpunktes befaßt sich mit den Zusammenhängen zwischen der Bewegung und den Kräften im Falle einzelner Massenpunkte. Wir beginnen mit der Untersuchung der reinen Bewegungsgesetze, also mit der Kinematik.

2. Kinematik, Geschwindigkeit, Beschleunigung. Wir haben schon in § 16 darauf hingewiesen, daß sich die Bewegung eines Punktes P längs einer Kurve $\mathfrak{C}$ durch eine Abhängigkeit der Koordinaten x_i des Punktes von der Zeit t in der Gestalt

$$x_\iota = x_\iota(t) \tag{39, 01}$$

darstellen läßt. Wir setzen dabei voraus, daß die drei Funktionen $x_\iota(t)$ innerhalb eines gemeinsamen Intervalles $a \leqq t \leqq b$ eindeutig, stetig und mit Ausnahme von höchstens endlich vielen Stellen mindestens zweimal stetig differenzierbar sind.

Die *Geschwindigkeit* (der *Geschwindigkeitsvektor*)[1] eines Punktes ist an jeder Stelle seiner Bahn durch die Ableitung des Ortsvektors nach der Zeit, also durch

$$\boxed{v_\iota = \dot{x}_\iota = \frac{dx_\iota}{dt} = \lim_{\Delta t \to 0} \frac{x_\iota(t + \Delta t) - x_\iota(t)}{\Delta t}} \tag{39, 02}$$

gegeben. Der Betrag der Geschwindigkeit ist dann

$$v = \sqrt{v_\iota v_\iota} = \sqrt{\dot{x}_\iota \dot{x}_\iota} \tag{39, 03}$$

und der während der Zeitspanne von t_0 bis t zurückgelegte Weg

$$s = \int_{t_0}^{t} v\, dt = \int_{t_0}^{t} \sqrt{\dot{x}_\iota \dot{x}_\iota}\, dt. \tag{39, 04}$$

Umgekehrt gilt daher

$$\boxed{v = \dot{s} = \frac{ds}{dt} \cdot} \tag{39, 05}$$

Aus (39, 02) und (39, 05) erkennt man: *Der Geschwindigkeitsvektor ist die Ableitung des Ortsvektors nach der Zeit, sein Betrag ist die Ableitung des Weges nach der Zeit.*

Unter der *Beschleunigung* (dem *Beschleunigungsvektor*) versteht man die Änderung der Geschwindigkeit in der Zeit, also

$$b_\iota = \dot{v}_\iota = \frac{dv_\iota}{dt} = \frac{d^2 x_\iota}{dt^2} \cdot \tag{39, 06}$$

Der Geschwindigkeitsvektor hat wegen

$$v_\iota = \frac{dx_\iota}{ds} \cdot \frac{ds}{dt} = T_\iota v \tag{39, 07}$$

[1] Wir verwenden die Bezeichnung „Geschwindigkeit" der Kürze wegen auch für den Geschwindigkeitsvektor und unterscheiden nur dort, wo es notwendig ist, zwischen diesem und der Geschwindigkeit als seinem Betrag

die Richtung des Tangentenvektors T_i an $\mathfrak{C}$ im betrachteten Punkt. Dies trifft für den Beschleunigungsvektor im allgemeinen nicht zu. Ersetzt man v_i in (39, 06) durch (39, 07), so folgt

$$b_i = \frac{d}{dt}(T_i v) = \frac{dT_i}{dt} v + T_i \frac{dv}{dt} = \frac{dT_i}{ds} v^2 + T_i \frac{dv}{dt}$$

oder wegen (17, 06), wenn $\varrho = \frac{1}{\varkappa}$ der Krümmungsradius von $\mathfrak{C}$ ist,

$$\boxed{b_i = H_i \frac{v^2}{\varrho} + T_i b_T.} \qquad (39, 08)$$

Die Beschleunigung läßt sich in zwei Komponenten zerlegen, von denen die eine in die Richtung des Tangentenvektors T_i der Bahn des Punktes fällt, während die zweite in der Richtung der Hauptnormalen H_i zum Krümmungsmittelpunkt hin zeigt. Den Betrag der ersten

$$b_T = \frac{dv}{dt} \qquad (39, 09)$$

nennt man die *Tangentialbeschleunigung*, den Betrag der zweiten

$$b_H = \frac{v^2}{\varrho} \qquad (39, 10)$$

die *Zentripetalbeschleunigung*.

Es gibt zwei wichtige Sonderfälle, je nachdem die Zentripetalbeschleunigung oder die Tangentialbeschleunigung verschwindet. Im ersten Fall muß, wenn wir den trivialen Fall der Ruhe, also $v = 0$, ausschließen, stets $\varkappa = \frac{1}{\varrho} = 0$ sein. Damit wird $\mathfrak{C}$ zu einer geraden Linie. Im zweiten Fall verschwindet $\frac{dv}{dt}$ und damit wird $v =$ konst. Die Beschleunigung ist in jedem Punkt proportional der Krümmung.

3. Kinematik in krummlinigen Koordinaten. Wir haben bisher stillschweigend angenommen, daß sich die Bewegungen des Punktes in einem euklidischen, dreidimensionalen Raum abspielen und wir haben die Bewegung mit Hilfe der Koordinaten in einem *rechtwinkligen kartesischen System* untersucht. An der

Voraussetzung des euklidischen, dreidimensionalen Raumes wollen wir, sofern nicht ausdrücklich etwas anderes gesagt wird, auch weiterhin festhalten. Es ist aber oft zweckmäßig, die Bewegung eines Punktes in einem anderen entweder *nicht rechtwinkligen kartesischen* oder *allgemein krummlinigen Koordinatensystem* zu untersuchen. In Übereinstimmung mit den Darstellungen in den §§ 33 und 34 bezeichnen wir die Koordinaten in diesem System mit u_i, so daß die Beziehung

$$u_i = u_i(x_1, x_2, x_3) \tag{39, 11}$$

den Zusammenhang mit dem rechtwinkligen kartesischen System $x_i = (x_1, x_2, x_3)$ herstellt.

Wir treffen die gleichen Voraussetzungen wie im § 33, nämlich daß sich die Gleichungen (39, 11) eindeutig nach den x_i auflösen lassen, also daß

$$x_i = x_i(u_1, u_2, u_3) \tag{39, 12}$$

ist und ferner der Riemannsche Krümmungstensor verschwindet. Die Bewegung des Punktes ist dann durch

$$u_i = u_i(t) \tag{39, 13}$$

beschrieben. Setzen wir in (39, 02) ein, so folgt

$$v_i = \dot{x}_i = \frac{\partial x_i}{\partial u_p} \cdot \frac{\partial u_p}{\partial t} \tag{39, 14}$$

und nach Überschieben mit $\frac{\partial u_p}{\partial x_i}$ erhalten wir wegen (33, 04) und (33, 31)

$$w^p = \frac{\partial u_p}{\partial x_i} v_i = \frac{\partial u_p}{\partial t} = \dot{u}^p \tag{39, 15}$$

die kontravarianten Koordinaten des Geschwindigkeitsvektors im System u_i. Sie sind durch die Ableitung der Koordinaten u_i nach der Zeit gegeben.

In manchen Betrachtungen stört es nun, daß diese Koordinaten der Geschwindigkeit nicht Geschwindigkeiten im üblichen Sinn, nämlich Quotienten von Weg durch Zeit, darstellen, sondern je nach dem gewählten Koordinatensystem von verschiedener Dimension sein können. In solchen Fällen führt man zusätzlich „*physikalische Koordinaten*" $w\langle k\rangle$ der Geschwindigkeit ein, die sich aus den kontravarianten Koordinaten nach der Formel

$$w\langle k\rangle = \sqrt{g_{kk}}\; w^k \quad \text{(nicht summieren über } k!) \qquad (39,16)$$

ergeben[1]. Sie sind gleich den Parallelprojektionen des Geschwindigkeitsvektors auf ein normiertes Dreibein, dessen Vektoren im betrachteten Punkt mit den Tangentenvektoren an die Koordinatenkurven übereinstimmen. Sie sind also parallel zu den Vektoren $\overset{1}{\tau}_\iota$, $\overset{2}{\tau}_\iota$ und $\overset{3}{\tau}_\iota$ nach (33, 06), und da g_{11}, g_{22} und g_{33} die Normen dieser Vektoren sind, so ist das normierte Dreibein durch

$$\overset{p}{\eta}_\iota = \frac{1}{\sqrt{g_{pp}}} \cdot \overset{p}{\tau}_i \quad \text{(nicht summieren über } p!) \qquad (39,17)$$

bestimmt. Nach (33, 26) ist

$$v_i = w^p \overset{p}{\tau}_\iota$$

und wenn wir mit $\sqrt{g_{pp}}$ erweitern

$$v_\iota = \sum_{p=1}^{3} w^p \sqrt{g_{pp}} \cdot \frac{\overset{p}{\tau}_i}{\sqrt{g_{pp}}} = w\langle p\rangle \cdot \overset{p}{\eta}_i, \qquad (39,18)$$

d. h. die durch (39, 16) bestimmten physikalischen Koordinaten sind die Parallelprojektionen von v_i auf die Vektoren $\overset{p}{\eta}_i$.

Für die Norm der Geschwindigkeit gilt in beliebigen Koordinaten

$$(v)^2 = (w)^2 = g_{pq}\, w^p w^q \qquad (39,19)$$

und bei Verwendung der physikalischen Koordinaten

$$(v)^2 = \sum g_{pq} \frac{w\langle p\rangle}{\sqrt{g_{pp}}} \cdot \frac{w\langle q\rangle}{\sqrt{g_{qq}}}$$

oder

$$(v)^2 = c_{pq}\, w\langle p\rangle\, w\langle q\rangle, \qquad (39,20)$$

wobei

$$c_{pq} = \frac{g_{pq}}{\sqrt{g_{pp}\, g_{qq}}} \quad \text{(nicht summieren!)} \qquad (39,21)$$

den Cosinus des Winkels zwischen den Tangenten an die Koordinatenlinien p und q darstellt.

Bei der Berechnung der Beschleunigung in krummlinigen Koordinaten ist zu beachten, daß sich der Ort des Geschwindig-

[1] Auch die Schreibweise w_k ist üblich.

keitsvektors auf der Bahn des Punktes mit diesem mitbewegt und daher die Beschleunigung der absolute Differentialquotient des Geschwindigkeitsvektors nach der Zeit ist. Nach (35, 05) erhalten wir für die kontravarianten Koordinaten der Beschleunigung

$$\boxed{a^i = \frac{\mathfrak{d} w^i}{\mathfrak{d} t} = \frac{d w^i}{d t} + \begin{Bmatrix} i \\ k \quad l \end{Bmatrix} w^k w^l} \qquad (39, 22)$$

denn $\frac{d u_l}{d t}$ ist nach (39, 15) die Geschwindigkeit w^l. Wir bemerken der Vollständigkeit halber, daß wir bei der Bestimmung des Geschwindigkeitsvektors den gewöhnlichen Differentialquotienten des Ortsvektors nehmen durften, da der Ort des Ortsvektors bei der Bewegung des Punktes unverändert der Koordinatenursprung bleibt.

Die kovarianten Koordinaten des Beschleunigungsvektors ergeben sich aus den kontravarianten durch Überschiebung mit dem kovarianten Maßtensor g_{ij}. Durch einige Umformungen läßt sich eine für die praktische Berechnung oft sehr brauchbare Formel für die kovarianten Koordinaten herleiten, mit deren Hilfe man einfacher zum Ziel kommt als mit der Formel (39, 22).

So ist

$$a_i = g_{ij} a^j = g_{ij} \frac{d w^j}{d t} + g_{ij} \begin{Bmatrix} j \\ k \quad l \end{Bmatrix} w^k w^l.$$

Nun ist wegen (35, 13) und (34, 23)

$$g_{ij} \begin{Bmatrix} j \\ k \quad l \end{Bmatrix} = g_{ij} g^{jp} [k\, l, p] = \delta_{ip} [k\, l, p] = [k\, l, i],$$

so daß

$$a_i = g_{ij} \frac{d w^j}{d t} + [k\, l, i]\, w^k w^l.$$

Wenn wir für die Christoffelklammer erster Art nach (35, 11) einsetzen, so folgt

$$\begin{aligned} a_i &= g_{ij} \frac{d w^j}{d t} + \frac{1}{2} \left(\frac{\partial g_{ki}}{\partial u_l} + \frac{\partial g_{li}}{\partial u_k} - \frac{\partial g_{kl}}{\partial u_i} \right) w^k w^l \\ &= g_{ij} \frac{d w^j}{d t} + \frac{1}{2} \left(\frac{\partial g_{ki}}{\partial u_l} + \frac{\partial g_{li}}{\partial u_k} \right) w^k w^l - \frac{\partial}{\partial u_i} \left(\frac{1}{2} g_{kl} w^k w^l \right), \end{aligned}$$

denn wegen $w^i = w^i(t)$ und daher $\dfrac{\partial w^k}{\partial u_i} = 0$ dürfen wir die Geschwindigkeiten bei der partiellen Differentiation nach den Koordinaten wie Konstanten behandeln. Wir setzen nun

$$S = \frac{1}{2} g_{kl} w^k w^l \tag{39, 23}$$

und finden

$$\frac{\partial S}{\partial w^i} = \frac{1}{2} g_{kl} \frac{\partial w^k}{\partial w^i} w^l + \frac{1}{2} g_{kl} \frac{\partial w^l}{\partial w^i} w^k$$

$$= \frac{1}{2} g_{kl} \delta_{ki} w^l + \frac{1}{2} g_{kl} \delta_{li} w^k.$$

Wegen der Symmetrie des Maßtensors folgt daraus

$$\frac{\partial S}{\partial w^i} = g_{ik} w^k. \tag{39, 24}$$

Ferner ist

$$\frac{d}{dt} \frac{\partial S}{\partial w^i} = \frac{d}{dt} (g_{ik} w^k)$$

$$= g_{ik} \frac{d w^k}{dt} + \frac{\partial g_{ik}}{\partial u_l} w^k w^l. \tag{39, 25}$$

Setzen wir (39, 24) und (39, 25) in die zuletzt erhaltene Gleichung für a_i, so folgt

$$\boxed{a_i = \frac{d}{dt} \frac{\partial S}{\partial w^i} - \frac{\partial S}{\partial u_i}.} \tag{39, 26}$$

Zum Vergleich berechnen wir die Beschleunigung einer gleichförmigen Kreisbewegung in Zylinderkoordinaten $u_i = u_i(\varrho, \varphi, z)$.

Die Bewegung sei durch

$$\varrho = \text{konst.},$$
$$\varphi = \omega t,$$
$$z = 0$$

beschrieben. Es folgt sofort

$$w^i = (0, \omega, 0).$$

Für die Berechnung nach (39, 22) brauchen wir die Christoffelklammern zweiter Art, die wir aus den in Aufgabe 2 des § 33 berechneten Maßtensoren

$$g_{pq} = \begin{pmatrix} 1 & 0 & 0 \\ 0 & \varrho^2 & 0 \\ 0 & 0 & 1 \end{pmatrix}$$

und

$$g^{pq} = \begin{pmatrix} 1 & 0 & 0 \\ 0 & 1/\varrho^2 & 0 \\ 0 & 0 & 1 \end{pmatrix}$$

bestimmen. Von den Christoffelklammern erster Art sind nur drei von Null verschieden, nämlich

$$[12, 2] = \varrho, \qquad [21, 2] = \varrho, \qquad [22, 1] = -\varrho,$$

und daher bleiben auch von der zweiten Art nur die Ausdrucke

$$\begin{Bmatrix} 1 \\ 2\,2 \end{Bmatrix} = -\varrho, \qquad \begin{Bmatrix} 2 \\ 1\,2 \end{Bmatrix} = \frac{1}{\varrho}, \qquad \begin{Bmatrix} 2 \\ 2\,1 \end{Bmatrix} = \frac{1}{\varrho}.$$

Aus (39, 22) folgt dann

$$\begin{aligned} a^1 &= 0 + \begin{Bmatrix} 1 \\ 2\,2 \end{Bmatrix} w^2 w^2 = -\varrho\,\omega^2 \\ a^2 &= a^3 = 0. \end{aligned} \tag{39, 27}$$

Wahlen wir den Weg über die Formel (39, 26), so finden wir zunächst

$$S = \frac{1}{2} g_{lk} w^k w^l = \frac{1}{2} \varrho^2 \omega^2.$$

Es ist ferner

$$\frac{\partial S}{\partial w^1} = \frac{\partial S}{\partial w^3} = 0,$$

während

$$\frac{\partial S}{\partial w^2} = \frac{1}{2} \frac{\partial \varrho^2 \omega^2}{\partial \omega} = \varrho^2 \omega$$

ist. Daraus folgt

$$\frac{d}{dt} \frac{\partial S}{\partial w^i} = 0.$$

Andererseits ist

$$\frac{\partial S}{\partial u_1} = \frac{1}{2} \frac{\partial \varrho^2 \omega^2}{\partial \varrho} = \varrho\,\omega^2$$

$$\frac{\partial S}{\partial u_2} = \frac{\partial S}{\partial u_3} = 0$$

und somit

$$a_i = (-\varrho\,\omega^2, 0, 0). \qquad (39, 28)$$

Die kovarianten Koordinaten stimmen mit den kontravarianten überein, da wir ein orthogonales Koordinatensystem benutzten.

4. Winkelgeschwindigkeit, Flächengeschwindigkeit. Die Verwendung beliebiger Koordinaten führt zu einer Erweiterung des Begriffes der Geschwindigkeit, da dabei nicht nur Wege als Koordinaten verwendet werden, sondern ebenso gut auch Winkel oder Flächen oder irgendwelche andere geometrische Gebilde, und dementsprechend spricht man dann von Winkelgeschwindigkeiten, Flächengeschwindigkeiten usw. Es ist aber auch möglich und üblich, diesen eine von der Wahl des speziellen Koordinatensystems unabhängige kinematische Bedeutung zu geben.

Betrachten wir einen Punkt, der sich auf einer kreisförmigen Bahn bewegt, so kann man seine Lage durch den vom Mittelpunkt des Kreises zum jeweiligen Ort des Punktes gezogenen Vektor r_i festlegen. Benutzen wir jetzt wieder ein rechtwinkliges kartesisches Koordinatensystem, so läßt sich die Geschwindigkeit des Punktes als Vektorprodukt von einem zur Bahnebene senkrechten Vektor ω_i und r_i darstellen, so daß

$$v_i = \varepsilon_{ijk}\,\omega_j\,r_k \qquad (39, 29)$$

ist. ω_k wird als *Vektor der Winkelgeschwindigkeit* bezeichnet und ist im allgemeinen wieder eine Funktion der Zeit. Die Beziehung zum Drehwinkel und damit die Rechtfertigung der Bezeichnung Winkelgeschwindigkeit stellen wir mit Hilfe der in § 11 erwähnten infinitesimalen Drehung her. Ist e_i der die Stellung der Kreisebene und damit die Drehachse kennzeichnende Einsvektor, dann ist der Drehvektor der Drehung durch den Winkel $d\vartheta$ nach (11, 39) durch

$$D_i = e_i\,d\vartheta$$

gegeben. Für die Änderung des Radiusvektors r_i ergibt sich nach (11, 41)

$$dr_i = \varepsilon_{ijk}\,e_j\,r_k\,d\vartheta,$$

so daß

$$v_i = \varepsilon_{ijk}\,e_j\,r_k\frac{d\vartheta}{dt} \qquad (39, 30)$$

wird. Dabei ist

$$\boxed{\frac{d\vartheta}{dt} = \dot{\vartheta} = \omega}$$

die Änderung des Drehwinkels in der Zeit, also der Betrag der Winkelgeschwindigkeit, während der *Vektor der Winkelgeschwindigkeit* durch

$$\boxed{\omega_i = e_i\,\dot{\vartheta}} \tag{39, 31}$$

gegeben ist, wie aus dem Vergleich von (39, 29) und (39, 30) folgt. In gleicher Weise kann man bei der Bewegung eines Punktes auf einer beliebigen Bahn von einer Winkelgeschwindigkeit ω_i sprechen, die so gewählt ist, daß in jedem Punkt

$$v_i = \varepsilon_{ijk}\,\omega_j\,\varrho_k \tag{39, 32}$$

gilt, wenn ϱ_i der vom Krümmungspunkt der Bahnkurve zum betrachteten Punkt reichende Vektor ist. Wir können schließlich von der Winkelgeschwindigkeit eines bewegten Punktes um einen beliebigen festen Punkt, den *Pol*, sprechen, wenn wir die Bewegung des Punktes durch die zeitliche Veränderung des vom Pol Q zum bewegten Punkt gezogenen Vektors $y_i = x_i - a_i$ erklären (Abb. 1). Dabei beschreibt $x_i = x_i(t)$ die Bewegung des Punktes in dem gewählten Koordinatensystem, während a_i die Koordinaten des Poles sind. Dann ist

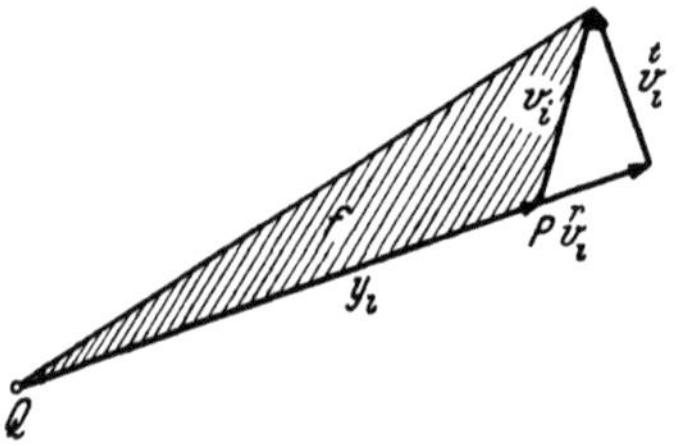

Abb. 1

$$v_i = \dot{x}_i = \dot{y}_i .$$

Wenn wir mit e_i den vom Pol zum bewegten Punkt gerichteten Einsvektor bezeichnen, so ist

$$y_i = y\,e_i$$

und

$$v_i = y\,\dot{e}_i + e_i\,\dot{y}.$$

$\dot{e}_i$ steht als Differentialquotient eines Einsvektors senkrecht auf e_i und v_i liegt ebenso wie y_i in der Ebene von e_i und $\dot{e}_i$. Wir bilden nun einen auf e_i und $\dot{e}_i$ senkrechten Vektor

$$\omega_i = \varepsilon_{ijk}\, e_j\, \dot{e}_k$$

und erhalten

$$\varepsilon_{ijk}\, \omega_j\, e_k = \varepsilon_{ijk}\, \varepsilon_{jpq}\, e_p\, \dot{e}_q\, e_k = \dot{e}_i.$$

Daher ist

$$v_i = \varepsilon_{ijk}\, \omega_j\, e_k\, y + e_i\, \dot{y} = \varepsilon_{ijk}\, \omega_j\, y_k + e_i\, \dot{y}. \qquad (39, 33)$$

Die Geschwindigkeit des bewegten Punktes P setzt sich somit aus einer tangentialen Komponente $\overset{t}{v}_i = \varepsilon_{ijk}\, \omega_j\, y_k$ *und einer radialen Komponente* $\overset{r}{v}_i = e_i\, \dot{y}$ *zusammen, wobei die tangentiale Komponente gerade so groß ist, als ob sich der Punkt auf einer Kreisbahn mit dem Radius y um den Pol Q mit der Winkelgeschwindigkeit* ω_i *bewegte.*

Ist der Pol wie in (39, 32) der Krümmungsmittelpunkt der Bahnkurve, so ist $y_i = \varrho_i$ und es gilt

$$v_i = \dot{e}_i\, \varrho + e_i\, \dot{\varrho} = v\, T_i$$

und

$$\dot{e}_i = \frac{v}{\varrho}\, T_i - e_i\, \frac{\dot{\varrho}}{\varrho}.$$

Dann erhalten wir für die Winkelgeschwindigkeit um den Krümmungsmittelpunkt den Ausdruck

$$\omega_i = \varepsilon_{ijk}\, e_j\, \dot{e}_k = \varepsilon_{ijk}\, e_j\, \frac{v}{\varrho}\, T_k.$$

Wegen

$$e_i = -H_i = -T_i'\, \varrho = -\dot{T}_i\, \frac{\varrho}{v}$$

(Striche bedeuten wie immer die Ableitung nach der Bogenlänge) folgt weiter

$$\boxed{\omega_i = \varepsilon_{ijk}\, T_j\, \dot{T}_k,} \qquad (39, 34)$$

d. h. *die Winkelgeschwindigkeit eines Punktes bezogen auf den Krümmungsmittelpunkt der Bahnkurve als Pol hat die Richtung der Binormalen und ihr Betrag ist proportional dem der Ableitung des Tangentenvektors nach der Zeit.* Man meint diese Winkelgeschwindigkeit, wenn man von der Winkelgeschwindigkeit eines bewegten Punktes schlechthin spricht. Wir erwähnen noch, daß man unter der *Winkelbeschleunigung* γ_i die Änderung der Winkelgeschwindigkeit in der Zeit, also

$$\gamma_i = \dot{\omega}_i \tag{39, 35}$$

versteht. Verwandt mit dem Begriff der Winkelgeschwindigkeit ist der Begriff der *Flächengeschwindigkeit.* Unter dem Betrag der Flächengeschwindigkeit versteht man den Inhalt der ebenen Fläche, die in der Zeit von dem vom Pol zum bewegten Punkt gezogenen Vektor überstrichen wird. Nach Abb. 1 ist diese Fläche durch den Betrag des Vektors

$$f_i = \frac{1}{2} \varepsilon_{ijk}\, y_j\, \dot{y}_k = \frac{1}{2} \varepsilon_{ijk}\, y_j\, v_k \tag{39, 36}$$

oder wegen (39, 33) und $y_j = e_j\, y$

$$f_i = \frac{1}{2} \varepsilon_{ijk}\, y_j\, \varepsilon_{kpq}\, \omega_p\, y_q$$

gegeben. Der Entwicklungssatz gibt weiter

$$f_i = \frac{1}{2} \omega_i\, y_q\, y_q - \frac{1}{2} y_i\, y_j\, \omega_j\,;$$

der zweite Ausdruck rechts verschwindet, weil ω_i senkrecht auf y_i steht, so daß schließlich

$$\boxed{f_i = \frac{1}{2} y^2\, \omega_i} \tag{39, 37}$$

bleibt. Man nennt f_i den *Vektor der Flächengeschwindigkeit.* Er hat dieselbe Richtung wie der Vektor der Winkelgeschwindigkeit.

5. Relativbewegungen. Wir haben bisher stillschweigend angenommen, daß sich die Bewegung des betrachteten Punktes in einem euklidischen dreidimensionalen Raum abspielt und daß wir die Bewegung durch die Veränderung der Koordinaten des Punktes in bezug auf ein in diesem Raum ruhendes Koordinatensystem beschreiben können. Bei genauerer Überlegung stoßen wir auf die Schwierigkeit, daß wir wohl von den Bewegungen eines Punktes relativ zu einem Koordinatensystem sprechen können, daß wir aber keine Möglichkeit besitzen, um festzustellen, ob dieses Koordinatensystem selbst ruht oder nicht. Wir können bloß willkürlich ein bestimmtes Koordinatensystem als ruhend bezeichnen und alle Bewegungen darauf beziehen. Wir wollen uns nun etwas mit der Frage befassen, wie die Bewegung des Punktes aussieht, wenn wir ein zweites, dem ersten gegenüber bewegtes Koordinatensystem zur Beschreibung der Bewegung heranziehen. Bezeichnen wir die Koordinaten des Punktes P in dem ersten System so wie bisher mit x_i und die Koordinaten im zweiten System mit z_i, so gilt nach (9, 06)

$$x_i = a_{ik} z_k + l_i.$$

Wenn sich das zweite System bewegt, so sind a_{ik} und l_i Funktionen der Zeit. Wir finden für die Geschwindigkeiten in den beiden Systemen

$$\dot{x}_i = a_{ik} \dot{z}_k + \dot{a}_{ik} z_k + \dot{l}_i$$

oder

$$v_i = a_{ik} w_k + \dot{a}_{ik} z_k + \dot{l}_i, \tag{39, 38}$$

wenn wir mit w_k die Geschwindigkeit des Punktes im bewegten System bezeichnen.

Der Vektor w_i hat nun im ruhenden System die Koordinaten $a_{ik} w_k$. Die Stelle z_i, an der sich der Punkt P eben befindet, bewegt sich mit dem bewegten System mit und hat daher selbst eine Geschwindigkeit $\dot{a}_{ik} z_k + \dot{l}_i$ gegenüber dem ruhenden System. (39, 38) ist der Satz vom *Parallelogramm der Geschwindigkeiten*, der besagt, daß die Geschwindigkeit eines Punktes relativ zu einem ruhenden System sich zusammensetzt aus der Geschwindigkeit des Punktes relativ zu einem bewegten System und der Geschwindigkeit seines jeweiligen Ortes in diesem System relativ zum ruhenden. Natürlich müssen bei einer solchen Zusammensetzung der Geschwindigkeiten alle Vektoren durch ihre Koordinaten im ruhenden System ausgedrückt werden. Man nennt die Geschwindigkeit relativ zum ruhenden System die *absolute Geschwindigkeit* des Punktes, die Geschwindigkeit bezüglich des bewegten Systems die *relative Geschwindigkeit* und die Geschwindigkeit des bewegten relativ zum ruhenden System die *Führungsgeschwindigkeit*; somit besagt (39, 38) daß *die absolute Geschwindigkeit gleich der Summe aus relativer Geschwindigkeit und Führungsgeschwindigkeit ist.*

Man pflegt diesen Satz meist für den Spezialfall herzuleiten, daß die Achsen der beiden Systeme parallel bleiben, so daß $x_i = z_i + l_i$ und damit

$$v_i = w_i + \dot{l}_i \tag{39, 39}$$

gilt. In diesem Fall gilt die einfache Zusammensetzung auch für die Beschleunigungen, denn es ist

$$\dot{v}_i = \dot{w}_i + \ddot{l}_i. \tag{39, 40}$$

Anders ist es, wenn die beiden Systeme gegeneinander auch eine Drehbewegung ausführen, denn aus (39, 38) folgt

$$\dot{v}_i = a_{ik}\,\dot{w}_k + \dot{a}_{ik}\,w_k + \ddot{a}_{ik}\,z_k + \dot{a}_{ik}\,\dot{z}_k + \ddot{l}_i$$

oder

$$\boxed{\dot{v}_i = a_{ik}\,\dot{w}_k + 2\,\dot{a}_{ik}\,w_k + \ddot{a}_{ik}\,z_k + \ddot{l}_i.} \tag{39, 41}$$

Darin ist $a_{ik}\,\dot{w}_k$ die Beschleunigung des Punktes relativ zum bewegten System (*Relativbeschleunigung*) und $\ddot{a}_{ik}\,z_k + \ddot{l}_i$ die Beschleunigung des Ortes des bewegten Punktes (*Führungsbeschleunigung*). Außer diesen Beschleunigungen tritt aber noch das zusätzliche Glied $2\,\dot{a}_{ik}\,w_k$ auf, welches als *Coriolis-Beschleunigung* bezeichnet wird. Alle diese Größen sind in Koordinaten des ruhenden Systems dargestellt und ergeben zusammen die *Absolutbeschleunigung*.

Die Drehung eines rotierenden Systems läßt sich durch eine Winkelgeschwindigkeit beschreiben. Es sei q_i ein fester Punkt im bewegten System, so daß also $\dot{q}_i = 0$ gilt. Seine Koordinaten im ruhenden System sind dann durch $p_i = a_{ik}\,q_k$ gegeben. Aus (39, 32) folgt, da $q_i = \varrho_i$,

$$\dot{p}_i = \dot{a}_{ik}\,q_k = \varepsilon_{ijk}\,\omega_j\,q_k$$

und da das für alle q_k gilt, ist

$$\dot{a}_{ik} = \varepsilon_{ijk}\,\omega_j. \tag{39, 42}$$

Damit erhalten wir für die Coriolis-Beschleunigung

$$\boxed{c_i = 2\,\varepsilon_{ijk}\,\omega_j\,w_k.} \tag{39, 43}$$

Die Coriolis-Beschleunigung ist gleich dem doppelten Vektorprodukt aus der Winkelgeschwindigkeit des rotierenden Systems mit der Geschwindigkeit des Punktes in diesem System.

Wir haben im vorstehenden gezeigt, wie sich Geschwindigkeiten und Beschleunigungen ändern, wenn man von einem Koordinatensystem zu einem anderen übergeht. Wir haben dabei vorausgesetzt, daß sich alle Bewegungen in einem dreidimensionalen euklidischen Raum abspielen, und ferner, daß in diesem Raum eine einheitliche Zeit existiert, auf die wir unsere Bewegungen beziehen können, so daß sich bei der Koordinatentransformation wohl die Wege, Geschwindigkeiten und Beschleunigungen transformieren, aber nicht die Zeit. Da die Formel (9, 06), die wir als Grundlage für unsere Überlegungen benützen, umkehrbar ist und die Umkehrung die gleiche Form aufweist, so würden sich ganz analoge Beziehungen ergeben, wenn wir die beiden zugrunde gelegten Systeme miteinander vertauschten. Daraus folgt aber, daß für unsere bisherigen Darstellungen alle diese Systeme als gleichwertig betrachtet werden können. Solange es sich also unter den genannten Voraussetzungen nur darum handelt, die Bewegung eines Punktes zu beschreiben, ist es daher tatsächlich unserem Belieben überlassen, welches Koordinatensystem wir benützen. Selbstverständlich wird in speziellen Fällen das eine oder das andere System den Vorteil einer einfacheren Beschreibung liefern, ohne daß aber dadurch an dem wesentlichen Inhalt der Beschreibung etwas geändert wird.

6. Dynamik, Kraft, Masse. Wir kommen zur Diskussion des Zusammenhanges zwischen Kraften und Bewegungen und führen dazu zwei neue Begriffe ein, den der *Masse* und den der *Kraft*. Sie bedingen sich wechselseitig durch das sogenannte *Grundgesetz der Mechanik*, welches entweder im Sinne der experimentellen Mechanik als Erfahrungstatsache gilt oder im Sinne der theoretischen Mechanik als Axiom eingeführt wird. Aus beiden Auffassungen folgt, daß die Masse eine jedem Körper eigentümliche skalare Größe ist, die unveränderlich ist, solange wir im Sinne der klassischen Mechanik eine einheitliche Zeit im ganzen betrachteten Raum annehmen. Unter einem Massenpunkt verstehen wir einen Körper, dessen Ausdehnungen vernachlässigbar klein sind gegenüber allen bei der Bewegung betrachteten Längen, der ferner keine ausgezeichnete Richtung besitzt und dem ein endlicher Skalar, nämlich seine Masse m, zugeordnet ist.

Mit Hilfe dieses Skalars bildet man das Produkt aus Masse und Beschleunigung

$$\boxed{k_i = m\, b_i} \tag{39, 44}$$

und nennt den so gebildeten Vektor k_i die auf den Massenpunkt wirkende Kraft. Man hätte nun wenig davon, wenn man (39, 44) nur als Definition der Kraft ansehen würde, da es dann nur eine zusätzliche Beschreibung der Beschleunigung wäre. Man nimmt vielmehr an, und die Erfahrung gibt uns Grund zu dieser Annahme, daß dieselbe Kraft auch für andere Bewegungen maßgebend ist, beispielsweise wenn man einen anderen Massenpunkt mit der Masse $\bar{m}$ an die gleiche Stelle bringt, so daß die Kraft k_i für eine ganze Klasse von Bewegungen gilt und nicht nur für eine einzige. Damit dient der Begriff der Kraft zur Beschreibung einer größeren Anzahl von Bewegungen mit verschiedenen Beschleunigungen.

Man nennt (39, 44) das *Grundgesetz der Mechanik* oder nach seinem Entdecker das *Newtonsche Grundgesetz.* Die Gültigkeit dieses Gesetzes bestimmt den Umfang der klassischen Mechanik und insbesondere ihre Abgrenzung gegen die relativistische Mechanik.

Aus (39, 44) folgt, daß die Kraft ein Vektor ist. Während aber die Beschleunigung, wie wir bereits zeigten, als kinematische Größe von der Wahl des Koordinatensystems abhängt, schreibt man für die Kraft vor, daß sie nur von den geometrischen und physikalischen Daten der betrachteten Anordnung abhängen soll, aber nicht von der Wahl des Koordinatensystems. Dies führt nun zu einer Beschränkung der zulässigen Koordinatensysteme, wenn man an dem Grundgesetz (39, 44) festhält, nämlich zu einer Beschränkung auf jene Systeme, in denen die Beschleunigung ungeändert bleibt. Diese Systeme dürfen sich gegeneinander nicht beschleunigt bewegen, ihre Bewegungen gegeneinander müssen gleichförmig und geradlinig sein. In der zugehörigen Transformationsgleichung

$$x_i = a_{ik}\, y_k + l_i \tag{39, 45}$$

müssen die a_{ik} konstant sein, während $l_i(t)$ höchstens lineare Funktionen der Zeit t sind, also die Form

$$l_i = \lambda_i + t\, \mu_i$$

haben. Weist man in einem Koordinatensystem die Gültigkeit des Grundgesetzes nach, was natürlich nur experimentell geschehen kann, dann gilt das Grundgesetz in allen aus diesem System durch (39, 45) hervorgehenden und in keinem anderen. Will man in einem System den experimentellen Nachweis für die Gültigkeit von (39, 44) führen, so geht man am einfachsten vom Fall $k_i = 0$ aus. Wenn (39, 44) gilt, dann muß in diesem Fall auch b_i verschwinden und es ist $v_i =$ konst. Wegen (39, 02) ist $x_i = v_i\, t + \overset{0}{x}_i$, wobei $\overset{0}{x}_i$ einen konstanten Vektor bedeutet. Die auftretenden Bewegungen des Punktes müssen also gleichförmig und geradlinig sein.

In einem System, in dem (39, 44) gilt, bewegt sich ein Massenpunkt bei Abwesenheit jeder auf ihn wirkenden Kraft gleichförmig und geradlinig. Man nennt diesen Satz das *Trägheitsgesetz* und ein solches System ein *Inertialsystem*. Erfahrungsgemäß ist ein gegen den Fixsternhimmel ruhendes System ein Inertialsystem und mit ihm jedes gegen dieses System gleichförmig und geradlinig bewegte System. Für die meisten technischen Zwecke kann ein mit der Erde fest verbundenes System mit guter Näherung als Inertialsystem angesehen werden.

Beim Übergang zu anderen Systemen treten zusätzliche Beschleunigungen auf. Man kann auch in solchen Fällen das Grundgesetz anwenden, wenn man entsprechende zusätzliche Kräfte einführt. Diese zusätzlichen Kräfte entsprechen aber nicht mehr der Bedingung, daß sie nur von den geometrischen und physikalischen Daten der betrachteten Anordnung abhängen, denn sie sind auch durch die Art des verwendeten Bezugssystems bedingt. Man macht von dieser Möglichkeit beim Übergang zu rotierenden Koordinatensystemen Gebrauch, indem man z. B. eine der Coriolis-Beschleunigung (39, 43) entsprechende *Corioliskraft* einführt.

Sofern nichts anderes bemerkt ist, legen wir unseren weiteren Betrachtungen ein Inertialsystem zugrunde. Eine weitere wichtige Erfahrungstatsache ist der Satz vom *Kräfteparallelogramm*. Es handelt sich dabei um die Zusammensetzung von Kräften. Wir nehmen an, wir haben bestimmte geometrische und physikalische Daten gegeben, welche eine Kraft k_i bestimmen. k_i kann dabei vom Ort, von der Zeit und von verschiedenen anderen Parametern, wie z. B. der Lage verschiedener Massenpunkte, abhängen. Ferner seien andere geometrische und physikalische Daten gegeben, welche eine andere Kraft $\bar{k}_i$ bedingen. Die Frage ist nun, welche Kraft wirkt, wenn beide Gruppen von Daten gleichzeitig beobachtet werden. Die Erfahrung zeigt nun folgenden Tatbestand: *Wenn zwei Kräfte k_i und $\bar{k}_i$ an einem Massenpunkt angreifen, dann sind sie für die Bestimmung der Bewegung mit der Kraft*

$$\boxed{K_i = k_i + \bar{k}_i} \qquad (39, 46)$$

gleichwertig. Man nennt K_i die *Resultierende* der beiden Kräfte k_i und $\bar{k}_i$. Wir bemerken, daß mit diesem Tatbestand die Berechtigung, die Kraft als Vektor zu definieren, noch einmal verifiziert ist. Wäre das nicht der Fall, so könnte (39, 44) nicht für jedes Koordinatensystem gelten. Selbstverständlich gilt der Satz auch für mehr als zwei Kräfte $\overset{\alpha}{K}_i$, $\alpha = 1, 2, \ldots, n$ in der Form

$$K_i = \sum_{\alpha=1}^{n} \overset{\alpha}{K}_i.$$

7. Impuls, Impulsmoment. Die Gleichung (39, 44) läßt sich noch in einer allgemeineren Form schreiben, wenn man den Begriff des *Impulses*

$$\boxed{g_i = m\, v_i} \qquad (39, 47)$$

einführt. Es ist dann

$$\boxed{\dot{g}_i = \frac{d}{dt}(m\, v_i) = k_i,} \qquad (39, 48)$$

d. h. *die Kraft ist gleich der Änderung des Impulses in der Zeit.* (39, 48) ist eine Verallgemeinerung von (39, 44), die auch für veränderliche Massen gilt. Im Falle $m =$ konst. folgt

$$\dot{g}_i = m\, \dot{v}_i = k_i. \qquad (39, 49)$$

Wir haben bei der Einführung der Winkelgeschwindigkeit und der Flächengeschwindigkeit die Bewegung des Punktes auf einen beliebigen festen Punkt bezogen. In ähnlicher Weise bilden wir das *Moment der Geschwindigkeit*

$$\varepsilon_{ijk}\, r_j\, v_k,$$

das nach (39, 36) gleich der doppelten Flächengeschwindigkeit f_i ist, wenn wir jetzt den Vektor vom festen zum bewegten Punkt mit r_i bezeichnen. Multiplizieren wir mit der Masse m des bewegten Punktes, so ergibt sich das *Impulsmoment*

$$\boxed{J_i = \varepsilon_{ijk} r_j g_k,} \tag{39, 50}$$

das auch als *Drall* bezeichnet wird. Es gilt

$$J_i = 2 m f_i. \tag{39, 51}$$

Bilden wir die Ableitung nach der Zeit, so folgt

$$\dot{J}_i = \frac{d}{dt} \varepsilon_{ijk} r_j g_k = \varepsilon_{ijk} \dot{r}_j g_k + \varepsilon_{ijk} r_j \dot{g}_k.$$

Wegen $\dot{r}_j = v_j$ und $g_k = m v_k$ verschwindet der erste Ausdruck rechts und es bleibt

$$\dot{J} = \varepsilon_{ijk} r_j \dot{g}_k = \varepsilon_{ijk} r_j k_k.$$

Man nennt

$$\boxed{D_i = \varepsilon_{ijk} r_j k_k} \tag{39, 52}$$

das *Moment der Kraft* oder *Drehmoment*; also ist

$$\boxed{\dot{J}_i = D_i,} \tag{39, 53}$$

die Änderung des Impulsmomentes in der Zeit ist gleich dem Drehmoment.

8. Arbeit, Energie. Als *Arbeit* bezeichnet man das Linienintegral der Kraft längs eines Weges

$$\boxed{A = \int_1^2 k_i \, dx_i.} \tag{39, 54}$$

Da $dx_i = v_i \, dt$ und $k_i = m \dfrac{dv_i}{dt}$, so ist

$$A = \int_1^2 m v_i \, dv_i = \frac{1}{2} m \, [v^2]_1^2 = \frac{1}{2} m \, (v_{(2)}^2 - v_{(1)}^2). \tag{39, 55}$$

Man nennt

$$\boxed{E = \frac{m v^2}{2}}$$

die *kinetische Energie* des bewegten Massenpunktes; es ist

$$\boxed{A = E_2 - E_1,} \tag{39, 56}$$

d. h. *die Arbeit ist gleich dem Unterschied der kinetischen Energien im Anfangs- und im Endpunkt des Weges.* Arbeit und Energie sind Skalare, d. h. sie sind invariant gegenüber einer Transformation des Koordinatensystems, aber nur, wenn man von einem System zu einem gegenüber dem ersten ruhenden System übergeht, aber nicht, wenn man ein bewegtes System benützt. Wohl gilt (39, 56) auch in diesem System, aber mit anderen Werten für A und E. An (39, 56) ist noch bemerkenswert, daß es für die geleistete Arbeit nur darauf ankommt, wie groß die Geschwindigkeiten am Anfang und Ende der betrachteten Bewegung sind, aber nicht auf ihre Richtungen und auch nicht auf die Geschwindigkeiten dazwischen und schließlich auch nicht darauf, welche Zeit zwischen Anfang und Ende der Bewegung verstrichen ist.

Für viele Zwecke ist die in einer bestimmten Zeit geleistete Arbeit von Bedeutung; man bezeichnet den Quotienten Arbeit durch Zeit als *Leistung* und definiert diese als die Ableitung der Arbeit nach der Zeit, also mit

$$P = \frac{dA}{dt}. \tag{39, 57}$$

Man erhält verschiedene Klassen von Bewegungen, je nach dem zugrunde liegenden Kraftgesetz. k_i kann zeitlich und örtlich veränderlich sein, k_i kann von der Geschwindigkeit des Massenpunktes, von seiner Lage zu anderen Massenpunkten abhängen usw. Eine besonders ausgezeichnete Klasse von Bewegungen erhält man dann, wenn k_i eine Funktion des Ortes ist; man spricht dann von einem *Kraftfeld*

$$k_i = k_i(x_1, x_2, x_3). \tag{39, 58}$$

Hängt k_i außerdem noch von der Zeit ab, dann hat man es mit einem *zeitlich veränderlichen* Kraftfeld zu tun.

Es gibt verschiedene Arten von Kraftfeldern, entsprechend den verschiedenen Arten von Vektorfeldern und man kann die Kraftfelder in gleicher Weise einteilen. Einen speziellen Fall stellen die Laplaceschen Kraftfelder dar, bei denen sich die Kraft als Gradient eines skalaren Potentials darstellen läßt, also

$$\boxed{k_\iota = - \partial_\iota U.} \qquad (39,59)$$

Es ist in der Mechanik üblich, das Potential so zu wählen, daß die Kraft dem negativen Gradienten gleich ist. Es ist

$$dU = - k_\iota \, dx_\iota = - dA = - dE$$

und daher

$$dE + dU = 0,$$

so daß

$$\boxed{E + U = W = \text{konst.}} \qquad (39,60)$$

Man bezeichnet das Potential U auch als *potentielle Energie* und W als die *Gesamtenergie* des Systems. Dann besagt (39, 60), *daß bei jeder Bewegung die Gesamtenergie, also die Summe aus kinetischer und potentieller Energie konstant bleibt.* Man nennt diesen Satz den *Erhaltungssatz der Energie* und bezeichnet Kräfte, für die dieser Erhaltungssatz gilt, als *konservative Kräfte*, und dementsprechend Kraftfelder, für welche (39, 59) gilt, als *konservative Kraftfelder*.

Das einfachste Beispiel einer konservativen Kraft ist das Gewicht eines Massenpunktes, also die Kraft, mit der der Massenpunkt von der Erde angezogen wird. Beschränkt man die Bewegung auf einen Raum, dessen Abmessungen klein sind gegenüber dem Erdradius, so ist diese Anziehungskraft auf einen bestimmten Massenpunkt von der Lage des Punktes unabhängig und überall gleich gerichtet. Wir haben es mit einem homogenen Kraftfeld zu tun. Es ist ferner experimentell nachgewiesen, daß diese Kraft proportional der Masse des Massenpunktes ist. Ein radiales, zentrisch symmetrisches Kraftfeld liegt vor, wenn eine ruhende Masse M eine andere Masse m nach dem *Gravitationsgesetz* anzieht. Es gilt dann, wenn r_ι den Vektor von M zu m darstellt,

$$k_\iota = - \gamma \frac{M\, m}{r^2} \frac{r_\iota}{r}. \qquad (39,61)$$

Wählen wir den Ort von M als Koordinatenursprung und bilden wir das Drehmoment der Kraft, bezogen auf diesen Punkt, so ist

$$D_i = \varepsilon_{ijk} r_j k_k = 0$$

und somit wegen (39, 53) $\dot{J}_i = 0$ und $J_i =$ konst. Aus (39, 51) folgt

$$f_i = \text{konst.},$$

d. h. die Flächengeschwindigkeit des Punktes m in seiner Bahn ist konstant. das *zweite Keplersche Gesetz* der Planetenbewegung. Die Richtung von f_i zur Zeit $t = 0$ ist durch die Stellung der durch r_i und $\overset{0}{v}_i$ bestimmten Ebene festgelegt. Wegen $f_i =$ konst. muß sich die ganze Bewegung in dieser Ebene abspielen.

Aufgaben

1. Man berechne die physikalischen Koordinaten der Geschwindigkeit in Zylinderkoordinaten

$$(u_1 = \varrho, \qquad u_2 = \varphi, \qquad u_3 = z).$$

2. Man berechne die physikalischen Koordinaten der Geschwindigkeit in sphärischen Polarkoordinaten ($u_1 = r$, $u_2 = \varphi$, $u_3 = \vartheta$).

3. Man berechne die physikalischen Koordinaten der Geschwindigkeit in den schiefwinkligen Koordinaten nach (33, 18)

$$u_1 = x_1 - \frac{1}{\sqrt{3}} x_2$$

$$u_2 = \frac{2}{\sqrt{3}} x_2$$

$$u_3 = x_3.$$

4. Man berechne nach den Gleichungen (39, 22) und (39, 26) die Beschleunigung einer Schraubbewegung

$$\varrho = \text{konst.}$$

$$\varphi = \omega t$$

$$z = k t^2.$$

§ 40. Mechanik des Punktsystems

1. Äußere und innere Kräfte. Wir betrachten ein System von ν Massenpunkten mit den Massen $\overset{1}{m}, \overset{2}{m}, \ldots, \overset{\alpha}{m}, \ldots \overset{\nu}{m}$. Jeder Massenpunkt beschreibt eine Bahn, welche durch die Angabe seiner Koordinaten als Funktionen $\overset{\alpha}{x}_i = \overset{\alpha}{x}_i(t)$ der Zeit t gegeben ist. Für jeden einzelnen Massenpunkt gelten die im vorhergehenden

Abschnitt hergeleiteten Beziehungen, also insbesondere die Impulssätze in der Form (39, 49) und (39, 53). Wir wären nun bei Angabe aller auf jeden Punkt wirksamen Kräfte in der Lage, die Bewegung jedes Punktes aus einem bestimmten Anfangszustand bezüglich Lage und Geschwindigkeit zu berechnen. Nun kann man bei den Kräften, die an den einzelnen Punkten angreifen, zwei Arten unterscheiden, nämlich solche, welche an einem bestimmten Punkt unabhängig von der Lage und der Bewegung aller anderen Punkte wirken und solche, welche von der Lage und Bewegung eines oder mehrerer anderer Punkte abhängen. Die Kräfte der ersten Art nennen wir *äußere Kräfte* und bezeichnen sie mit $\overset{\alpha}{k}_i$. Die anderen Kräfte nennen wir die *inneren Kräfte* des Systems.

Für die inneren Kräfte nehmen wir die Gültigkeit zweier Sätze an, deren Richtigkeit allein auf der Erfahrung, also auf dem Experiment beruht. Der erste Satz besagt, daß die resultierende innere Kraft $\overset{\alpha}{f}_i$ auf den Massenpunkt $\overset{\alpha}{x}_i$ die Summe von Einzelkräften ist, von denen jede von einem anderen Massenpunkt stammt, also

$$\overset{\alpha}{f}_i = \overset{\alpha,1}{f}_i + \overset{\alpha,2}{f}_i + \dots + \overset{\alpha,\alpha-1}{f}_i + \overset{\alpha,\alpha+1}{f}_i + \dots + \overset{\alpha,\nu}{f}_i, \qquad (40, 01)$$

wobei $\overset{\alpha,\beta}{f}_i$ die vom Punkt $\overset{\beta}{x}_i$ herrührende, auf $\overset{\alpha}{x}_i$ wirkende innere Kraft ist. Wir können dafür auch

$$\boxed{\overset{\alpha}{f}_i = \sum_{\beta=1}^{\nu} \overset{\alpha,\beta}{f}_i} \qquad (40, 02)$$

schreiben, wenn wir festsetzen, daß $\overset{\alpha,\alpha}{f}_i$ stets verschwindet. (40, 01) besagt also, daß sich die resultierende innere Kraft auf einen Massenpunkt eindeutig in Teilkräfte zerlegen läßt, deren jede von einem bestimmten anderen Massenpunkt stammt.

Der zweite Satz ist das sogenannte *Gesetz von Wirkung und Gegenwirkung* (actio und reactio), das besagt, daß die Kraft, die ein Massenpunkt (oder allgemein ein Körper, also ein irgendwie zusammenhängendes abgeschlossenes System von Massenpunkten) α auf einen Massenpunkt β ausübt, entgegengesetzt gleich ist der Kraft, die β auf α ausübt, so daß

$$\boxed{\overset{\alpha,\beta}{f}_i = -\overset{\beta,\alpha}{f}_i} \qquad (40, 03)$$

ist. Eine weitere Voraussetzung, die allerdings bei dem Satz von actio und reactio oft nur stillschweigend gemacht wird, ist die, daß $\overset{\alpha,\beta}{f_i}$ und $\overset{\beta,\alpha}{f_i}$ in der Verbindungslinie der Punkte $\overset{\alpha}{x_i}$ und $\overset{\beta}{x_i}$ wirken. Wir kommen darauf bei der Behandlung des Impulsmomentes zurück. Mit (40, 02) und (40, 03) ist es uns möglich, Aussagen über die Bewegung eines Punktsystems zu machen, ohne die Bewegungen jedes einzelnen Punktes zu kennen. Es ist nämlich nach (39, 49) für jeden Punkt (zunächst nicht summieren über α!)

$$\frac{d}{dt}\overset{\alpha}{g_i} = \frac{d}{dt}\overset{\alpha}{m}\,\overset{\alpha}{v_i} = \overset{\alpha}{k_i} + \overset{\alpha}{f_i} = \overset{\alpha}{k_i} + \sum_\beta \overset{\alpha,\beta}{f_i}. \qquad (40,\ 04)$$

Wir summieren auf beiden Seiten über alle Punkte des Systems, so daß

$$\sum_\alpha \frac{d}{dt}\overset{\alpha}{g_i} = \sum_\alpha \overset{\alpha}{k_i} + \sum_\alpha\sum_\beta \overset{\alpha,\beta}{f_i}.$$

In der Doppelsumme auf der rechten Seite heben sich alle inneren Kräfte wegen (40, 03) weg. Auf der linken Seite dürfen wir Summen- und Differentiationszeichen vertauschen, so daß

$$\frac{d}{dt}\sum_\alpha \overset{\alpha}{g_i} = \sum_\alpha \overset{\alpha}{k_i} \qquad (40,\ 05)$$

gilt. Wir nennen

$$G_i = \sum_\alpha \overset{\alpha}{g_i} \qquad (40,\ 06)$$

den *Gesamtimpuls* des Systems und bezeichnen mit

$$K_i = \sum_\alpha \overset{\alpha}{k_i} \qquad (40,\ 07)$$

die Resultierende aller äußeren Kräfte, so daß

$$\boxed{\frac{d}{dt}G_i = K_i} \qquad (40,\ 08)$$

gilt. Zwischen Gesamtimpuls und der Resultierenden aller äußeren Kräfte besteht also der gleiche Zusammenhang wie zwischen Impuls und Kraft bei einem einzelnen Massenpunkt, wobei besonders bemerkenswert ist, daß K_i die Resultierende von Kräften ist, die an ganz verschiedenen Punkten angreifen.

2. Der Schwerpunkt. Unter dem *Massenmittelpunkt* oder *Schwerpunkt* versteht man den Punkt, dessen Koordinaten s_ι durch

$$s_\iota = \frac{\sum_\alpha \overset{\alpha}{m} \overset{\alpha}{x}_\iota}{\sum_\alpha \overset{\alpha}{m}} \tag{40, 09}$$

bestimmt sind. Man nennt

$$\sum_\alpha \overset{\alpha}{m} \overset{\alpha}{x}_\iota = S_\iota \tag{40, 10}$$

das *statische Moment* des Punktsystems in bezug auf den Ursprung des Koordinatensystems und

$$M = \sum_\alpha \overset{\alpha}{m} \tag{40, 11}$$

die *Gesamtmasse* des Systems. Der Schwerpunkt ist derjenige Punkt, in dem man sich die Gesamtmasse angebracht denken muß, damit sein statisches Moment gleich dem statischen Moment des Punktsystems ist. Wir zeigen noch, daß die Definition des Schwerpunktes unabhängig von dem speziell gewählten Koordinatensystem ist. Gehen wir vom System x_ι zu einem System $\bar{x}_i$ entsprechend

$$\bar{x}_i = a_{ij}\, x_j + b_\iota$$

über, so gilt im gestrichenen System

$$\bar{s}_i = \frac{\sum_\alpha \overset{\alpha}{m} \overset{\alpha}{\bar{x}}_i}{\sum_\alpha \overset{\alpha}{m}} = a_{\iota j} \frac{\sum_\alpha \overset{\alpha}{m} \overset{\alpha}{x}_j}{M} + b_i \frac{\sum_\alpha \overset{\alpha}{m}}{M} = a_{\iota j}\, s_j + b_\iota,$$

d. h. wir erhalten den gleichen Punkt als Schwerpunkt. Bei einer Bewegung des Systems sind die $\overset{\alpha}{x}_\iota$ Funktionen der Zeit und dementsprechend ist auch $s_\iota = s_i(t)$. Die Geschwindigkeit des Schwerpunktes bezeichnen wir mit

$$w_\iota = \frac{ds_i}{dt}. \tag{40, 12}$$

Aus (40, 09) folgt, daß

$$w_i = \frac{1}{M} \sum_\alpha \overset{\alpha}{m} \frac{d\overset{\alpha}{x}_i}{dt} = \frac{1}{M} \sum_\alpha \overset{\alpha}{m} \overset{\alpha}{v}_\iota$$

ist, so daß

$$M w_i = \sum_{\alpha} \overset{\alpha}{m} \overset{\alpha}{v}_i = \sum_{\alpha} \overset{\alpha}{g}_i = G_i \tag{40, 13}$$

ist und aus (40, 08) erhalten wir den damit inhaltlich gleichwertigen *Schwerpunktsatz*, der besagt, daß

$$\boxed{\frac{dG_i}{dt} = M \dot{w}_i = K_i} \tag{40, 14}$$

oder in Worten: *Der Schwerpunkt eines Punktsystems bewegt sich so, als ob die Summe aller Massen in ihm vereinigt wäre und die Resultierende aller äußeren Kräfte an ihm angriffe.*

3. Der Flächensatz. Das Impulsmoment des Punktes $\overset{\alpha}{x}_i$ in Bezug auf den Koordinatenursprung ist durch (nicht summieren über α!)

$$\overset{\alpha}{J}_i = \varepsilon_{ijk} \overset{\alpha}{x}_j \overset{\alpha}{g}_k$$

gegeben. Das Gesamtimpulsmoment ist die Summe der einzelnen Momente und durch

$$J_i = \sum_{\alpha} \overset{\alpha}{J}_i = \sum_{\alpha} \varepsilon_{ijk} \overset{\alpha}{x}_j \overset{\alpha}{g}_k \tag{40, 15}$$

bestimmt. Seine Ableitung nach der Zeit ergibt sich mit

$$\dot{J}_i = \sum_{\alpha} \varepsilon_{ijk} \overset{\alpha}{v}_j \overset{\alpha}{g}_k + \sum_{\alpha} \varepsilon_{ijk} \overset{\alpha}{x}_j \dot{\overset{\alpha}{g}}_k =$$

$$= \sum_{\alpha} \varepsilon_{ijk} \overset{\alpha}{m} \overset{\alpha}{v}_j \overset{\alpha}{v}_k + \sum_{\alpha} \varepsilon_{ijk} \overset{\alpha}{x}_j (\overset{\alpha}{k}_k + \overset{\alpha}{f}_k).$$

Das erste Glied verschwindet und ebenso verschwindet der Anteil der inneren Kräfte in dem zweiten Glied wegen (40, 03), mit der erwähnten zusätzlichen Annahme, daß $\overset{\alpha,\beta}{f}_i$ und $\overset{\beta,\alpha}{f}_i$ in der Verbindungslinie der Punkte $\overset{\alpha}{x}_i$ und $\overset{\beta}{x}_i$ wirken. Es ist nämlich, auch bei Gültigkeit von (40, 03), $\varepsilon_{ijk} \overset{\alpha}{x}_j \overset{\alpha,\beta}{f}_k$ nur dann entgegengesetzt gleich $\varepsilon_{ijk} \overset{\beta}{x}_j \overset{\beta,\alpha}{f}_k$, wenn

$$\varepsilon_{ijk} \overset{\alpha}{x}_j \overset{\alpha,\beta}{f}_k + \varepsilon_{ijk} \overset{\beta}{x}_j \overset{\beta,\alpha}{f}_k = \varepsilon_{ijk} \overset{\alpha,\beta}{f}_k (\overset{\alpha}{x}_j - \overset{\beta}{x}_j) = 0,$$

d. h. also, wenn $\overset{\alpha,\beta}{f}_i$ parallel zu $\overset{\alpha}{x}_i - \overset{\beta}{x}_i$ ist.

Unter dem *resultierenden Drehmoment* der äußeren Kräfte versteht man den Ausdruck

$$\boxed{D_i = \sum_\alpha \varepsilon_{ijk} \overset{\alpha}{x}_j \overset{\alpha}{k}_k,} \tag{40, 16}$$

so daß wir

$$\boxed{\dot{J}_i = D_i} \tag{40, 17}$$

schreiben können. *Die Änderung des Gesamtimpulsmomentes ist gleich dem resultierenden Drehmoment der äußeren Kraft.* Man nennt diesen Satz den *Flächensatz* wegen seiner Beziehungen zur Flächengeschwindigkeit. Wegen der Herleitung aus dem Newtonschen Grundgesetz gelten Schwerpunktsatz und Flächensatz in den angegebenen Formen nur für Inertialsysteme. Es ist nun oft zweckmäßig, andere Koordinatensysteme zu benutzen, insbesondere solche, die mit dem bewegten System in einem bestimmten Zusammenhang stehen, also selbst bewegt sind. Für den Schwerpunktsatz gelten dann die gleichen Änderungen, die wir oben bereits bei der Behandlung des einzelnen Massenpunktes bei Betrachtung in einem bewegten System angestellt haben. Für den Flächensatz untersuchen wir einige besondere Fälle:

Wir berechnen zunächst das Impulsmoment in bezug auf einen beliebigen Punkt p_i. Wir bezeichnen den vom Punkt p_i zum Punkt x_i weisenden Vektor mit $r_i = x_i - p_i$ und finden damit für das Impulsmoment um den Ursprung o

$$J_i = \sum_\alpha \overset{\alpha}{J}_i = \sum_\alpha \varepsilon_{ijk} \overset{\alpha}{x}_j \overset{\alpha}{g}_k = \sum_\alpha \varepsilon_{ijk}(p_j + \overset{\alpha}{r}_j) \overset{\alpha}{g}_k =$$
$$= \sum_\alpha \varepsilon_{ijk} p_j \overset{\alpha}{g}_k + \sum_\alpha \varepsilon_{ijk} \overset{\alpha}{r}_j \overset{\alpha}{g}_k.$$

Im ersten Ausdruck rechts bezieht sich die Summation nur mehr auf die Impulse $\overset{\alpha}{g}_k$ und es ist daher

$$\sum_\alpha \varepsilon_{ijk} p_j \overset{\alpha}{g}_k = \varepsilon_{ijk} p_j \sum_\alpha \overset{\alpha}{g}_k = \varepsilon_{ijk} p_j G_k.$$

Der zweite Ausdruck stellt das Impulsmoment

$$J_i^P = \sum_\alpha \varepsilon_{ijk} \overset{\alpha}{r}_j \overset{\alpha}{g}_k \tag{40, 18}$$

des Punktsystems bezüglich des Punktes p_i dar. Damit erhalten wir

$$J_i = \varepsilon_{ijk} p_j G_k + J_i^P. \tag{40, 19}$$

Meist nimmt man für den Punkt p_i den Schwerpunkt. Dann bedeutet (40, 19): *Das Impulsmoment um einen beliebigen Punkt ist gleich dem Impulsmoment des Systems um den Schwerpunkt, vermehrt um das Moment des im Schwerpunkt angeordneten Gesamtimpulses um den Bezugspunkt.* Dabei ist zu berücksichtigen, daß bei der Bildung der Impulse bzw. der Impulsmomente jeweils die Geschwindigkeiten relativ zum Inertialsystem einzusetzen sind und nicht die Geschwindigkeiten relativ zu einem mit dem Schwerpunkt fest verbundenen Koordinatensystem.

Wir suchen jetzt noch die (40, 19) entsprechende Form des Flächensatzes. Nach (40, 17) ist (wir verzichten im folgenden darauf, den Index α anzuschreiben)

$$\begin{aligned}
\dot{J}_i = D_i &= \varepsilon_{ijk} \sum (p_j + r_j)\, k_k,\\
&= \varepsilon_{ijk} p_j \sum k_k + D_i^P,\\
&= \varepsilon_{ijk} p_j \dot{G}_k + D_i^P.
\end{aligned}$$

Anderseits folgt durch Differentiation von (40, 19)

$$\dot{J}_i = \varepsilon_{ijk} p_j \dot{G}_k + \varepsilon_{ijk} \dot{p}_j G_k + \dot{J}_i^P,$$

so daß

$$\boxed{D_i^P = \varepsilon_{ijk} \dot{p}_j G_k + \dot{J}_i^P} \tag{40, 20}$$

ist.

Auch dabei sind die Impulse mit den Geschwindigkeiten gegenüber dem Inertialsystem mit dem Ursprung 0 zu berechnen. Man kann nun daran interessiert sein, Impulse, Impulsmomente und Drehmomente bezüglich eines beliebig bewegten Punktes zu bestimmen und auch die Geschwindigkeiten in einem mit diesem Bezugspunkt translatorisch mitbewegten Koordinatensystem zu messen. Der Impuls eines Massenpunktes ist dann nicht mehr durch $g_i = m\, \dot{x}_i$, sondern durch $\bar{g}_i = m\, \dot{r}_i$ gegeben. Wir müssen daher bei der Berechnung des Impulsmomentes (40, 15) in den g_i ebenfalls $\dot{x}_i = \dot{r}_i + \dot{p}_i$ setzen. Aus

$$\dot{J}_i = D_i$$

erhalten wir dann

$$\frac{d}{dt}\sum \varepsilon_{ijk}\, m(p_j + r_j)\,(\dot{p}_k + \dot{r}_k) = \sum \varepsilon_{ijk}(p_j + r_j)\, k_k$$

oder

$$\sum \varepsilon_{ijk}\, m(\dot{p}_j + \dot{r}_j)\,(\dot{p}_k + \dot{r}_k) + \sum \varepsilon_{ijk}\, m(p_j + r_j)\,(\ddot{p}_k + \ddot{r}_k) =$$
$$= \sum \varepsilon_{ijk}(p_j + r_j)\, k_k.$$

Das erste Glied links verschwindet. Ferner ist nach (40, 05)

$$\sum \varepsilon_{ijk}\, p_j\, m(\ddot{p}_k + \ddot{r}_k) = \sum \varepsilon_{ijk}\, p_j\, k_k$$

und es bleibt

$$\sum \varepsilon_{ijk}\, r_j\, m\, \ddot{p}_k + \sum \varepsilon_{ijk}\, r_j\, m\, \ddot{r}_k = \sum \varepsilon_{ijk}\, r_j\, k_k.$$

Nun ist im mitbewegten System das Impulsmoment

$$J_i = \sum \varepsilon_{ijk}\, r_j\, m\dot{r}_k,$$

so daß

$$\frac{dJ_i}{dt} = \sum \varepsilon_{ijk}\, r_j\, m\, \ddot{r}_k$$

wird. Wir erhalten daher

$$\frac{dJ_i}{dt} + \sum \varepsilon_{ijk}\, m\, r_j\, \ddot{p}_k = D_i^p. \tag{40, 21}$$

In den meisten Fällen benutzt man als bewegten Bezugspunkt den Schwerpunkt des Systems. Dann ist $p_i = s_i$ und $\dot{p}_i = w_i$. Ferner ist nach (40, 13) $G_i = M\, w_i$ und daher verschwindet das erste Glied auf der rechten Seite von (40, 20), so daß

$$\frac{dJ_i^s}{dt} = D_i^s \tag{40, 22}$$

auch gilt, wenn sich der Schwerpunkt bewegt.

Anderseits verschwindet das statische Moment $\Sigma\, m\, r_i$ für den Schwerpunkt identisch und damit verschwindet auch das zweite Glied der linken Seite von (40, 21). Diese Gleichung nimmt ebenfalls die Form (40, 22) an, d. h. der Flächensatz für den Schwerpunkt gilt immer, gleichgültig, in welchem System wir die Impulse berechnen.

§ 41. Mechanik des starren Körpers

1. Der starre Körper. Wir wenden uns nunmehr einem speziellen Punktsystem zu, nämlich dem sogenannten *starren Körper*. Darunter verstehen wir ein System von Punkten, deren gegenseitigen Abstände bei allen Bewegungen unverändert bleiben. Sind x_i und y_i zwei dieser Punkte, so soll also mit

$$p_i = y_i - x_i$$

auch bei der Bewegung des Punktsystems stets

$$p_i p_i = (y_i - x_i)(y_i - x_i) = \text{konst.} \qquad (41, 01)$$

gelten. Es ist dann

$$p_i \dot{p}_i = (y_i - x_i)(\dot{y}_i - \dot{x}_i) = 0, \qquad (41, 02)$$

d. h. $\dot{p}_i$ steht stets senkrecht auf p_i. Mit Hilfe eines zunächst willkürlichen Vektors ω_i, dessen Richtung jedoch nicht mit der von p_i übereinstimmt, kann man somit stets

$$\dot{p}_i = \varepsilon_{ijk}\, \omega_j\, p_k \qquad (41, 03)$$

setzen. Wir bezeichnen ferner mit $u_i = \dot{x}_i$ und $v_i = \dot{y}_i$ die Geschwindigkeiten von x_i und y_i. Es gilt wegen

$$\dot{p}_i = v_i - u_i$$

für v_i die Gleichung

$$v_i = \varepsilon_{ijk}\, \omega_j\, p_k + u_i. \qquad (41, 04)$$

Nun wählen wir einen weiteren Punkt z_i des Körpers mit der Geschwindigkeit $w_i = \dot{z}_i$ und bezeichnen mit

$$q_i = z_i - x_i$$

den von x_i nach z_i zeigenden Vektor. Da auch der Abstand von z_i und x_i konstant sein soll, so gilt

$$q_i \dot{q}_i = 0$$

und wir können in ähnlicher Weise schreiben

$$w_i = \varepsilon_{ijk}\, \sigma_j\, q_k + u_i, \qquad (41, 05)$$

wobei σ_i ein (wie oben ω_i) passend gewählter Vektor ist. Nun soll auch $z_i - y_i$ konstant bleiben und daher ist $(w_i - v_i)(z_i - y_i) = 0$. Daraus folgt wegen (41, 04) und (41, 05)

$$\varepsilon_{ijk}\,[\sigma_j(z_k - x_k) - \omega_j\,(y_k - x_k)]\,(z_i - y_i) = 0$$

oder

$$\varepsilon_{ijk}\,[-\sigma_j x_k z_i - \sigma_j z_k y_i + \sigma_j x_k y_i - \omega_j y_k z_i + \omega_j x_k z_i - \omega_j x_k y_i] = 0$$

oder schließlich

$$\varepsilon_{ijk}\,(\sigma_j - \omega_j)\,(-x_k z_i - z_k y_i + x_k y_i) = 0.$$

Da diese Bedingung für alle z_i und y_i erfüllt sein soll, muß

$$\sigma_j = \omega_j$$

sein. Wir können also im Sinne von (41, 04) die Geschwindigkeit jedes beliebigen Punktes des Körpers aus einer Drehung um den Punkt x_i mit der festen Winkelgeschwindigkeit ω_i gewinnen. Wir zeigen aber gleich, daß ω_i auch von der Wahl des Bezugspunktes x_i unabhängig ist. Wir wählen z. B. z_i als Bezugspunkt und finden damit für die Geschwindigkeit von y_i

$$v_i = \varepsilon_{ijk}\,\tau_j(y_k - z_k) + w_i.$$

Wir ersetzen v_i nach (41, 04) und w_i nach (41, 05); wegen $\sigma_i = \omega_i$ folgt

$$\varepsilon_{ijk}\,\omega_j(y_k - x_k) + u_i = \varepsilon_{ijk}\,\tau_j(y_k - z_k) + \varepsilon_{ijk}\,\omega_j(z_k - x_k) + u_i.$$

Wir schaffen das zweite Glied der rechten Seite nach links und erhalten

$$\varepsilon_{ijk}\,\omega_j(y_k - z_k) = \varepsilon_{ijk}\,\tau_j(y_k - z_k)$$

oder

$$\varepsilon_{ijk}(\omega_j - \tau_j)\,(y_k - z_k) = 0,$$

eine Bedingung, die nur dann für alle y_i erfüllt sein kann, wenn $\tau_i = \omega_i$ ist. *Die Winkelgeschwindigkeit ω_i ist also eine für die Bewegung des starren Körpers charakteristische Größe,* und wir können mit ihrer Hilfe die Geschwindigkeit jedes Punktes ausdrücken, wenn wir die Geschwindigkeit eines Punktes des Körpers kennen.

Zur Bestimmung von ω_i ist es notwendig, die Geschwindigkeiten von drei Punkten des Körpers zu kennen, beispielsweise die Geschwindigkeiten u_i, v_i, w_i von x_i, y_i, z_i. Dann gilt nach (41, 04)

$$v_i - u_i = \varepsilon_{ijk}\,\omega_j\,(y_k - x_k)$$

und damit bilden wir

$$\begin{aligned}\varepsilon_{ipq}\,(v_i - u_i)\,(w_p - u_p) &= \\ &= \varepsilon_{ipq}\,\varepsilon_{ijk}\,\omega_j\,(y_k - x_k)\,(w_p - u_p) = \\ &= (\delta_{jp}\,\delta_{kq} - \delta_{jq}\,\delta_{kp})\,\omega_j\,(y_k - x_k)\,(w_p - u_p) = \\ &= \omega_p\,(y_q - x_q)\,(w_p - u_p) - \omega_q\,(y_p - x_p)\,(w_p - u_p).\end{aligned}$$

Der erste Ausdruck auf der rechten Seite verschwindet, weil die Differenz der Geschwindigkeiten zweier Punkte stets senkrecht auf die Winkelgeschwindigkeit steht; es folgt

$$\boxed{\omega_q = \frac{\varepsilon_{ipq}\,(w_i - u_i)\,(v_p - u_p)}{(w_k - u_k)\,(y_k - x_k)}.} \qquad (41, 06)$$

Man kann natürlich die drei Punkte in (41, 06) beliebig vertauschen.

2. Der Trägheitstensor. Es ist naheliegend, für die Darstellung der Geschwindigkeiten der verschiedenen Punkte nach (41, 04) den Schwerpunkt des Körpers als Bezugspunkt zu benützen. Wir bezeichnen die Koordinaten des Schwerpunktes wieder mit s_i, mit r_i den Vektor von s_i zum Punkt x_i und mit w_i die Geschwindigkeit des Schwerpunktes. Dann ist

$$u_i = \varepsilon_{ijk}\,\omega_j\,r_k + w_i.$$

w_i läßt sich aus dem Schwerpunktsatz (40, 14) bestimmen. Für ω_i steht uns der Flächensatz zur Verfügung. Wenn wir in dem Ausdruck für das Impulsmoment

$$J_i = \sum_\alpha \overset{\alpha}{J}_i = \sum_\alpha \varepsilon_{ijk}\,x_j\,m\,u_k$$

u_k durch die Winkelgeschwindigkeit und durch die Geschwindigkeit $\overset{0}{v}_k$ des jeweils mit dem Koordinatenursprung zusammenfallenden Punktes ausdrücken, folgt

$$J_i = \sum \varepsilon_{ijk}\,x_j\,m\,\varepsilon_{kpq}\,\omega_p\,x_q + \sum \varepsilon_{ijk}\,x_j\,m\,\overset{0}{v}_k$$

oder

$$\begin{aligned}J_i &= \sum (\delta_{ip}\,\delta_{jq} - \delta_{iq}\,\delta_{jp})\,x_j\,m\,\omega_p\,x_q + \varepsilon_{ijk}\,\overset{0}{v}_k \sum m\,x_j = \\ &= \sum m\,(\omega_i\,x_j\,x_j - x_j\,\omega_j\,x_i) + \varepsilon_{ijk}\,\overset{0}{v}_k \sum m\,x_j = \\ &= \omega_j \sum m\,(x_p\,x_p\,\delta_{ij} - x_i\,x_j) + \varepsilon_{ijk}\,\overset{0}{v}_k \sum m\,x_j.\end{aligned}$$

Man nennt

$$\boxed{\theta_{ij} = \sum m\,(x_p\,x_p\,\delta_{ij} - x_i\,x_j)} \qquad (41, 07)$$

den *Trägheitstensor* des starren Körpers. Mit Hilfe des statischen Moments

$$S_i = \sum m\,x_i$$

des Körpers können wir

$$\boxed{J_i = \theta_{ij}\,\omega_j + \varepsilon_{ijk}\,S_j\,\overset{0}{v}_k} \qquad (41, 08)$$

schreiben. *Das Impulsmoment des starren Körpers ist gleich dem inneren Produkt aus Winkelgeschwindigkeit und Trägheitstensor, vermehrt um das äußere Produkt aus dem statischen Moment und der Geschwindigkeit des Bezugspunktes, auf den alle Momente und der Trägheitstensor bezogen sind.*

(41, 08) vereinfacht sich, wenn wir den Schwerpunkt als Bezugspunkt wählen, denn dann verschwindet das statische Moment. Es bleibt

$$\boxed{J_i = \theta_{ij}\,\omega_j.} \qquad (41, 09)$$

Aus dem Flächensatz (40, 17) folgt dann

$$D_i = \dot{J}_i = \frac{d}{dt}(\theta_{ij}\,\omega_j)$$

in weitgehender Analogie zum Schwerpunktsatz. An die Stelle der Kraft ist jetzt das Drehmoment getreten, an die Stelle der Geschwindigkeit die Winkelgeschwindigkeit, an die Stelle der Masse aber der Trägheitstensor. Es ist zu bemerken, daß im allgemeinen der Trägheitstensor nicht konstant ist, da sich seine Koordinaten mit der Bewegung des starren Körpers verändern; wohl aber sind seine Invarianten konstant.

Der Trägheitstensor ist ein symmetrischer Tensor zweiter Stufe, wie aus seiner Definition hervorgeht. Jeder Körper besitzt beliebig viele Trägheitstensoren, je nach dem gewählten Bezugspunkt, nach dem man den Trägheitstensor bestimmt. Eine ausgezeichnete Stellung nimmt der Trägheitstensor Θ^s im Schwerpunkt ein, so daß man unter Trägheitstensor eines Körpers schlechthin stets diesen Trägheitstensor versteht. Ist r_i der Vektor vom Schwerpunkt s_i zum Punkt x_i, dann ist

$$\boxed{\theta^s_{ij} = \sum m\,(r_p r_p \delta_{ij} - r_i r_j).} \tag{41, 10}$$

Der Trägheitstensor kennzeichnet das Verhalten des Körpers gegenüber Drehbewegungen um den Schwerpunkt in ähnlicher Weise wie die Masse das Verhalten gegenüber translatorischen Bewegungen beschreibt. Kennt man den Trägheitstensor θ^s und die Gesamtmasse M des Körpers, so lassen sich daraus die Trägheitstensoren für alle anderen Bezugspunkte leicht berechnen. Es ist nämlich mit $x_i = s_i + r_i$

$$\begin{aligned}
\theta_{ij} &= \sum m\,[(s_p + r_p)(s_p + r_p)\,\delta_{ij} - (s_i + r_i)(s_j + r_j)] = \\
&= \sum m\, s_p s_p \delta_{ij} + 2 \sum m\, s_p r_p \delta_{ij} + \sum m\, r_p r_p \delta_{ij} - \\
&\quad - \sum m\, s_i s_j - \sum m\,(s_i r_j + s_j r_i) - \sum m\, r_i r_j = \\
&= \sum m\,(r_p r_p \delta_{ij} - r_i r_j) + M\,(s_p s_p \delta_{ij} - s_i s_j) + 2\, s_p \delta_{ij} \sum m\, r_p - \\
&\quad - s_i \sum m\, r_j - s_j \sum m\, r_i .
\end{aligned}$$

Das statische Moment $\Sigma\, m\, r_i$ um den Schwerpunkt verschwindet nach der Definition des Schwerpunktes, so daß

$$\boxed{\theta_{ij} = \theta^s_{ij} + M\,(s_p s_p \delta_{ij} - s_i s_j)} \tag{41, 11}$$

verbleibt. Das ist der *Steinersche Satz*, der besagt, daß der Trägheitstensor um einen beliebigen Punkt gleich ist dem Trägheitstensor im Schwerpunkt, vermehrt um den Trägheitstensor der im Schwerpunkt vereinigt gedachten gesamten Masse des Körpers hinsichtlich des Bezugspunktes.

Aus der Definition (41, 07) folgt, daß der Trägheitstensor mit dem Körper fest verbunden gedacht werden kann, wenn der Bezugspunkt sich mit dem Körper mitbewegt. Jede Bewegung des Körpers um seinen Schwerpunkt wird durch eine orthogonale Transformation

$$r_i = a_{ij} \bar{r}_j$$

beschrieben. Damit wird

$$\begin{aligned}
\theta^s_{ij} &= \sum m\,(r_p r_p \delta_{ij} - r_i r_j) = \\
&= \sum m\,(a_{pq} a_{ps} \bar{r}_q \bar{r}_s \delta_{ij} - a_{ip} \bar{r}_p a_{jq} \bar{r}_q) = \\
&= \sum m\,(\delta_{qs} \bar{r}_q \bar{r}_s \delta_{ij} - a_{ip} \bar{r}_p a_{jq} \bar{r}_q) = \\
&= \sum m\,(\bar{r}_s \bar{r}_s \delta_{ij} - a_{ip} a_{jq} \bar{r}_p \bar{r}_q),
\end{aligned}$$

wegen

$$\delta_{ij} = a_{ip}\, a_{jq}\, \delta_{pq}$$

folgt

$$\theta^s_{ij} = a_{ip}\, a_{jq} \sum m\,(\bar{r}_s \bar{r}_s\, \delta_{pq} - \bar{r}_p \bar{r}_q)$$

oder

$$\theta^s_{ij} = a_{ip}\, a_{jq}\, \bar{\theta}^s_{pq}. \qquad (41,\ 12)$$

Die Lage des Trägheitstensors gegenüber dem Körper bleibt also unverändert, d. h. die Eigenrichtungen des Tensors sind fest mit dem Körper verbunden. Mit Hilfe des Steinerschen Satzes kann man dies auch für alle anderen Trägheitstensoren des Körpers nachweisen.

Eine besonders einfache Form nimmt (41, 09) an, wenn der Körper um eine feste Achse rotiert. Sei diese durch $\omega_i = e_i\, \omega$ gegeben, dann ergibt sich durch Überschiebung von (41, 09) mit e_i

$$J = J_i\, e_i = \omega\, \theta_{ij}\, e_i\, e_j$$

und ferner

$$\theta = \theta_{ij}\, e_i\, e_j = e_i\, e_j \sum m\,(x_p\, x_p\, \delta_{ij} - x_i\, x_j) = \sum m\,[x_p\, x_p - (e_i\, x_i)^2].$$

Man bezeichnet diesen Ausdruck als das *Trägheitsmoment* des Körpers in bezug auf die Achse e_i. Führt man an Stelle der Ortsvektoren x_i den Abstand

$$\varrho_i = x_i - e_i\, x_j\, e_j$$

der einzelnen Punkte von der Achse e_i ein, so ist wegen

$$\varrho_i\, \varrho_i = x_i\, x_i - 2\, x_i\, e_i\, x_j\, e_j + (x_j\, e_j)^2 = x_i\, x_i - (e_i\, x_i)^2,$$

$$\theta = \sum m\, \varrho_i\, \varrho_i \qquad (41,\ 13)$$

oder

$$\theta = \sum m\, \varrho^2.$$

Bei der Rotation um eine feste Achse nimmt der Flächensatz dann die Form

$$D = \dot{J} = \theta\, \frac{d\omega}{dt} \qquad (41,\ 14)$$

an.

3. Stetig verteilte Masse. Wir haben bisher angenommen, daß der starre Körper aus einem durch (41, 01) gebundenen System von Massenpunkten besteht. In den meisten Fällen, in denen die durch (41, 01) gestellten Bedingungen für den starren Körper mit guter Näherung erfüllt sind, sind die Massen nicht in einzelnen Punkten konzentriert, sondern erfüllen stetig verteilt einen bestimmten Bereich. An die Stelle der Teilmassen tritt dann das Differential dm und aus den Summen werden Integrale. So ist der Trägheitstensor eines solchen Körpers durch

$$\theta_{ij} = \int_{\mathfrak{B}} (x_p x_p \delta_{ij} - x_i x_j)\, dm \qquad (41, 15)$$

gegeben. Das Integral ist über den ganzen mit Massen erfüllten Bereich $\mathfrak{B}$ zu erstrecken. Führt man die Dichte γ als Quotienten aus Masse m und Volumen V von $\mathfrak{B}$ ein, also

$$\gamma = \frac{m}{V}, \qquad (41, 16)$$

bzw. bei nicht gleichförmiger Massenverteilung (die Existenz der Ableitung als Grenzwert eines Differenzenquotienten vorausgesetzt)

$$\gamma = \frac{dm}{dV}, \qquad (41, 17)$$

dann ist die Gesamtmasse des Körpers durch

$$M = \int_{\mathfrak{B}} \gamma\, dV, \qquad (41, 18)$$

das statische Moment durch

$$S_i = \int_{\mathfrak{B}} x_i \gamma\, dV \qquad (41, 19)$$

und der Trägheitstensor durch

$$\theta_{ij} = \int_{\mathfrak{B}} (x_p x_p \delta_{ij} - x_i x_j)\, \gamma\, dV \qquad (41, 20)$$

gegeben. Für das Trägheitsmoment finden wir

$$\theta = \int_{\mathfrak{B}} \varrho^2 \gamma \, dV. \tag{41, 21}$$

Setzt man in den letzten beiden Formeln $\gamma = 1$, so erhält man den „geometrischen" Trägheitstensor und das „geometrische" Trägheitsmoment, zum Unterschied von den durch (41, 20) und (41, 21) bestimmten „mechanischen" Größen.

4. Rotationskörper. Im Trägheitstensor (um den Schwerpunkt) spiegeln sich die Symmetrieeigenschaften des betrachteten Körpers wider. Der Trägheitstensor einer Kugel hat die Form

$$\theta_{ij} = \theta \, \delta_{ij} \tag{41, 22}$$

und der eines Rotationskörpers ist

$$\theta_{ij} = \lambda \, \delta_{ij} + \mu \, e_i \, e_j, \tag{41, 23}$$

wenn e_i die Achse des Körpers darstellt. Wir zeigen dies, indem wir zunächst den Trägheitstensor eines gleichmäßig mit Masse belegten Ringes berechnen. Der Radius des Ringes sei ϱ; der Vektor zu einem beliebigen Punkt läßt sich dann als

$$\varrho_i = D_{ij} \overset{0}{\varrho}_j$$

schreiben, wenn $\overset{0}{\varrho}_j$ ein beliebig gewählter Anfangsradius und

$$\begin{aligned} D_{ij} &= e_i \, e_j + (\delta_{ij} - e_i \, e_j) \cos \vartheta - \varepsilon_{ijk} \, e_k \sin \vartheta = \\ &= A_{ij} + B_{ij} \cos \vartheta + C_{ij} \sin \vartheta \end{aligned}$$

der Drehtensor (11, 30) ist. Wir finden dann nach (41, 15)

$$\theta_{ij} = \int_{\mathfrak{B}} (\varrho_p \, \varrho_p \, \delta_{ij} - \varrho_i \, \varrho_j) \, dm \tag{41, 24}$$

$$= \int_{\mathfrak{B}} \varrho_p \, \varrho_p \, \delta_{ij} \, dm - \int_{\mathfrak{B}} \varrho_i \, \varrho_j \, dm. \tag{41, 25}$$

Berücksichtigen wir noch, daß

$$dm = \frac{m}{2\pi} d\vartheta,$$

so folgt

$$\theta_{ij} = \frac{m}{2\pi}\,\delta_{ij}\int_0^{2\pi} \overset{0}{\varrho}_r\,\overset{0}{\varrho}_s\,D_{rp}\,D_{sp}\,d\vartheta - \frac{m}{2\pi}\int_0^{2\pi} \overset{0}{\varrho}_p\,\overset{0}{\varrho}_q\,D_{ip}\,D_{jq}\,d\vartheta. \tag{41, 26}$$

Nun ist

$$\begin{aligned} D_{ip}D_{jq} &= (A_{ip} + B_{ip}\cos\vartheta + C_{ip}\sin\vartheta)\,(A_{jq} + B_{jq}\cos\vartheta + C_{jq}\sin\vartheta) = \\ &= A_{ip}\,A_{jq} + B_{ip}\,B_{jq}\cos^2\vartheta + C_{ip}\,C_{jq}\sin^2\vartheta + \\ &\quad + (A_{ip}\,B_{jq} + A_{jq}\,B_{ip})\cos\vartheta + (A_{ip}\,C_{jq} + A_{jq}\,C_{ip})\sin\vartheta + \\ &\quad + (B_{ip}\,C_{jq} + B_{jq}\,C_{ip})\cos\vartheta\sin\vartheta. \end{aligned}$$

Integration gibt

$$\begin{aligned} \int_0^{2\pi} D_{ip}\,D_{jq}\,d\vartheta &= 2\pi\,A_{ip}\,A_{jq} + \pi\,B_{ip}\,B_{jq} + \pi\,C_{ip}\,C_{jq} = \\ &= 2\pi\,e_i\,e_p\,e_j\,e_q + \pi\,(\delta_{ip} - e_i\,e_p)\,(\delta_{jq} - e_j\,e_q) + \pi\,\varepsilon_{ipk}\,e_k\,\varepsilon_{jql}\,e_l. \end{aligned} \tag{41, 27}$$

Setzen wir zunächst $p = q$ und ersetzen die Indizes i durch r und j durch s, so wird

$$\int_0^{2\pi} D_{rp}\,D_{sp}\,d\vartheta = 2\pi\,\delta_{rs}, \tag{41, 28}$$

so daß wir für das erste Integral auf der rechten Seite von (41, 25) erhalten

$$\int_{\mathfrak{B}} \varrho_p\,\varrho_p\,\delta_{ij}\,dm = m\,\overset{0}{\varrho}_r\,\overset{0}{\varrho}_r\,\delta_{ij}. \tag{41, 29}$$

Multipliziert man (41, 27) mit $\frac{m}{2\pi}\,\overset{0}{\varrho}_p\,\overset{0}{\varrho}_q$, so ist wegen $e_i\,\overset{0}{\varrho}_i = 0$

$$\sum m\,\varrho_i\,\varrho_j = \frac{m}{2}\,(\overset{0}{\varrho}_i\,\overset{0}{\varrho}_j + \varepsilon_{ipk}\,\overset{0}{\varrho}_p\,e_k\,\varepsilon_{jql}\,\overset{0}{\varrho}_q\,e_l)$$

oder wegen (11, 14)

$$\sum m \varrho_i \varrho_j = \frac{m}{2}\left[\overset{0}{\varrho}_i \overset{0}{\varrho}_j + \begin{vmatrix} \delta_{ij} & \delta_{iq} & \delta_{il} \\ \delta_{pj} & \delta_{pq} & \delta_{pl} \\ \delta_{kj} & \delta_{kq} & \delta_{kl} \end{vmatrix} \overset{0}{\varrho}_p e_k \overset{0}{\varrho}_q e_l \right] =$$

$$= \frac{m}{2}\,[\overset{0}{\varrho}_i \overset{0}{\varrho}_j + \delta_{ij} \overset{0}{\varrho}_p \overset{0}{\varrho}_p e_k e_k + \overset{0}{\varrho}_l \overset{0}{\varrho}_i e_j e_l + \overset{0}{\varrho}_j \overset{0}{\varrho}_k e_k e_i -$$

$$- \overset{0}{\varrho}_p \overset{0}{\varrho}_p e_j e_i - \overset{0}{\varrho}_j \overset{0}{\varrho}_i e_k e_k - \delta_{ij} \overset{0}{\varrho}_k \overset{0}{\varrho}_l e_k e_l =$$

$$= \frac{m}{2} \overset{0}{\varrho}_p \overset{0}{\varrho}_p (\delta_{ij} - e_i e_j).$$

Somit erhalten wir für den Trägheitstensor (41, 15) des Ringes

$$\theta_{ij} = \frac{m}{2} \overset{0}{\varrho}_p \overset{0}{\varrho}_p (\delta_{ij} + e_i e_j) = \frac{1}{2} m \varrho^2 (\delta_{ij} + e_i e_j). \qquad (41, 30)$$

Mit Hilfe von (41, 30) kann man den Trägheitstensor jedes Rotationskörpers berechnen, indem man sich diesen in einzelne Ringe zerlegt denkt. Bei der Zusammensetzung der einzelnen Trägheitstensoren zum Summentensor ist aber der Steinersche Satz (41, 11) zu beachten, da (41, 30) nur für den Mittelpunkt des betrachteten Ringes gilt. Sei nach Abb. 2 der Mittelpunkt M eines bestimmten Ringes in der Achse e_i um das Stück s vom Schwerpunkt entfernt, dann ist nach (41, 11) das Trägheitsmoment des Ringes bezogen auf den Gesamtschwerpunkt S

$$\theta_{ij} = \theta_{ij}^M + m\,(\delta_{ij} s^2 - s^2 e_i e_j) =$$

$$= \frac{1}{2} m \varrho^2 (\delta_{ij} + e_i e_j) + m s^2 (\delta_{ij} - e_i e_j) =$$

$$= m \left(\frac{\varrho^2 + 2 s^2}{2} \delta_{ij} + \frac{\varrho^2 - 2 s^2}{2} e_i e_j \right). \qquad (41, 31)$$

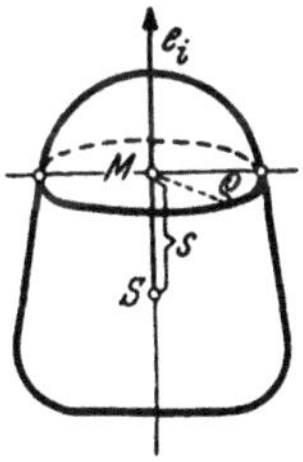

Abb. 2

Der Anteil der beiden Tensoren δ_{ij} und $e_i e_j$ hängt also vom Verhältnis $\varrho : s$ ab. Daher gilt im allgemeinen (41, 23). Interessant ist noch die Tatsache, daß in (41, 31) das zweite Glied verschwindet, wenn als Bezugspunkt ein Punkt auf der Achse im Abstand

$$s = \frac{1}{\sqrt{2}} \varrho$$

vom Mittelpunkt des Ringes gewählt wird. Für jede Achse durch diesen Punkt hat der Ring dasselbe Trägheitsmoment wie eine Kugel im Mittelpunkt.

Aufgaben

1. Man berechne den Trägheitstensor eines Systems, das aus zwei Massenpunkten mit den Massen m besteht, die sich im Abstand $+a$ und $-a$ auf der 1-Achse befinden.

2. Man bestimmt die Trägheitsmomente des Systems nach Aufgabe 1 bezuglich der 3 Achsen.

§ 42. Spezielle Bewegungen

1. Die Kreiselbewegung. Wir wenden uns nun einigen besonderen Bewegungen des starren Körpers zu, und zwar zunächst der Kreiselbewegung. Unter einem *Kreisel* versteht man einen Körper, der in einem einzigen Punkt unterstützt ist, so daß er keine translatorische Bewegung, sondern nur Drehbewegungen um diesen Punkt ausführen kann. Der einfachste Fall ist der *kräftefreie Kreisel*, wobei man annimmt, daß der Körper im Schwerpunkt unterstützt ist. Dann gilt nach (40, 22)

$$\frac{dJ_i^s}{dt} = 0,$$

d. h. der Impuls ist konstant und die Impulsachse liegt im Raum fest. Aus (41, 09) folgt $J_i^s = \theta_{ij}\,\omega_j =$ konst. Die Richtung von ω_j ist die (momentane) Drehachse des Körpers, die im allgemeinen weder im Raum noch im Körper fest ist. Die Hauptträgheitsachse, also die Eigenrichtung des Trägheitstensors um den Schwerpunkt mit dem größten oder kleinsten Eigenwert, bezeichnet man insbesondere bei rotationssymmetrischen Kreiseln als *Figurenachse*. Die Kreiselbewegung ist durch die Angabe der Bewegungen von Figurenachse und Drehachse vollständig beschrieben.

Ist der Körper eine Kugel, so ist $\theta_{ij} = \theta\,\delta_{ij}$ und es gilt

$$J_i = \theta\,\delta_{ij}\,\omega_j = \theta\,\omega_i = \text{konst.}$$

oder

$$\omega_i = \text{konst.}$$

Die Drehachse liegt im Raum fest und damit auch die mit der Drehachse zusammenfallende Achse der Kugel. Wir haben es mit einer reinen Rotation der Kugel um eine feste Achse zu tun.

Ist der Körper ein Rotationskörper mit dem Trägheitstensor (41, 23), so handelt es sich um einen symmetrischen Kreisel, dessen Figurenachse durch e_i gegeben sei. Es gilt

$$J_i = (\lambda\, \delta_{ij} + \mu\, e_i\, e_j)\, \omega_j = \text{konst.}$$

oder

$$J_i - \lambda\, \omega_i - \mu\, e_i\, e_j\, \omega_j = 0.$$

Die drei Vektoren J_i, ω_i und e_i sind komplanar. Die im Raum feste Impulsachse, die Figurenachse und die Drehachse liegen stets in einer Ebene. Es ist

$$J_i\, e_i = \lambda\, e_i\, \omega_i + \mu\, e_i\, e_i\, e_j\, \omega_j = (\lambda + \mu)\, e_i\, \omega_i$$

und somit, da wegen (41, 31) stets $\lambda + \mu \neq 0$ ist,

$$J_i = \lambda\, \omega_i + \mu\, e_i \frac{e_j\, J_j}{\lambda + \mu}$$

und $(\lambda \neq 0)$ daher

$$\omega_i = J_j \left(\frac{\delta_{ij}}{\lambda} - \frac{\mu}{\lambda\,(\lambda + \mu)}\, e_i\, e_j \right).$$

Die Geschwindigkeit v_i des Endpunktes der Figurenachse e_i ist

$$v_i = \varepsilon_{ijk}\, \omega_j\, e_k = \varepsilon_{ijk}\, J_p \left(\frac{\delta_{jp}}{\lambda} - \frac{\mu}{\lambda\,(\lambda + \mu)}\, e_j\, e_p \right) e_k$$

oder

$$v_i = \frac{1}{\lambda}\, \varepsilon_{ijk}\, J_j\, e_k, \tag{42, 01}$$

d. h. der Vektor e_i dreht sich mit der Winkelgeschwindigkeit $\frac{1}{\lambda} J_i$ um die raumfeste Richtung J_i. Da ω_i in derselben Ebene wie e_i und J_i liegt, so gilt dasselbe auch für die Drehachse (Abb. 3). Man spricht von einer regulären *Präzession* des Kreisels. Im allgemeinen Fall des unsymmetrischen Kreisels ist es zweckmäßig, an die Stelle eines raumfesten ein körperfestes Koordinatensystem zu setzen, wobei man das mit dem Körper fest verbundene System der drei Hauptachsen des Trägheitstensors im Schwerpunkt verwendet. In einem bestimmten Zeitpunkt ist dieses mit dem raumfesten System durch eine Transformation

$$x_i = a_{ij}\,\bar{x}_j$$

verbunden, wobei $\bar{x}_i$ die Koordinaten des Punktes im Hauptachsensystem des Körpers sind. Wir nehmen jetzt an, der Punkt x_i liege im Raum fest. Dann beschreibt der zugehörige Punkt $\bar{x}_i$ eine Bahn relativ zum Körper und damit zum Hauptachsensystem. Dreht sich der Körper und mit ihm das System der Hauptachsen durch den kleinen Winkel $d\vartheta$ um die Achse η_i, dann dreht sich der Punkt $\bar{x}_i$ im Hauptachsensystem durch den Winkel $-d\vartheta$ um die Achse $\bar{\eta}_i$ gegen das System. Seine Koordinaten im Hauptachsensystem sind dann

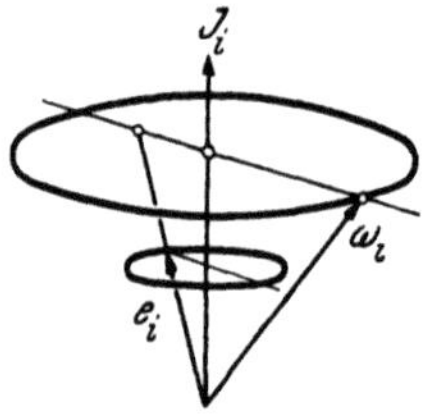

Abb. 3

$$\bar{x}_i + \varepsilon_{ijk}\,\bar{x}_j\,\bar{\eta}_k\,d\vartheta = \bar{x}_j\,(\delta_{ij} + \varepsilon_{ijk}\,\bar{\eta}_k\,d\vartheta),$$

so daß nunmehr gilt

$$x_i = a_{ij}\,\bar{x}_p\,(\delta_{jp} + \varepsilon_{jpk}\,\bar{\eta}_k\,d\vartheta).$$

Hat sich nun gleichzeitig der Punkt x_i im Raum um $\dot{x}_i\,dt$ verschoben, so ist

$$x_i + \dot{x}_i\,dt = a_{ij}\,(\bar{x}_p + \dot{\bar{x}}_p\,dt)\,(\delta_{jp} + \varepsilon_{jpk}\,\bar{\eta}_k\,d\vartheta)$$

und es folgt

$$\dot{x}_i = a_{ij}\,\dot{\bar{x}}_p\,(\delta_{jp} + \varepsilon_{jpk}\,\bar{\eta}_k\,d\vartheta) + a_{ij}\,\bar{x}_p\,\varepsilon_{jpk}\,\bar{\eta}_k\,\omega$$

oder bei Vernachlässigung von $\dot{\bar{x}}_p\,\varepsilon_{jpk}\,\bar{\eta}_k\,d\vartheta$ gegenüber $\delta_{jp}\,\dot{\bar{x}}_p$

$$\dot{x}_i = a_{ij}\,(\dot{\bar{x}}_j + \varepsilon_{jpk}\,\bar{x}_p\,\bar{\omega}_k).$$

Diese Beziehung gilt auch für das auf das raumfeste System bezogene Impulsmoment J_i, also

$$\dot{J}_i = a_{ij}\,(\dot{\bar{J}}_j + \varepsilon_{jpk}\,\bar{J}_p\,\bar{\omega}_k).$$

Für die Winkelgeschwindigkeit folgt

$$\dot{\omega}_i = a_{ij}\,\dot{\bar{\omega}}_j.$$

Nun ist im festen System

$$\dot{J}_i = D_i = a_{ij}\,\bar{D}_j$$

und somit

$$\bar{D}_j = \dot{\bar{J}}_j + \varepsilon_{jpk}\,\bar{J}_p\,\bar{\omega}_k. \qquad (42,\,02)$$

Das ist der Flächensatz in bezug auf das Hauptachsensystem. In jedem System gilt $J_i = \theta_{ij}\,\omega_j$ und daher auch $\bar{J}_i = \bar{\theta}_{ij}\,\bar{\omega}_j$. Da $\bar{\theta}_{ij}$ im Hauptachsensystem fest ist, also

$$\frac{d\bar{\theta}_{ij}}{dt} = 0,$$

so ist

$$\frac{d\bar{J}_i}{dt} = \bar{\theta}_{ij} \frac{d\bar{\omega}_j}{dt}$$

und wir erhalten schließlich

$$\bar{D}_i = \bar{\theta}_{ij} \frac{d\bar{\omega}_j}{dt} + \varepsilon_{ijk} \bar{\theta}_{jp} \bar{\omega}_p \bar{\omega}_k. \tag{42, 03}$$

Das sind die *Eulerschen Differentialgleichungen* für die Bewegung des starren Körpers. Im Falle des kräftefreien Kreisels verschwindet $\bar{D}_i$ und (42, 03) geht in

$$\bar{\theta}_{ij} \frac{d\bar{\omega}_j}{dt} + \varepsilon_{ijk} \bar{\theta}_{jp} \bar{\omega}_p \bar{\omega}_k = 0 \tag{42, 04}$$

über. Diese Differentialgleichungen bestimmen die zeitliche Abhängigkeit von $\bar{\omega}_i$; die $\bar{\theta}_{ij}$ sind hier konstant.

2. Elastische Aufstellung eines starren Körpers. Eine weitere besondere Bewegung des starren Körpers tritt bei der sogenannten *elastischen Aufstellung* auf. Von einer elastischen Aufstellung spricht man dann, wenn ein starrer Körper durch Federn mit seiner Unterlage verbunden ist, so daß er Bewegungen nach Maßgabe der Nachgiebigkeit der Feder ausführen kann. Wir nehmen also an, daß ein aus einer Anzahl von Massenpunkten mit den einzelnen Massen m bestehender Körper in einer Anzahl von Punkten auf Federn gelagert ist. Weder die einzelnen Massen m noch die einzelnen Federn müssen untereinander gleich sein. Es ist auch gleichgültig, ob die Federn an massebehafteten oder masselosen Punkten angreifen. Die Kräfte, die die Federn auf den Körper ausüben, sind äußere Kräfte. Die Größe der Kraft einer Feder hängt von der Abweichung ihres Endpunktes von der Ruhelage ab. Betrachten wir z. B. eine Schraubenfeder nach Abb. 4, die an ihrem unteren Ende, also auf der festen Unterlage, fest

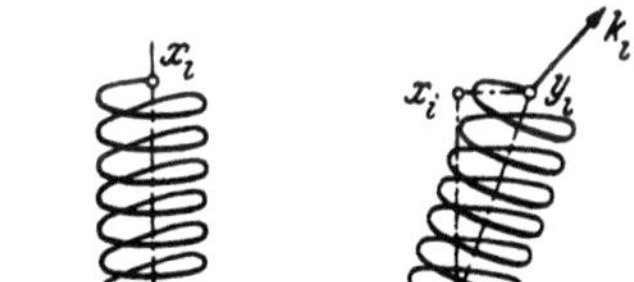

Abb. 4

eingespannt ist. Die Ruhelage ihres oberen Endpunktes sei x_i. Dann wird bei Verschiebung von x_i in die Lage y_i die Feder eine Kraft k_i ausüben. Im allgemeinen wird die Richtung von k_i nicht mit der Richtung von $p_i = y_i - x_i$ übereinstimmen. Eine gewöhnliche Schraubenfeder setzt einer seitlichen Verschiebung (parallel zur Unterlage) meist eine viel geringere Kraft entgegen als einer Verlängerung oder Verkürzung, doch können wir für jede dieser Verschiebungen annehmen, daß die Kraft der Größe der Verschiebung proportional ist, daß also das sogenannte Hookesche Gesetz gilt. Der Zusammenhang zwischen k_i und p_i läßt sich dann in der Gestalt

$$k_i = c_{ik} p_k \tag{42, 05}$$

darstellen, wobei der *Steifigkeitstensor* c_{ik} für die Feder charakteristisch ist. Die Steifigkeitstensoren der üblichen Federn sind symmetrisch.

Wir bilden nun die Resultierende K_i der Kräfte aller dieser Federn auf den starren Körper, so daß

$$K_i = \sum c_{ik} p_k.$$

An Stelle von p_i können wir auch $\int v_i\, dt$ setzen, wenn v_i die Geschwindigkeit des Punktes darstellt, an dem die Feder angreift. v_i läßt sich nach (41, 04) durch die Winkelgeschwindigkeit ω_i und die Geschwindigkeit w_i des Schwerpunktes des starren Körpers ausdrücken. Damit wird

$$K_i = \sum c_{ik} \int (\varepsilon_{kpq}\, \omega_p r_q + w_k)\, dt.$$

Beschränken wir uns auf kleine Bewegungen des Körpers, so dürfen wir für die Integration die Strecke r_q als konstant annehmen und erhalten

$$K_i = \int \omega_p\, dt \cdot \sum \varepsilon_{kpq}\, c_{ik} r_q + \int w_k\, dt \cdot \sum c_{ik}.$$

Wir nennen

$$C_{ik} = \sum c_{ik} \tag{42, 06}$$

die *Gesamtsteifigkeit* der Federn und

$$B_{ip} = \sum \varepsilon_{kpq}\, c_{ik} r_q \tag{42, 07}$$

das *Federmoment* um den Schwerpunkt. Führen wir noch den Drehwinkel

$$\varphi_i = \int \omega_i\, dt, \tag{42, 08}$$

um die durch den Schwerpunkt gehende Achse und den Weg

$$s_i = \int w_i \, dt \tag{42, 09}$$

des Schwerpunktes ein, so gelangen wir zu der Form

$$K_i = \varphi_j B_{ij} + s_j C_{ij} \tag{42, 10}$$

für den Zusammenhang zwischen der Schwerpunktsbewegung, der Drehung des Körpers um den Schwerpunkt und der resultierenden Kraft der Federn. Als nächstes bestimmen wir das resultierende Drehmoment der Federn bezogen auf den Schwerpunkt. Es ist

$$D_i = \sum \varepsilon_{ijk} r_j k_k$$

oder, wenn wir für k_i und p_k die obigen Ausdrücke einsetzen,

$$D_i = \sum \varepsilon_{ijk} r_j c_{kp} \int v_p \, dt$$

und beim Übergang auf Winkelgeschwindigkeit und Schwerpunktsgeschwindigkeit

$$D_i = \sum \varepsilon_{ijk} r_j c_{kp} \int (\varepsilon_{pqr} \omega_q r_r + w_p) \, dt =$$
$$= \int \omega_q \, dt \cdot \sum \varepsilon_{ijk} \varepsilon_{pqr} c_{kp} r_j r_r + \int w_p \, dt \cdot \sum \varepsilon_{ijk} c_{kp} r_j.$$

Wir nennen

$$E_{iq} = \sum \varepsilon_{ijk} \varepsilon_{pqr} r_j r_r c_{kp}$$

das *quadratische Federmoment*. Ferner ist wegen der Symmetrie der c_{kp}

$$\sum \varepsilon_{ijk} r_j c_{kp} = B_{pi},$$

wie man durch Vergleich mit (42, 07) feststellen kann. Damit läßt sich das Drehmoment der Federn in der Form

$$D_i = \varphi_j E_{ij} + s_j B_{ji} \tag{42, 11}$$

schreiben.

Die drei Tensoren C_{ij}, B_{ij}, E_{ij} charakterisieren die Wirkung der Federn auf den starren Körper in ähnlicher Weise wie die Gesamtmasse, das statische Moment und der Trägheitstensor die Wirkung der Massen zusammenfassen. Im allgemeinen ist es aber nicht möglich, in Analogie zum Schwerpunkt als Massenmittelpunkt einen „Federmittelpunkt" zu definieren. Würden wir einen solchen Punkt mit a_i bezeichnen, so müßten für ihn die Gleichungen

$$\varepsilon_{klm}\, a_m\, C_{ki} = \varepsilon_{klm} \sum c_{ki}\, r_m$$

erfüllt sein. Das sind im allgemeinen neun Gleichungen, die nicht von einem einzigen Wertetripel a_i befriedigt werden können. Nur in Sonderfällen, die man als symmetrische elastische Lagerung bezeichnen kann, ist das möglich.

Wollen wir die Bewegungen des elastisch gelagerten starren Körpers untersuchen, so finden wir, daß an ihm drei Kräfte und drei Momente wirksam sein können, nämlich die Beschleunigungskraft $M\,\dot{w}_i = M\ddot{s}_i$, die resultierende Federkraft $B_{ij}\,\varphi_j + C_{ij}\,s_j$ und schließlich irgendeine äußere Kraft K_i, welche den Anlaß zu der Bewegung gibt. In gleicher Weise wirken das Drehmoment der Beschleunigung $\theta_{ij}\,\dot{\omega}_j = \theta_{ij}\,\ddot{\varphi}_j$, das resultierende Drehmoment der Federn $E_{ij}\,\varphi_j + B_{ji}\,s_j$ und ein äußeres erregendes Moment D_i. Für die Kräfte gilt nach dem Schwerpunktssatz

$$K_i = B_{ij}\,\varphi_j + C_{ij}\,s_j + M\,\ddot{s}_i \qquad (42,\ 12\text{a})$$

und für die Drehmomente

$$D_i = E_{ij}\,\varphi_j + B_{ji}\,s_j + \theta_{ij}\,\ddot{\varphi}_j, \qquad (42,\ 12\text{b})$$

wobei wir angenommen haben, daß die Massenkräfte ebenso wie die Federkraft als Reaktion gegen die erregenden Kräfte bzw. das äußere Drehmoment in Erscheinung treten. Die sechs Differentialgleichungen (42, 12) beschreiben die Bewegung des Körpers vollständig.

Von besonderem Interesse ist der Fall, daß die erregenden Kräfte und Momente periodisch sind, also z. B.

$$K_i = \hat{K}_i \cos(\nu t - \psi)$$

und

$$D_i = \hat{D}_i \cos(\nu t - \chi).$$

Dabei ist ν die Frequenz, mit der die Erregung erfolgt. Man macht dann mit Vorteil von der in der Schwingungstechnik üblichen komplexen Darstellung Gebrauch. Wir bezeichnen mit $\mathfrak{K}_i$ und $\mathfrak{D}_i$ die K_i und D_i zugeordneten komplexen Vektoren, so daß $(j = \sqrt{-1})$

$$\mathfrak{K}_i = \hat{K}_i\, e^{-j\psi}$$

und

$$\mathfrak{D}_i = \hat{D}_i\, e^{-j\chi}$$

ist. Wenn wir uns auf den sogenannten stationären Zustand beschränken, so sind auch φ_i und s_i als Lösungen von (42, 12) periodische Größen mit der Frequenz ν und wir ersetzen sie bei der komplexen Behandlung der Aufgabe durch $\mathfrak{F}_i$ und $\mathfrak{S}_i$. Es ist dann

$$\dot{\mathfrak{S}}_i = j\,\nu\,\mathfrak{S}_i, \qquad \dot{\mathfrak{F}}_i = j\,\nu\,\mathfrak{F}_i$$

und

$$\ddot{\mathfrak{S}}_i = -\nu^2\,\mathfrak{S}_i, \qquad \ddot{\mathfrak{F}}_i = -\nu^2\,\mathfrak{F}_i.$$

Setzen wir in (42, 12) ein, so ergibt sich

$$\begin{aligned} \mathfrak{K}_i &= B_{ij}\,\mathfrak{F}_j + C_{ij}\,\mathfrak{S}_j - \nu^2 M\,\mathfrak{S}_i, \\ \mathfrak{D}_i &= E_{ij}\,\mathfrak{F}_j + B_{ji}\,\mathfrak{S}_j - \nu^2\,\theta_{ij}\,\mathfrak{F}_j, \end{aligned}$$

oder

$$\left.\begin{aligned} \mathfrak{K}_i &= B_{ij}\,\mathfrak{F}_j + (C_{ij} - \nu^2 M\,\delta_{ij})\,\mathfrak{S}_j, \\ \mathfrak{D}_i &= (E_{ij} - \nu^2\,\theta_{ij})\,\mathfrak{F}_j + B_{ji}\,\mathfrak{S}_j. \end{aligned}\right\} \qquad (42,\ 13)$$

Aus diesen Gleichungen können $\mathfrak{F}_i$ und $\mathfrak{S}_i$ bei gegebenem $\mathfrak{K}_i$ und $\mathfrak{D}_i$ bestimmt werden.

Es bleibt noch die Frage nach den Eigenschwingungen, die der elastisch gelagerte Körper ausführen kann. Die Eigenschwingungen sind Bewegungen, welche auch ohne erregende äußere Kräfte und Drehmomente auftreten können, welche also der Bedingung

$$\left.\begin{aligned} & B_{ij}\,\mathfrak{F}_j + (C_{ij} - \nu^2 M\,\delta_{ij})\,\mathfrak{S}_j = 0 \\ \text{und} \quad & (E_{ij} - \nu^2\,\theta_{ij})\,\mathfrak{F}_j + B_{ji}\,\mathfrak{S}_j = 0 \end{aligned}\right\} \qquad (42,\ 14)$$

genügen. Dieses Gleichungssystem kann nur dann von Null verschiedene Lösungen für $\mathfrak{F}_i$ und $\mathfrak{S}_i$ aufweisen, wenn die Determinante der Koeffizienten verschwindet, wenn also

$$\begin{vmatrix} B_{11} & B_{12} & B_{13} & C_{11}-\nu^2 M & C_{12} & C_{13} \\ B_{21} & B_{22} & B_{23} & C_{21} & C_{22}-\nu^2 M & C_{23} \\ B_{31} & B_{32} & B_{33} & C_{31} & C_{32} & C_{33}-\nu^2 M \\ E_{11}-\nu^2\theta_{11} & E_{12}-\nu^2\theta_{12} & E_{13}-\nu^2\theta_{13} & B_{11} & B_{21} & B_{31} \\ E_{21}-\nu^2\theta_{21} & E_{22}-\nu^2\theta_{22} & E_{23}-\nu^2\theta_{23} & B_{12} & B_{22} & B_{32} \\ E_{31}-\nu^2\theta_{31} & E_{32}-\nu^2\theta_{32} & E_{33}-\nu^2\theta_{33} & B_{13} & B_{23} & B_{33} \end{vmatrix} =$$

$$= 0 \qquad (42,\ 15)$$

ist. Das ist eine Gleichung 6. Grades für ν^2. Ihre sechs Lösungen geben die sechs verschiedenen Eigenfrequenzen. Für jede dieser Eigenschwingungen folgt aus (42, 14) ein Wertepaar $\mathfrak{F}_i$, $\mathfrak{S}_i$, abgesehen vom Betrag dieser Vektoren. Dadurch ist die Richtung der Schwerpunktsbewegung und die Richtung der Drehachse durch den Schwerpunkt bestimmt. Im allgemeinen ist keine der Eigenschwingungen eine reine Schiebeschwingung, sondern jede ist mit einer Drehschwingung um eine bestimmte, durch den Schwerpunkt gehende Achse gekoppelt. Dies trifft nur dann nicht zu, wenn es sich um die bereits erwähnte symmetrische Lagerung handelt, bei der der Tensor B_{ij}, das ist das auf den Schwerpunkt bezogene Federmoment, verschwindet. In diesem Fall existiert ein Federmittelpunkt, der mit dem Schwerpunkt zusammenfällt. Aus (42, 15) wird dann

$$\det(C_{ij} - \nu^2 M \delta_{ij}) \det(E_{ij} - \nu^2 \theta_{ij}) = 0,$$

was in die beiden Gleichungen

$$\det(C_{ij} - \nu^2 M \delta_{ij}) = 0$$

und

$$\det(E_{ij} - \nu^2 \theta_{ij}) = 0$$

zerfällt. Jede dieser Gleichungen liefert drei Werte der Eigenschwingungen, von denen die ersten reine Schiebeschwingungen, die zweiten reine Drehschwingungen um Achsen durch den Schwerpunkt sind. Da alle vorkommenden Tensoren symmetrisch sind, so stehen die Richtungen der drei Schiebeschwingungen ebenso wie die drei Drehachsen aufeinander senkrecht. Die Richtungen der Schiebeschwingungen fallen aber nur dann mit den Drehachsen zusammen, wenn die Hauptachsen von θ_{ij} mit denen von C_{ij} übereinstimmen.

§ 43. Elastizitätstheorie I

1. Verschiebung und Deformation. Wir betrachten nunmehr einen Körper, dessen Punkte im Gegensatz zu denen des starren Körpers ihre gegenseitige Lage etwas verändern können. Obwohl wir zunächst ganz davon absehen, auf welche Weise der Körper aus dem ursprünglichen in den veränderten Zustand gekommen ist, wollen wir doch der bequemeren Ausdrucksweise halber von einer Anfangslage und einer Endlage sprechen. Die Anfangslage eines beliebigen Punktes sei durch den Ortsvektor x_i gegeben, seine Endlage durch den Ortsvektor $\bar{x}_i$. Die $\bar{x}_i$ sind dann Funktionen

$$\bar{x}_i = f_i(x_p) \tag{43, 01}$$

der x_i, von denen wir voraussetzen, daß sie in einem gewissen Bereich eindeutig, umkehrbar, stetig und dreimal stetig differenzierbar sind. Die Erfahrung zeigt uns, daß ein solcher Zusammenhang zwischen Anfangs- und Endlage bei der Einwirkung von irgendwelchen Kräften auf wirkliche Körper vorhanden ist, solange der Körper unter der Einwirkung der Kraft nicht zerreißt. Es darf dann die Determinante $\det \frac{\partial \bar{x}_i}{\partial x_j}$ an keiner Stelle verschwinden, ferner setzen wir voraus, daß sie stets positiv ist:

$$\det \frac{\partial \bar{x}_i}{\partial x_j} > 0. \tag{43, 02}$$

Damit sind Spiegelungen ausgeschlossen.

Wir können uns den Übergang von der Anfangslage in die Endlage so vorstellen, daß der Punkt P mit der Anfangslage x_i um den Vektor u_i verschoben wird und so an die Stelle $\bar{x}_i$ kommt (Abb. 5). Dann ist

$$\bar{x}_i = x_i + u_i. \tag{43, 03}$$

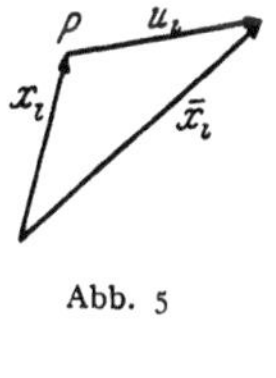

Abb. 5

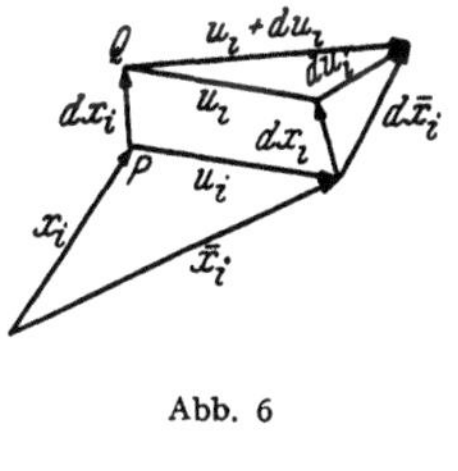

Abb. 6

Man nennt u_i den *Verschiebungsvektor*; im allgemeinen sind die u_i ebenfalls Funktionen der x_i, d. h. es liegt ein Vektorfeld

$$u_i = u_i(x_p) \tag{43, 04}$$

vor. Wir betrachten nun einen Punkt Q, mit der Anfangslage $x_i + dx_i$ (Abb. 6). Er komme bei der Verschiebung an die Stelle

$\bar{x}_i + d\bar{x}_i$. Der zugehörige Verschiebungsvektor ist $u_i + du_i$, denn es ist

$$\bar{x}_i + d\bar{x}_i = x_i + dx_i + u_i + du_i. \tag{43, 05}$$

Wenn wir davon (43, 03) subtrahieren, so bleibt

$$d\bar{x}_i = dx_i + du_i. \tag{43, 06}$$

Nach dem Mittelwertsatz ist

$$d\bar{x}_i = dx_i + \frac{\partial u_i}{\partial x_j} dx_j = dx_i + \partial_j u_i \, dx_j, \tag{43, 07}$$

wenn wir $\partial_j u_i$ an einer passenden Stelle ξ_i zwischen x_i und $x_i + dx_i$ nehmen. Man nennt

$$\boxed{V_{ij} = \partial_j u_i} \tag{43, 08}$$

den *Verschiebungstensor*. Schreiben wir an Stelle von (43, 07)

$$d\bar{x}_i = (\delta_{ij} + \partial_j u_i) \, dx_j,$$

so erkennt man, daß der Tensor $\delta_{ij} + V_{ij}$ die Umgebung des Punktes x_i auf die Umgebung von $\bar{x}_i$ abbildet. Es zeigt sich aber, daß der Tensor V_{ij} noch nicht geeignet ist, um das zu beschreiben, was man im Sinne des üblichen Sprachgebrauches als Verzerrung oder Deformation bezeichnet.

Es gehe z. B. die Endlage $\bar{x}_i$ aus der Anfangslage durch eine für den ganzen Körper konstante Drehung hervor. Dann ist

$$\bar{x}_i = T_{ij} x_j,$$

wobei T_{ij} den Drehtensor (11, 30) bedeutet. Dann ist auch

$$u_i = \bar{x}_i - x_i = (T_{ij} - \delta_{ij}) \, x_j,$$

und

$$V_{ij} = T_{ij} - \delta_{ij}$$

ist im allgemeinen nicht Null, obwohl die durch dx_i gekennzeichnete Umgebung von x_i durch

$$d\bar{x}_i = T_{ij} \, dx_j$$

unverzerrt in die Umgebung von $\bar{x}_i$ gedreht ist.

Man beschreibt daher die *Verzerrung* oder *Deformation* ebenfalls durch einen Tensor D_{ij} zweiter Stufe, der aber verschwindet, wenn der Körper starr bewegt wird Wir vergleichen dazu das Quadrat

$$ds^2 = dx_i \, dx_i \tag{43, 09}$$

des Längenelements ds in der Anfangslage mit dem des zugehörigen Elements $d\bar{s}$, nämlich

$$d\bar{s}^2 = d\bar{x}_i \, d\bar{x}_i \tag{43, 10}$$

in der Endlage. Wir erhalten

$$d\bar{s}^2 - ds^2 = (dx_i + du_i)(dx_i + du_i) - dx_i \, dx_i = 2 \, D_{ij} \, dx_i \, dx_j, \tag{43, 11}$$

dabei ist

$$\boxed{\begin{aligned} D_{ij} &= \frac{1}{2}(\partial_j u_i + \partial_i u_j + \partial_i u_k \, \partial_j u_k) = \\ &= \frac{1}{2}(V_{ij} + V_{ji} + V_{ki} \, V_{kj}) \end{aligned}} \tag{43, 12}$$

der *Verzerrungs-* oder *Deformationstensor.* Die Bewegungen ohne Deformation, wie z. B. die erwähnte Bewegung des starren Körpers, sind dann durch

$$D_{ij} = 0 \tag{43, 13}$$

charakterisiert, was nach (43, 11) zu der in § 41 benutzten Definition des starren Körpers führt, falls (43, 13) für den ganzen Körper gilt.

2. Dehnung, Schiebung, Dilatation. Unter *linearer Dehnung* versteht man das Verhältnis der Längenänderung zur ursprünglichen Länge. Wir bezeichnen sie mit ε und es gilt

$$\varepsilon = \frac{d\bar{s} - ds}{ds} = \frac{d\bar{s}}{ds} - 1. \tag{43, 14}$$

Aus (43, 11) folgt

$$d\bar{s}^2 = ds^2 + 2 \, D_{ij} \, dx_i \, dx_j,$$

$$\frac{d\bar{s}^2}{ds^2} = 1 + 2 \, D_{ij} \frac{dx_i}{ds} \frac{dx_j}{ds}$$

oder, wenn wir

$$\frac{dx_i}{ds} = e_i$$

setzen,

$$\frac{d\bar{s}^2}{ds^2} = 1 + 2\,D_{ij}\,e_i\,e_j.$$

Dann ist

$$\boxed{\varepsilon = \sqrt{1 + 2\,D_{ij}\,e_i\,e_j} - 1.} \qquad (43,15)$$

Es sei noch bemerkt, daß der Deformationstensor durch (43, 12) als Funktion der Anfangslage gegeben ist und daß in (43, 15) der Einsvektor e_i die Anfangsrichtung für die zu bestimmende Längenänderung darstellt.

Wir bestimmen beispielsweise die Dehnung in den Richtungen, die in der Anfangslage mit den Koordinatenrichtungen übereinstimmen. Es ist für die Richtung der 1-Achse

$$e_i = (1, 0, 0)$$

und daher

$$D_{ij}\,e_i\,e_j = D_{11},$$

so daß

$$\overset{1}{\varepsilon} = \sqrt{1 + 2\,D_{11}} - 1$$

und in gleicher Weise für die Richtung der 2-Achse und der 3-Achse

$$\overset{2}{\varepsilon} = \sqrt{1 + 2\,D_{22}} - 1,$$

$$\overset{3}{\varepsilon} = \sqrt{1 + 2\,D_{33}} - 1$$

Mit den Längenänderungen sind im allgemeinen auch Winkeländerungen verbunden. Zu ihrer Feststellung betrachten wir zwei Richtungen e_i und η_i im Punkt x_i, die den Winkel ϑ miteinander einschließen (Abb. 7). Es gilt

$$\cos\vartheta = e_i\,\eta_i.$$

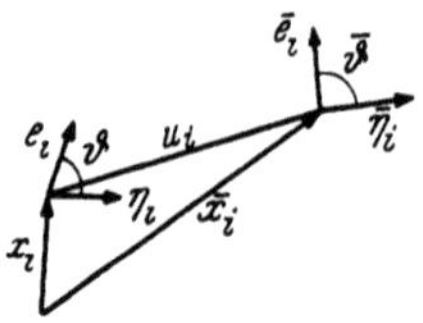

Abb 7

Bei der Verzerrung gehen die Richtungen in die neuen Richtungen $\bar{e}_i$ und $\bar{\eta}_i$ über, deren Winkel $\bar{\vartheta}$ durch

$$\cos\bar{\vartheta} = \bar{e}_i\,\bar{\eta}_i$$

bestimmt ist. Wir bezeichnen die Änderung in der Richtung e_i mit dx_i, diejenige in der Richtung η_i mit δx_i und verwenden diese Unterscheidung sinngemäß für die Wegelemente und in der Endlage. Es ist

$$d\bar{x}_i\, \delta\bar{x}_i = d\bar{s}\, \delta\bar{s} \cos\bar{\vartheta} =$$
$$= (\delta_{ij} + V_{ij})\, dx_j\, (\delta_{ik} + V_{ik})\, \delta x_k =$$
$$= ds\, \delta s \cos\vartheta + dx_j\, \delta x_k\, (V_{kj} + V_{jk} + V_{ij}\, V_{ik}),$$

d. h. es ist

$$d\bar{s}\, \delta\bar{s} \cos\bar{\vartheta} = ds\, \delta s \cos\vartheta + 2\, D_{jk}\, dx_j\, \delta x_k.$$

Nun ist nach (43, 14)

$$d\bar{s} = (1 + \varepsilon)\, ds$$

und

$$\delta\bar{s} = (1 + \varepsilon^*)\, \delta s,$$

wenn wir durch die Bezeichnung ε^* ausdrücken, daß in der Richtung η_i eine andere Dehnung auftritt als in der Richtung e_i. Damit finden wir für den geänderten Winkel

$$\cos\bar{\vartheta} = \frac{\cos\vartheta + 2\, D_{jk}\, e_j\, \eta_k}{(1 + \varepsilon)\, (1 + \varepsilon^*)}$$

oder

$$\cos\bar{\vartheta} = \frac{\delta_{jk} + 2\, D_{jk}}{(1 + \varepsilon)\, (1 + \varepsilon^*)}\, e_j\, \eta_k. \tag{43, 16}$$

Wir untersuchen noch den besonderen Fall, daß der Winkel in der Anfangslage ein rechter war, also daß

$$\cos\vartheta = e_i\, \eta_i = 0,$$

dann ist

$$\cos\bar{\vartheta} = \frac{2\, D_{jk}}{(1 + \varepsilon)\, (1 + \varepsilon^*)}\, e_j \eta_k. \tag{43, 17}$$

Die Änderung φ des rechten Winkels ist

$$\varphi = \frac{\pi}{2} - \bar{\vartheta}$$

und daher

$$\sin\varphi = \cos\bar{\vartheta} = \frac{2\, D_{jk}}{(1 + \varepsilon)\, (1 + \varepsilon^*)}\, e_j\, \eta_k. \tag{43, 18}$$

Mit dem Deformationstensor verschwindet auch die Winkeländerung. Man nennt den Skalar

$$\boxed{\gamma = \frac{2\, D_{jk}\, e_j\, \eta_k}{(1+\varepsilon)\,(1+\varepsilon^*)}} \qquad (43, 19)$$

die *Schiebung*. Legt man nämlich das verzerrte Zweibein $\bar{e}_i$, $\bar{\eta}_i$ so auf das unverzerrte e_i, η_i, daß sich die Winkelsymmetralen decken (Abb. 8) und ergänzt die Zweibeine zu einem Quadrat bzw. zu einem Rhombus, so ist die dabei eingetretene Verschiebung der Eckpunkte E und F bei kleinem φ gleich

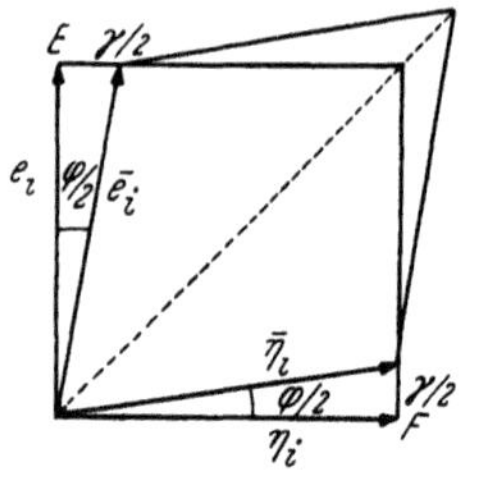

Abb. 8

$$\frac{\varphi}{2} \approx \frac{\gamma}{2}.$$

Wir berechnen die Schiebung der Achsenrichtungen der Anfangslage. Es sei z. B.

$$e_i = (1, 0, 0), \qquad \eta_i = (0, 1, 0).$$

Dann ist nach (43, 15)

$$1 + \overset{1}{\varepsilon} = \sqrt{1 + 2\, D_{11}}, \qquad 1 + \overset{2}{\varepsilon} = \sqrt{1 + 2\, D_{22}}$$

und somit

$$\overset{12}{\gamma} = \frac{2\, D_{12}}{\sqrt{1 + 2\, D_{11}}\,\sqrt{1 + 2\, D_{22}}}.$$

Mit den Längenänderungen sind ferner Flächen- und Volumsänderungen verbunden. Wir beschränken uns auf die Berechnung der Volumsänderung und bezeichnen mit

$$\boxed{\alpha = \frac{d\bar{V} - dV}{dV}} \qquad (43, 20)$$

die *kubische Dilatation* oder *Volumsdilatation*, die das Verhältnis der Änderung des Volumens zum ursprünglichen Volumen dV ausdrückt. War das ursprüngliche Volumen durch

$$dV = dx_1\, dx_2\, dx_3$$

gegeben, so ist

$$d\bar{V} = d\bar{x}_1\, d\bar{x}_2\, d\bar{x}_3 = \det \frac{\partial \bar{x}_i}{\partial x_j}\, dV. \qquad (43, 21)$$

Nach den Regeln für die Multiplikation von Determinanten ist

$$\left(\det \frac{\partial \bar{x}_i}{\partial x_p}\right)^2 = \det \frac{\partial \bar{x}_i}{\partial x_p} \frac{\partial \bar{x}_i}{\partial x_q} \tag{43, 22}$$

und nach (43, 03)

$$\frac{\partial \bar{x}_i}{\partial x_p} = \partial_p \bar{x}_i = \delta_{ip} + \partial_p u_i,$$

so daß

$$\begin{aligned} \partial_p \bar{x}_i \partial_q \bar{x}_i &= (\delta_{ip} + \partial_p u_i)(\delta_{iq} + \partial_q u_i) = \\ &= \delta_{pq} + \partial_p u_q + \partial_q u_p + \partial_p u_i \partial_q u_i \end{aligned}$$

oder nach (43, 12)

$$\partial_p \bar{x}_i \partial_q \bar{x}_i = \delta_{pq} + 2 D_{pq}. \tag{43, 23}$$

Für die Determinante folgt nach (13, 04)

$$\det(\delta_{pq} + 2 D_{pq}) =$$

$$= \frac{1}{6} \varepsilon_{ijk} \varepsilon_{pqr} (\delta_{ip} + 2 D_{ip})(\delta_{jq} + 2 D_{jq})(\delta_{kr} + 2 D_{kr}).$$

Dieser Ausdruck stimmt mit dem mittleren Ausdruck von (13, 38) überein, wenn wir $2 D_{ij} = A_{ij}$ und $\lambda = -1$ setzen. Wir erhalten daher nach (13, 39)

$$\det(\delta_{pq} + 2 D_{pq}) = 1 + 2 D'' + 4 D' + 8 D, \tag{43, 24}$$

wobei wir die Skalare von D_{ij} in gleicher Weise wie in (13, 40) und (13, 41) bezeichnet haben.

Es ist also

$$\det \frac{\partial \bar{x}_i}{\partial x_j} = \varepsilon_{ijk} \frac{\partial \bar{x}_i}{\partial x_1} \frac{\partial \bar{x}_j}{\partial x_2} \frac{\partial \bar{x}_k}{\partial x_3} = \sqrt{1 + 2 D'' + 4 D' + 8 D}$$

und damit

$$d\bar{V} = \sqrt{1 + 2 D'' + 4 D' + 8 D}\, dV.$$

Daher ist die kubische Dilatation

$$\boxed{\alpha = \frac{d\bar{V}}{dV} - 1 = \sqrt{1 + 2 D'' + 4 D' + 8 D} - 1.} \tag{43, 25}$$

Es ist verständlich, daß die kubische Dilatation nur von den Invarianten des Deformationstensors abhängt, da die kubische Dilatation unabhängig von irgendwelchen Richtungen sein muß.

3. Die Hauptdeformationsrichtungen. Es ist nun naheliegend zu fragen, ob es ein orthogonales Dreibein gibt, das bei der Verzerrung und Deformation orthogonal bleibt. In der Anfangslage sei das Dreibein durch $\overset{h}{e}_i$ bestimmt, wobei nach (9, 03) und (9, 04)

$$\overset{h}{e}_i \overset{k}{e}_i = \delta_{hk}, \qquad \overset{i}{e}_h \overset{i}{e}_k = \delta_{hk}$$

ist. Wenn die rechten Winkel zwischen den Vektoren des Dreibeins sich nicht ändern sollen, dann muß nach (43, 18) für jedes Paar der Eins-Vektoren

$$D_{ij} \overset{h}{e}_i \overset{k}{e}_j = 0$$

sein, d. h. es gelten die Gleichungen

$$D_{ij} \overset{1}{e}_i \overset{2}{e}_j = 0, \qquad D_{ij} \overset{2}{e}_i \overset{3}{e}_j = 0, \qquad D_{ij} \overset{3}{e}_i \overset{1}{e}_j = 0.$$

Aus den ersten beiden Gleichungen folgt, daß $D_{ij} \overset{2}{e}_j$ senkrecht steht sowohl auf $\overset{1}{e}_i$ als auch auf $\overset{3}{e}_i$ und aus den beiden letzten folgt, daß $D_{ij} \overset{3}{e}_j$ senkrecht zu $\overset{1}{e}_i$ und $\overset{2}{e}_i$, und schließlich aus der ersten und dritten Gleichung, daß $D_{ij} \overset{1}{e}_j$ senkrecht auf $\overset{2}{e}_i$ und $\overset{3}{e}_i$. Dann ist aber $D_{ij} \overset{1}{e}_j$ parallel zu $\overset{1}{e}_i$ usw. oder allgemein

$$D_{ij} \overset{h}{e}_j = \underset{h}{\lambda} \overset{h}{e}_i \quad \text{(nicht summieren über } h\text{!).}$$

Die gesuchten Richtungen des Dreibeins, die man die *Hauptdeformationsrichtungen* nennt, sind durch die Bedingung

$$(D_{ij} - \underset{h}{\lambda} \delta_{ij}) \overset{h}{e}_j = 0 \tag{43, 26}$$

gegeben und dieses Gleichungssystem hat nur dann nicht-triviale Lösungen, wenn

$$\det (D_{ij} - \underset{h}{\lambda} \delta_{ij}) = 0. \tag{43, 27}$$

Die Hauptdeformationsrichtungen sind also die Eigenrichtungen des Deformationstensors. Wir bestimmen noch die Dehnungen in diesen Richtungen und finden aus

$$\varepsilon_h = \sqrt{1 + 2\, D_{ij} \overset{h}{e}_i \overset{h}{e}_j} - 1 \quad \text{(nicht summieren über } h!)$$

wegen

$$D_{ij} \overset{h}{e}_j = \underset{h}{\lambda} \overset{h}{e}_i \quad \text{(nicht summieren über } h!)$$

und

$$D_{ij} \overset{h}{e}_i \overset{h}{e}_j = \underset{h}{\lambda} \overset{h}{e}_i \overset{h}{e}_i = \underset{h}{\lambda} \quad \text{(nicht summieren über } h!)$$

schließlich

$$\varepsilon_h = \sqrt{1 + 2 \underset{h}{\lambda}} - 1. \tag{43, 28}$$

Auch die kubische Dilatation läßt sich auf die charakteristischen Zahlen $\underset{h}{\lambda}$ des Deformationstensors zurückführen. Es ist nämlich

$$D'' = D_{pp} = \lambda_1 + \lambda_2 + \lambda_3,$$

$$D' = D\overset{(-1)}{D}_{pp} = \lambda_1 \lambda_2 + \lambda_2 \lambda_3 + \lambda_3 \lambda_1$$

und

$$D = \lambda_1 \lambda_2 \lambda_3.$$

Mit Hilfe der charakteristischen Zahlen kann man verschiedene Sonderfälle der Deformation unterscheiden. Gilt z. B.

$$\lambda_1 = \lambda_2 = \lambda_3 = \lambda,$$

dann spricht man von *gleichmäßiger Dilatation*. Der Deformationstensor hat die Form

$$D_{ij} = \lambda\, \delta_{ij}.$$

Alle orthogonalen Dreibeine bleiben orthogonal. Es werden alle Volumselemente gleichmäßig vergrößert oder verkleinert und alle Figuren des Endzustandes sind jenen des Anfangszustandes ähnlich.

Sind nur zwei der charakteristischen Zahlen einander gleich, z. B. $\lambda_1 \neq \lambda_2$ und $\lambda_2 = \lambda_3$, so spricht man von einer *scheibenförmigen Dilatation*. In der zu $\overset{1}{e}_i$ senkrechten Ebene findet eine nach allen Richtungen gleichmäßige Vergrößerung oder Verkleinerung statt und alle in einer solchen Ebene liegenden Figuren bleiben ähnlich.

Wir sind zur Unterscheidung von Deformation und Verschiebung durch die Betrachtung der Veränderungen des Längenelements ds gekommen. Der Deformationstensor gibt uns Aufschluß darüber, wie weit sich eine Verzerrung von einer Bewegung eines Volumelements als starrer Körper unterscheidet. Ist die Verschiebung eine Bewegung eines starren Körpers, so gilt

$$\bar{x}_i = a_{ij} x_j + b_i,$$

wobei a_{ij} im ganzen Körper konstant ist. Den Verschiebungstensor bestimmen wir aus

$$u_i = \bar{x}_i - x_i = a_{ij} x_j + b_i - x_i,$$

mit

$$V_{ij} = \partial_j u_i = a_{ij} - \delta_{ij},$$

während der Deformationstensor

$$2 D_{ij} = a_{ij} - \delta_{ij} + a_{ji} - \delta_{ji} + (a_{pi} - \delta_{pi})(a_{pj} - \delta_{pj})$$

wegen

$$a_{pi} a_{pj} = \delta_{ij}$$

tatsächlich verschwindet.

Die starre Drehung ist ein Sonderfall einer *homogenen Verschiebung*, worunter wir eine im ganzen betrachteten Raum konstante Verschiebung verstehen wollen. Im allgemeinen ist dann

$$\bar{x}_i = (\delta_{ij} + V_{ij}) x_j + b_i$$

Da b_i eine bei unseren Betrachtungen vollkommen belanglose Parallelverschiebung des Körpers bedeutet, können wir für die weiteren Untersuchungen $b_i = 0$ nehmen. Die homogene Verschiebung ist dann durch

$$\bar{x}_i = C_{ij} x_j \tag{43, 29}$$

mit im ganzen Raum konstantem C_{ij} charakterisiert.

Unter einer *reinen Deformation* wollen wir eine Verzerrung verstehen, bei der die Hauptdeformationsachsen ihre Richtung beibehalten. Es soll also nicht nur drei aufeinander senkrechte Richtungen $\overset{h}{e}_i$ geben, für die

$$D_{ij} \overset{h}{e}_j = \underset{h}{\lambda} \overset{h}{e}_i \text{ (nicht summieren uber } h\text{!)}$$

gilt, sondern diese Richtungen sollen auch bei der Verzerrung (43, 29) erhalten bleiben. Dann ist

$$\overset{h}{\bar{e}}_i = \mu \overset{h}{e}_i = C_{ij} \overset{h}{e}_j$$

oder

$$(C_{ij} - \mu\, \delta_{ij})\, \overset{h}{e}_j = 0.$$

Das ist nur möglich, wenn die $\overset{h}{e}_i$ auch die Eigenrichtungen von C_{ij} sind und diese sind nur dann aufeinander senkrecht, wenn C_{ij} symmetrisch ist. Anderseits kann man zeigen, daß bei symmetrischem C_{ij} die Eigenrichtungen des Deformationstensors mit denen von C_{ij} übereinstimmen. Es wird nämlich der Verschiebungstensor

$$V_{ij} = C_{ij} - \delta_{ij}$$

und der doppelte Deformationstensor

$$2\, D_{ij} = C_{ij} - \delta_{ij} + C_{ji} - \delta_{ji} + (C_{pi} - \delta_{pi})\,(C_{pj} - \delta_{pj})$$

oder wegen der Symmetrie von C_{ij}

$$2\, D_{ij} = C_{ip}\, C_{pj} - \delta_{ij} = C_{ij}^{(2)} - \delta_{ij}. \tag{43, 30}$$

Nun sind nach (15, 41) die Eigenrichtungen jeder Tensorpotenz identisch mit denen des Tensors, so daß also die Eigenrichtungen von $C_{ij}^{(2)}$ dieselben sind wie die von C_{ij}. Da ferner das Hinzufügen von δ_{ij} zu einem Tensor an den Eigenrichtungen nichts ändert, so stimmen die Eigenrichtungen von D_{ij} tatsächlich mit denen von C_{ij} überein. Die Bedingung $C_{ij} = C_{ji}$ ist daher notwendig und hinreichend dafür, daß eine reine Deformation vorliegt.

Wir wollen nun zeigen, daß sich jede Verschiebung aus einer reinen Deformation und einer starren Drehung zusammensetzt. Diese Behauptung gilt sowohl für die Umgebung eines Punktes als auch für den ganzen Körper, falls eine homogene Verschiebung vorliegt. Das heißt also, daß der in (43, 29) die Verbindung zwischen Anfangs- und Endlage herstellende Tensor C_{ij} sich als Überschiebung eines symmetrischen Tensors B_{ij} mit einem Tensor a_{ij} darstellen läßt, wobei a_{ij} den Bedingungen (9, 01) und (9, 02) genügt, daß also

$$C_{ij} = a_{ik}\, B_{kj} \tag{43, 31}$$

ist. Wir setzen

$$B_{ij}\, x_j = \xi_i,$$

so daß

$$\bar{x}_i = a_{ij}\, \xi_j$$

ist. Wenn $\overset{1}{e}_i$ eine der Hauptdeformationsrichtungen ist, so bleibt diese, wie in Abb. 9 angedeutet, bei der reinen Deformation B_{ij} erhalten und wird erst bei der Drehung a_{ij} in die Richtung $\overset{1}{\bar{e}}_i$ gebracht. Nach (43, 30) ist die durch den symmetrischen Tensor B_{ij} bewirkte Deformation

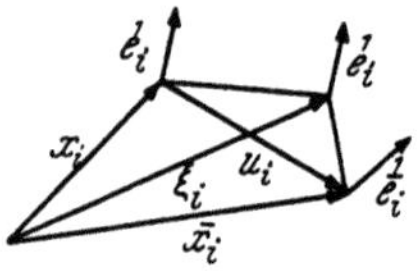

Abb 9

$$2\, D_{ij} = B_{ij}^{(2)} - \delta_{ij}.$$

Aus (43, 31) erhalten wir die resultierende Verschiebung

$$V_{ij} = a_{ik}\, B_{kj} - \delta_{ij}$$

und die zugehörige Deformation

$$2\, \bar{D}_{ij} = a_{ik}\, B_{kj} - \delta_{ij} + a_{jk}\, B_{ki} - \delta_{ji} +$$
$$+ (a_{kl}\, B_{li} - \delta_{ki})\,(a_{kl}\, B_{lj} - \delta_{kj}) = a_{kl}\, B_{li}\, a_{km}\, B_{mj} - \delta_{ij}$$

oder wegen $a_{kl}\, a_{km} = \delta_{lm}$

$$2\, \bar{D}_{ij} = B_{li}\, B_{lj} - \delta_{ij} = B_{ij}^{(2)} - \delta_{ij} = 2\, D_{ij}, \qquad (43, 32)$$

d. h. die Deformation bleibt von der Drehung unbeeinflußt. Wir dürfen uns nicht dadurch stören lassen, daß die Hauptdeformationsrichtung $\overset{1}{\bar{e}}_i$ von $\overset{1}{e}_i$ abweicht, denn der Deformationstensor gibt die Deformation immer bezogen auf die Anfangslage an. Will man den Deformationstensor bezogen auf die Endlage angeben, dann muß man ihn ebenfalls der durch (43, 29) gegebenen Transformation unterwerfen. Das würde aber nichts an der Tatsache ändern, daß die Hauptdeformationsrichtungen in der Anfangslage trotz der zusätzlichen Drehung erhalten bleiben. Es fehlt noch der Beweis, daß die durch (43, 31) geforderte Zerlegung von C_{ij} immer möglich ist. Für diese Zerlegung berechnen wir zunächst D_{ij} aus

$$2\, D_{ij} = C_{pi}\, C_{pj} - \delta_{ij}$$

und setzen nach (43, 32)

$$B_{ij}^{(2)} = 2\, D_{ij} + \delta_{ij}.$$

Dadurch ist der Tensor B_{ij} bestimmt. Wir können dazu beispielsweise $B_{ij}^{(2)}$ auf seine Hauptachsen transformieren und finden dann entsprechend dem im Anschluß an (15, 41) aufgestellten Satz die charakteristischen Zahlen von B_{ij} als die Wurzeln aus den charakteristischen Zahlen von $B_{ij}^{(2)}$, während die Eigenrichtungen erhalten bleiben. Aus

$$C_{ij}\, B_{jk}^{(-1)} = a_{ip}\, B_{pj}\, B_{jk}^{(-1)} = a_{ip}\, \delta_{pk} = a_{ik}$$

erhalten wir dann die für die gesuchte Zerlegung noch notwendige Drehung, womit die oben aufgestellte Behauptung bewiesen ist.

4. Infinitesimale Deformation. Wir haben bisher das Ausmaß der Verschiebung bzw. der Deformation keiner Beschränkung unterworfen. Man benutzt nun in der Elastizitätstheorie oft den Fall der *infinitesimalen Verzerrung*. Darunter versteht man, daß die $V_{ij} = \partial_j u_i$ klein sind gegen 1. Das bedeutet, daß sich $d\bar{x}_i$ und dx_i und damit $d\bar{s}$ und ds nur wenig unterscheiden. Dieser Fall tritt in Wirklichkeit immer ein, wenn die auf den Körper wirkenden Kräfte so schwach sind, daß sie nur geringe lineare Dehnungen bewirken. Die u_i selbst können aber auch bei der infinitesimalen Verzerrung endliche Werte annehmen. Im Fall der infinitesimalen Verzerrungen ergeben sich einige Vereinfachungen in unseren Formeln, welche wir noch zusammenstellen wollen. Da $V_{ki}\, V_{kj}$ klein ist gegen V_{ij} und V_{ji}, so ist der Deformationstensor

$$D_{ij} = \frac{1}{2}(V_{ij} + V_{ji}), \tag{43, 33}$$

also gleich dem symmetrischen Teil des Verschiebungstensors. Für die lineare Dehnung finden wir wegen

$$\sqrt{1 + 2\, D_{ij}\, e_i\, e_j} \approx 1 + D_{ij}\, e_i\, e_j,$$

nach (43, 15)

$$\varepsilon = D_{ij}\, e_i\, e_j. \tag{43, 34}$$

Die Dehnungen in den Richtungen der Koordinatenachsen sind dann

$$\overset{1}{\varepsilon} = D_{11}, \qquad \overset{2}{\varepsilon} = D_{22}, \qquad \overset{3}{\varepsilon} = D_{33},$$

während die Dehnungen in den Hauptdeformationsachsen nach (43, 28) gleich den charakteristischen Zahlen des Deformationstensors werden.

Für die Schiebung gilt dann die mit (43, 19) abgeleitete Beziehung bei kleinen Winkeländerungen.

Eine wesentliche Vereinfachung erhalten wir bei der Volumsdilatation, denn es ist dann

$$D \ll D' \ll D'',$$

so daß wir in (43, 25) D und D' vernachlässigen dürfen. Es verbleibt

$$\alpha = \sqrt{1 + 2 D''} - 1 \approx D''$$

oder

$$\alpha = D_{pp}. \qquad (43, 35)$$

Da bei jedem Tensor der erste Skalar gleich dem ersten Skalar seines symmetrischen Teiles ist, so ist auch

$$\alpha = V_{pp} = \partial_p u_p, \qquad (43, 36)$$

d. h. die Volumsdilatation ist die Divergenz des Verschiebungsvektors.

5. Die Kompatibilitätsbedingungen. Es bleibt noch die Frage offen, ob jeder symmetrische Tensor zweiter Stufe ein Deformationstensor sein kann. Wir beschränken uns auf infinitesimale Deformationen

$$D_{ij} = \frac{1}{2}(\partial_j u_i + \partial_i u_j). \qquad (43, 37)$$

Es handelt sich also um die Aufgabe, bei gegebener infinitesimaler Deformation D_{ij} den Verschiebungsvektor u_i zu berechnen. (43, 37) gibt bei gegebenem D_{ij} wegen der Symmetrie in i und j im ganzen sechs Gleichungen für die neun Ableitungen $\partial_j u_i$, aus denen sich die $\partial_j u_i$ also keinesfalls berechnen lassen. Durch Differentiation von (43, 37) folgt

$$\partial_k D_{ij} = \frac{1}{2}(\partial_j \partial_k u_i + \partial_i \partial_k u_j)$$

und daraus durch Vertauschen der Indizes

$$\partial_j D_{ik} = \frac{1}{2}(\partial_j \partial_k u_i + \partial_i \partial_j u_k),$$

sowie

$$\partial_i D_{jk} = \frac{1}{2} (\partial_i \partial_j u_k + \partial_i \partial_k u_j).$$

Subtrahieren wir die erste dieser drei Gleichungen von der Summe der beiden letzten, so folgt

$$2 \Gamma_{ij,k} = \partial_j D_{ik} + \partial_i D_{jk} - \partial_k D_{ij} = \partial_i \partial_j u_k.$$

Die $\Gamma_{ij,k}$ sind also die mit D_{ij} als Maßtensor gebildeten Christoffelklammern (35, 11). Wegen (43, 11), d. h.

$$g_{ij} = \delta_{ij} + 2 D_{ij}, \tag{43, 38}$$

folgt für die mit dem Maßtensor g_{ij} gebildeten Christoffelklammern

$$[i j, k] = 2 \Gamma_{ij,k}, \tag{43, 39}$$

so daß schließlich

$$\boxed{[i j, k] = \partial_i \partial_j u_k} \tag{43, 40}$$

folgt. Aus diesen Differentialgleichungen lassen sich die u_i durch zweimalige Integration berechnen, sofern gewisse Integrabilitätsbedingungen erfüllt sind. Nach § 24 lassen sich die Integrabilitätsbedingungen eines Systems partieller Differentialgleichungen erster Ordnung

$$\partial_i u = A_i \tag{43, 41}$$

in der Form

$$\varepsilon_{ijk} \partial_j A_k = 0$$

oder

$$\partial_j A_i - \partial_i A_j = 0 \tag{43, 42}$$

schreiben, die sich aus (43, 41) durch Differentiation nach x_j wegen $\partial_i \partial_j u - \partial_j \partial_i u = 0$ ergeben.

Dementsprechend folgt aus (43, 40) durch Differentiation nach x_h

$$\partial_i \partial_j \partial_h u_k = \partial_h [i j, k], \tag{43, 43}$$

und diese Ausdrücke müssen bei allen Vertauschungen der Indizes i, j, h ungeändert bleiben. Da die rechte Seite von (43, 43) selbst in i und j symmetrisch ist, so bleiben die beiden Gleichungen

$$\partial_i \partial_j \partial_h u_k = \partial_j [i h, k] \tag{43, 44}$$

und

$$\partial_i \partial_j \partial_h u_k = \partial_i [j h, k],$$

von denen aber die letzte wegen $\partial_h [i j, k] = \partial_h [j i, k] = \partial_i [j h, k]$ eine Folge von (43, 43) und (43, 44) ist. Daher sind die gesuchten Integrabilitätsbedingungen von (43, 40)

$$\boxed{\partial_h [i j, k] - \partial_j [i h, k] = 0.} \tag{43, 45}$$

Sie werden *als Kompatibilitätsbedingungen* oder auch als die *Gleichungen von de Saint Venant* bezeichnet und lassen eine sehr bemerkenswerte Interpretation zu. Der deformierte Körper ist ein Raum (genauer ein Raumteil), in dem durch (43, 38) eine Maßbestimmung gegeben ist. Dieser Raum ist aber stets ein euklidischer Raum (weil der deformierte Körper im selben euklidischen Raum liegt wie der ursprüngliche), nur ist er auf krummlinige Koordinaten bezogen, deren Koordinatenflächen sich durch die Deformation aus den Koordinatenebenen des Systems x_i ergeben. Nach § 36 muß also der Riemannsche Krümmungstensor für die Maßbestimmung (43, 38) verschwinden. Die Gleichungen

$$R_{ikhj} = 0$$

stimmen bei infinitesimalen Deformationen mit den Kompatibilitätsbedingungen (43, 45) überein, da die restlichen Glieder, die Produkte von Christoffelklammern enthalten, von zweiter Ordnung klein und daher zu vernachlässigen sind (die Klammern sind ebenso wie die D_{ij} klein von erster Ordnung).

6. Der Deformationstensor in allgemeinen Koordinaten. Die im Anschluß an (43, 45) angestellten Überlegungen legen eine Betrachtungsweise nahe, welche im Gegensatz zu den bisher angestellten Betrachtungen dieses Paragraphen im vorhinein bloß verzerrungsfreie Bewegungen ausschließt und uns direkt zur Deformation allein führt. Wir denken uns dazu in dem undeformierten Körper ein Koordinatensystem beliebiger Art, das mit dem Körper so fest verbunden ist, daß es bei der Deformation des Körpers in gleicher Weise wie dieser deformiert wird. Beispielsweise können wir uns auf einer Platte einen Raster von Koordinatenlinien malen und bei einer Deformation der Platte wird dieser Raster mitdeformiert, wie dies Abb. 10 zeigt. Um die durch den Körper fest gegebenen Koordinaten von denen des raumfesten Koordinatensystems x_i zu unterscheiden, bezeichnen wir sie mit q_i. Jeder Punkt des Körpers ist dann durch die drei Zahlen q_i bestimmt. Bei der Deformation bleiben diese drei Zahlen erhalten, denn durch den Punkt gehen dieselben Koordinatenlinien wie vorher. Der Unterschied des Koordinatensystems vor und nach der Deformation wird ersichtlich, wenn wir das Längenelement berechnen.

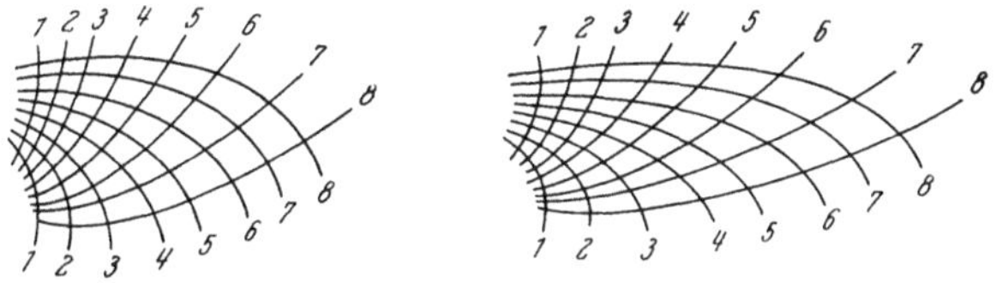

Abb. 10

Während nämlich vor der Deformation

$$ds^2 = g_{rs}\, dq_r\, dq_s \tag{43, 46}$$

gilt, so ändert sich die Norm des Längenelementes auf

$$d\bar{s}^2 = \bar{g}_{rs}\, dq_r\, dq_s. \tag{43, 47}$$

Der Unterschied der beiden Koordinatensysteme zeigt sich also in den beiden verschiedenen Maßtensoren g_{rs} und $\bar{g}_{rs}$. Das Ausmaß der Deformation erkennt man aus

$$d\bar{s}^2 - ds^2 = (\bar{g}_{rs} - g_{rs})\, dq_r\, dq_s = \tag{43, 48}$$
$$= 2\,\gamma_{rs}\, dq_r\, dq_s$$

mit

$$\boxed{\gamma_{rs} = \frac{1}{2}\,(\bar{g}_{rs} - g_{rs}).} \tag{43, 49}$$

Der Tensor γ_{rs} ist identisch mit dem Deformationstensor, wie der folgende Beweis zeigt. Wir beziehen den Körper im undeformierten und im deformierten Zustand auf ein raumfestes Koordinatensystem mit Hilfe der Beziehungen

$$x_i = x_i(q_1, q_2, q_3) \tag{43, 50}$$

im undeformierten und

$$\bar{x}_i = \bar{x}_i\,(q_1, q_2, q_3) \tag{43, 51}$$

im deformierten Zustand.

Nun ist nach (33, 08)

$$g_{rs} = \frac{\partial x_i}{\partial q_r}\frac{\partial x_i}{\partial q_s} \tag{43, 52}$$

und

$$\bar{g}_{rs} = \frac{\partial \bar{x}_i}{\partial q_r}\frac{\partial \bar{x}_i}{\partial q_s} \tag{43, 53}$$

oder wegen (43, 06)

$$\bar{g}_{rs} = \left(\frac{\partial x_i}{\partial q_r} + \frac{\partial u_i}{\partial q_r}\right)\left(\frac{\partial x_i}{\partial q_s} + \frac{\partial u_i}{\partial q_s}\right) =$$

$$= \frac{\partial x_i}{\partial q_r}\frac{\partial x_i}{\partial q_s} + \frac{\partial x_i}{\partial q_r}\frac{\partial u_i}{\partial q_s} + \frac{\partial u_i}{\partial q_r}\frac{\partial x_i}{\partial q_s} + \frac{\partial u_i}{\partial q_r}\frac{\partial u_i}{\partial q_s} \tag{43, 54}$$

und somit nach (43, 49)

$$2\gamma_{rs} = \frac{\partial x_i}{\partial q_r}\frac{\partial u_i}{\partial q_s} + \frac{\partial x_i}{\partial q_s}\frac{\partial u_i}{\partial q_r} + \frac{\partial u_i}{\partial q_r}\frac{\partial u_i}{\partial q_s}. \tag{43, 55}$$

Dabei sind die u_i die Koordinaten des Verschiebungsvektors im System x_i. Bezeichnen wir seine kovarianten Koordinaten im System q_i mit U_i, dann gilt nach (33, 30)

$$U_s = u_i \frac{\partial x_i}{\partial q_s}. \tag{43, 56}$$

Wir differenzieren nach q_r, so daß

$$\frac{\partial U_s}{\partial q_r} = \frac{\partial u_i}{\partial q_r}\frac{\partial x_i}{\partial q_s} + u_i \frac{\partial^2 x_i}{\partial q_r \partial q_s}. \tag{43, 57}$$

Aus (43, 56) folgt

$$u_i = U_p \frac{\partial q_p}{\partial x_i}$$

und daher

$$\frac{\partial u_i}{\partial q_r}\frac{\partial x_i}{\partial q_s} = \frac{\partial U_s}{\partial q_r} - U_p \frac{\partial q_p}{\partial x_i}\frac{\partial^2 x_i}{\partial q_r \partial q_s} =$$

$$= \frac{\partial U_s}{\partial q_r} - U_p \begin{Bmatrix} p \\ s\,r \end{Bmatrix} = \frac{\mathfrak{d} U_s}{\mathfrak{d} q_r}, \tag{43, 58}$$

denn nach (35, 13) ist

$$\left\{ {p \atop s\,r} \right\} = g^{lp}\,[s\,r, l] \tag{43, 59}$$

und nach (35, 11)

$$2\,[s\,r, l] = \frac{\partial g_{sl}}{\partial q_r} + \frac{\partial g_{rl}}{\partial q_s} - \frac{\partial g_{sr}}{\partial q_l} =$$

$$= \frac{\partial^2 x_\iota}{\partial q_s\,\partial q_r}\,\frac{\partial x_\iota}{\partial q_l} + \frac{\partial x_\iota}{\partial q_s}\,\frac{\partial^2 x_\iota}{\partial q_l\,\partial q_r} + \frac{\partial^2 x_\iota}{\partial q_r\,\partial q_s}\,\frac{\partial x_i}{\partial q_l} +$$

$$+ \frac{\partial x_\iota}{\partial q_r}\,\frac{\partial^2 x_\iota}{\partial q_l\,\partial q_s} - \frac{\partial^2 x_i}{\partial q_s\,\partial q_l}\,\frac{\partial x_\iota}{\partial q_r} - \frac{\partial x_\iota}{\partial q_s}\,\frac{\partial^2 x_i}{\partial q_r\,\partial q_l} =$$

$$= 2\,\frac{\partial x_\iota}{\partial q_l}\,\frac{\partial^2 x_\iota}{\partial q_s\,\partial q_r}. \tag{43, 60}$$

Wegen

$$g^{lp} = \frac{\partial q_l}{\partial x_\iota}\,\frac{\partial q_p}{\partial x_\iota} \tag{43, 61}$$

wird dann aus (43, 59)

$$\left\{ {p \atop s\,r} \right\} = \frac{\partial q_l}{\partial x_\iota}\,\frac{\partial q_p}{\partial x_\iota}\,\frac{\partial x_i}{\partial q_l}\,\frac{\partial^2 x_i}{\partial q_s\,\partial q_r} = \frac{\partial q_p}{\partial x_\iota}\,\frac{\partial^2 x_\iota}{\partial q_r\,\partial q_s} \tag{43, 62}$$

und somit ist tatsächlich das zweite Glied auf der rechten Seite von (43, 55) gleich der kovarianten Ableitung des kovarianten Vektors der Verschiebung.

Aus (43, 58) folgt durch Vertauschen der Indizes r und s sofort, daß

$$\frac{\partial x_\iota}{\partial q_r}\,\frac{\partial u_i}{\partial q_s} = \frac{\mathfrak{d} U_r}{\mathfrak{d} q_s}. \tag{43, 63}$$

Um das letzte Glied auf der rechten Seite von (43, 55) zu berechnen, erweitern wir es mit

$$\frac{\partial x_j}{\partial q_p}\,\frac{\partial q_p}{\partial x_k} = \delta_{jk}$$

zu

$$\frac{\partial u_\iota}{\partial q_r}\,\frac{\partial u_\iota}{\partial q_s} = \frac{\partial u_\jmath}{\partial q_r}\,\frac{\partial x_j}{\partial q_p} \cdot \frac{\partial q_p}{\partial x_k}\,\frac{\partial u_k}{\partial q_s}. \tag{43, 64}$$

Die ersten beiden Faktoren ergeben wieder die kovariante Ableitung des kovarianten Vektors der Verschiebung, für die restlichen beiden benutzen wir die Relation (33, 31), wonach

$$u_k = U^l \frac{\partial x_k}{\partial q_l}, \tag{43, 65}$$

und erhalten

$$\begin{aligned} \frac{\partial u_k}{\partial q_s} \frac{\partial q_p}{\partial x_k} &= \frac{\partial}{\partial q_s}\left(U^l \frac{\partial x_k}{\partial q_l}\right) \frac{\partial q_p}{\partial x_k} = \\ &= \frac{\partial U^l}{\partial q_s} \frac{\partial x_k}{\partial q_l} \frac{\partial q_p}{\partial x_k} + U^l \frac{\partial^2 x_k}{\partial q_s \partial q_l} \frac{\partial q_p}{\partial x_k} = \\ &= \frac{\partial U^p}{\partial q_s} + U^l \left\{ \begin{matrix} p \\ s\,l \end{matrix} \right\} = \frac{\mathfrak{d} U^p}{\mathfrak{d} q_s} \end{aligned} \tag{43, 66}$$

und somit schließlich

$$\gamma_{rs} = \frac{1}{2}\left[\frac{\mathfrak{d} U_r}{\mathfrak{d} q_s} + \frac{\mathfrak{d} U_s}{\mathfrak{d} q_r} + \frac{\mathfrak{d} U_p}{\mathfrak{d} q_r} \frac{\mathfrak{d} U^p}{\mathfrak{d} q_s}\right], \tag{43, 67}$$

wofür wir mit Benutzung der Abkürzung $\mathfrak{d}_l = \dfrac{\mathfrak{d}}{\mathfrak{d} q_l}$ auch

$$\boxed{\gamma_{rs} = \frac{1}{2}\left[\mathfrak{d}_s U_r + \mathfrak{d}_r U_s + \mathfrak{d}_r U_p \mathfrak{d}_s U^p\right]} \tag{43, 68}$$

schreiben können.

Da für rechtwinklige kartesische Koordinaten die absoluten Ableitungen in die gewöhnlichen übergehen, so ist γ_{rs} tatsächlich der Deformationstensor, wie wir behauptet haben.

(43, 68) gibt uns den Deformationstensor, bezogen auf die Ausgangslage, also den Körper vor der Deformation, wieder. Man kann nun daran interessiert sein, den Deformationstensor bezogen auf den deformierten Zustand auszudrücken. Dabei ist zu beachten, daß bei der Deformation wohl jeder Punkt des Körpers die Koordinaten q_s beibehält, die Koordinaten des Verschiebungsvektors jedoch verschieden sind je nachdem, ob wir sie auf den undeformierten oder den deformierten Körper beziehen. Im ersten Fall wird der Verschiebungsvektor nach (33, 06) und (33, 07) in den Dreibeinen

$$\overset{p}{\tau}_i = \frac{\partial x_i}{\partial q_p} \quad \text{und} \quad \overset{p}{\gamma}_i = \frac{\partial q_p}{\partial x_i}$$

dargestellt, im zweiten Fall jedoch in den Dreibeinen

$$\overset{p}{\bar{\tau}}_i = \frac{\partial \bar{x}_i}{\partial q_p} \quad \text{und} \quad \overset{p}{\bar{\gamma}}_i = \frac{\partial q_p}{\partial \bar{x}_i},$$

so daß bei Bezug auf den deformierten Zustand der Verschiebungsvektor die Koordinaten

$$\bar{U}_s = u_i \frac{\partial \bar{x}_i}{\partial q_s} \tag{43, 69}$$

und

$$\bar{U}^s = u_i \frac{\partial q_s}{\partial \bar{x}_i} \tag{43, 70}$$

aufweist. Gehen wir zurück zu Formel (43, 49) und setzen jetzt für

$$g_{rs} = \left(\frac{\partial \bar{x}_i}{\partial q_r} - \frac{\partial u_i}{\partial q_r}\right)\left(\frac{\partial \bar{x}_i}{\partial q_s} - \frac{\partial u_i}{\partial q_s}\right), \tag{43, 71}$$

so erhalten wir anstelle von (43, 55)

$$2\gamma_{rs} = \frac{\partial \bar{x}_i}{\partial q_r}\frac{\partial u_i}{\partial q_s} + \frac{\partial \bar{x}_i}{\partial q_s}\frac{\partial u_i}{\partial q_r} - \frac{\partial u_i}{\partial q_r}\frac{\partial u_i}{\partial q_s}. \tag{43, 72}$$

Ganz analog zu (43, 58) folgt

$$\frac{\partial u_i}{\partial q_r}\frac{\partial \bar{x}_i}{\partial q_s} = \frac{\partial \bar{U}_s}{\partial q_r} - \bar{U}_p \overline{\begin{Bmatrix} p \\ s\,r \end{Bmatrix}} = \frac{\bar{\mathfrak{d}} \bar{U}_s}{\mathfrak{d} q_r} \tag{43, 73}$$

wobei in $\overline{\begin{Bmatrix} p \\ s\,r \end{Bmatrix}}$ nun die $\bar{g}_{rs}$ einzusetzen sind.

In gleicher Weise gelangt man zu analogen Ausdrücken zu (43, 63) und (43, 66), so daß wir schließlich

$$\boxed{\gamma_{rs} = \frac{1}{2}\left[\bar{\mathfrak{d}}_s \bar{U}_r + \bar{\mathfrak{d}}_r \bar{U}_s - \bar{\mathfrak{d}}_r \bar{U}_p \bar{\mathfrak{d}}_s \bar{U}^p\right]} \tag{43, 74}$$

als Darstellung des Deformationstensors bezogen auf den deformierten Zustand erhalten.

Aufgabe

Man berechne den Deformationstensor einer ebenen Kreisscheibe, bei deren Deformation alle Radien im Verhältnis $\alpha : 1$ gedehnt wurden.

§ 44. Elastizitätstheorie II

1. Der Spannungstensor. Wir wenden uns dem Zusammenhang zwischen der Deformation und den Kräften zu. Denken wir uns aus einem im Gleichgewicht befindlichen deformierten Körper einen Teilkörper herausgeschnitten, so wird das Gleichgewicht gestört. Wir können es wieder herstellen, wenn wir an jedem der beiden Teilkörper Ersatzkräfte anbringen, die den von dem anderen Teil ausgehenden Kräften entsprechen. Ist df_i ein Flächenelement eines Teilkörpers $\mathfrak{K}$, so wird an ihm eine Kraft dF_i angreifen. Wir nennen

$$p_i = \frac{dF_i}{df} \tag{44, 01}$$

die zum Flächenelement df_i gehörige *Spannung*. Im allgemeinen weicht die Richtung von p_i von der des Flächenelements df_i ab. Ist

$$e_i = \frac{df_i}{df}$$

der Normalenvektor des Flächenelements, dann nennt man

$$e_i\, e_j\, p_j$$

die *Normalspannung* und

$$p_i - e_i\, e_j\, p_j$$

die *Tangentialspannung* oder *Schubspannung* am Flächenelement df_i.

Legt man durch einen Punkt mehrere Flächenelemente, so sind deren Spannungen im allgemeinen verschieden. Wir behaupten nun, daß für alle diese Spannungen eine Beziehung der Gestalt

$$\boxed{p_i = \sigma_{ij}\, e_j} \tag{44, 02}$$

gilt, daß also der *Spannungstensor* σ_{ij} unabhängig von der Stellung des betrachteten Flächenelements den Spannungszustand im betrachteten Punkt eindeutig kennzeichnet. Um diesen für die Elastizitätstheorie fundamentalen Satz zu beweisen, stellen wir die Gleichgewichtsbedingung an einem Teilkörper $\mathfrak{K}$ mit der Oberfläche $\mathfrak{F}$ auf.

Die Kräfte, die auf den Körper wirken, können entweder an seiner Oberfläche angreifen oder an jedem Volumselement. Kräfte der letzteren Art nennt man *Massen-* oder *Volumskräfte.* Sie lassen sich in der Form $dG_i = g_i\, dV$ darstellen. Da die Summe der Kräfte an einem im Gleichgewicht befindlichen Körper verschwindet, so ist

$$\int_{\mathfrak{K}} dG_i + \int_{\mathfrak{F}} dF_i = 0, \tag{44, 03}$$

oder

$$\int_{\mathfrak{K}} g_i\, dV + \int_{\mathfrak{F}} p_i\, df = 0. \tag{44, 04}$$

Die Erfahrung zwingt uns zu der Annahme, daß $g_i = \dfrac{dG_i}{dV}$ ebenso wie p_i nach (44, 01) beim Übergang von dV bzw. df zur Grenze Null nicht verschwinden, falls sie für endliche Werte ΔV bzw. Δf von Null verschieden sind. In (44, 04) verschwindet mit abnehmender Größe des Körpers das erste Glied von dritter, das zweite aber nur von zweiter Ordnung. Dividieren wir also (44, 04) durch die gesamte Oberfläche $A = \int df$ des Körpers, so folgt aus

$$\lim_{A \to 0} \frac{1}{A} \int g_i\, dV + \lim_{A \to 0} \frac{1}{A} \int p_i\, df = 0$$

auch

$$\lim_{A \to 0} \frac{1}{A} \int p_i\, df = 0,$$

d. h. in einem genügend kleinen Körper sind die angreifenden Spannungen für sich im Gleichgewicht. Wir untersuchen dies noch speziell an einem Tetraeder, das durch das Dreibein $a_i = a\,\alpha_i$, $b_i = a\,\beta_i$ und $c_i = a\,\gamma_i$ aufgespannt ist, wobei α_i, β_i und γ_i beliebige, nicht komplanare Vektoren sind. Das Volumen des Tetraeders ist

$$dV = \frac{1}{6}\, \varepsilon_{ijk}\, a_i\, b_j\, c_k = \frac{1}{6}\, a^3\, \varepsilon_{ijk}\, \alpha_i\, \beta_j\, \gamma_k;$$

von seinen Seitenflächen sind die ersten drei nach Stellung und Inhalt

$$\overset{1}{df_i} = \frac{1}{2} \varepsilon_{ijk} b_j c_k = \frac{1}{2} a^2 \varepsilon_{ijk} \beta_j \gamma_k = a^2 \overset{1}{\varphi_i},$$

$$\overset{2}{df_i} = \frac{1}{2} \varepsilon_{ijk} c_j a_k = \frac{1}{2} a^2 \varepsilon_{ijk} \gamma_j \alpha_k = a^2 \overset{2}{\varphi_i},$$

$$\overset{3}{df_i} = \frac{1}{2} \varepsilon_{ijk} a_j b_k = \frac{1}{2} a^2 \varepsilon_{ijk} \alpha_j \beta_k = a^2 \overset{3}{\varphi_i},$$

während für die vierte Fläche $\overset{4}{df_i}$ aus dem Verschwinden von $\oint df_i$

$$\overset{4}{df_i} = -\overset{1}{df_i} - \overset{2}{df_i} - \overset{3}{df_i} = -\frac{1}{2} a^2 \varepsilon_{ijk} (\beta_j \gamma_k + \gamma_j \alpha_k + \alpha_j \beta_k) = a^2 \overset{4}{\varphi_i}$$

folgt. Die Gleichgewichtsbedingungen (44, 04) werden

$$\frac{1}{6} g_p \varepsilon_{ijk} a_i b_j c_k - \overset{1}{\sigma}_{pi} \overset{1}{df_i} - \overset{2}{\sigma}_{pi} \overset{2}{df_i} - \overset{3}{\sigma}_{pi} \overset{3}{df_i} - \overset{4}{\sigma}_{pi} \overset{4}{df_i} = 0.$$

Wir haben dabei die σ_{ij} verschieden gekennzeichnet, da noch nicht bewiesen ist, daß derselbe Spannungstensor für alle diese Flächenelemente gilt. Wir teilen durch die Oberfläche

$$A = |\overset{1}{df_i}| + |\overset{2}{df_i}| + |\overset{3}{df_i}| + |\overset{4}{df_i}| =$$
$$= a^2 (|\overset{1}{\varphi_i}| + |\overset{2}{\varphi_i}| + |\overset{3}{\varphi_i}| + |\overset{4}{\varphi_i}|) = a^2 \sum |\varphi|,$$

so daß

$$\frac{g_p a^3 \varepsilon_{ijk} \alpha_i \beta_j \gamma_k}{6 a^2 \sum |\varphi|} - \frac{a^2 \sum \overset{\alpha}{\sigma}_{pi} \overset{\alpha}{\varphi_i}}{a^2 \sum |\varphi|} = 0$$

oder

$$\frac{a}{6} g_p \frac{\varepsilon_{ijk} \alpha_i \beta_j \gamma_k}{\sum |\varphi|} - \frac{\sum \overset{\alpha}{\sigma}_{pi} \overset{\alpha}{\varphi_i}}{\sum |\varphi|} = 0.$$

Für $a \to 0$ verschwindet das erste Glied und es bleibt

$$\sum_{\alpha} \overset{\alpha}{\sigma}_{pi} \overset{\alpha}{\varphi_i} = 0 \qquad (44, 05)$$

Wegen $\sum_\alpha \overset{\alpha}{\varphi}_i = 0$ kann (44, 05) nur bestehen, wenn

$$\overset{1}{\sigma}_{ij} = \overset{2}{\sigma}_{ij} = \overset{3}{\sigma}_{ij} = \overset{4}{\sigma}_{ij} = \sigma_{ij} \tag{44, 06}$$

ist. Bei dem Grenzübergang $a \to 0$ sind die vier Flächenelemente in den gemeinsamen Punkt gerückt, auf den das Tetraeder zusammenschrumpft. $\overset{1}{\varphi}_i$, $\overset{2}{\varphi}_i$ und $\overset{3}{\varphi}_i$ sind die Projektionen von $-\overset{4}{\varphi}_i$, auf die durch je ein Paar der Vektoren α_i, β_i und γ_i aufgespannten Ebenen. Da wir diese Vektoren willkürlich gewählt haben und außerdem in jedem Punkt eines Körpers die obige Überlegung anstellen können, so besagt (44, 06), daß in jedem Punkt eines Körpers *die Spannungen durch einen einzigen Spannungstensor eindeutig beschrieben werden*. Diese Aussage wird als *Fundamentalsatz der Elastizitätstheorie* bezeichnet.

Wir kehren zur Gleichgewichtsbedingung (44, 04) zurück. Wegen (44, 02) ist

$$\int_{\mathfrak{K}} g_i \, dV + \int_{\mathfrak{F}} \sigma_{ij} \, df_j = 0$$

oder, wenn wir auf das zweite Integral den Gaußschen Satz anwenden,

$$\int_{\mathfrak{K}} g_i \, dV + \int_{\mathfrak{K}} \partial_j \sigma_{ij} \, dV = 0.$$

Da diese Gleichung für jeden Körper gelten muß, so folgt

$$\boxed{g_i + \partial_j \sigma_{ij} = 0.} \tag{44, 07}$$

Diese Differentialgleichung gibt den Zusammenhang zwischen den Volumskräften und dem Spannungstensor. Die Gesamtheit der Spannungstensoren in dem betrachteten Körper bildet ein Tensorfeld. Faßt man $\partial_i \sigma_{ij}$ als Verallgemeinerung der Divergenz eines Vektors auf, so besagt (44, 07), daß die Divergenz des Spannungstensors gleich der negativen Volumskraft ist. Wir haben es daher mit einer Verallgemeinerung eines Quellenfeldes zu tun.

Eine wichtige Eigenschaft des Spannungstensors folgt aus der Tatsache, daß an einem im Gleichgewicht befindlichen Körper auch die Summe der Drehmomente verschwindet. Wir bilden das Moment um einen beliebigen Punkt q_i und setzen $y_i = x_i - q_i$, wenn x_i ein Punkt des Körpers ist. Dann ist das Gesamtmoment

$$\int_{\mathfrak{K}} \varepsilon_{ijk}\, y_j\, g_k\, dV + \int_{\mathfrak{F}} \varepsilon_{ijk}\, y_j\, \sigma_{kl}\, df_l = 0$$

oder, nach Anwendung des Gaußschen Satzes auf das zweite Integral,

$$\int_{\mathfrak{K}} \varepsilon_{ijk}\, y_j\, g_k\, dV + \int_{\mathfrak{K}} \varepsilon_{ijk}\, \sigma_{kl}\, \partial_l\, y_j\, dV + \int_{\mathfrak{K}} \varepsilon_{ijk}\, y_j\, \partial_l\, \sigma_{kl}\, dV = 0.$$

Wegen (44, 07) verschwindet die Summe aus dem ersten und dritten Glied und es bleibt

$$\int_{\mathfrak{K}} \varepsilon_{ijk}\, \sigma_{kl}\, \partial_l\, y_j\, dV = 0.$$

Wegen $x_i = y_i + q_i$ ist $\partial_l\, y_i = \delta_{lj}$ und

$$\int \varepsilon_{ijk}\, \sigma_{kj}\, dV = 0.$$

Auch diese Gleichung muß für jeden Körper gelten; daher ist

$$\boxed{\varepsilon_{ijk}\, \sigma_{kj} = 0,} \tag{44, 08}$$

d. h. *der Spannungstensor* σ_{ij} *ist ein symmetrischer Tensor.*

2. Der Elastizitätstensor. Die Gleichung (44, 07) reicht aber nicht aus, um das Feld der σ_{ij} zu berechnen. Es ist dazu noch der Zusammenhang mit dem Deformationstensor notwendig. Es entspricht der Erfahrung, daß die Spannungen in einem Körper von der Deformation abhängen, daß also ein Zusammenhang

$$\sigma_{ij} = f_{ij}\,(D_{pq})$$

besteht. Auch über die besondere Art dieses Zusammenhanges kann nur das Experiment aussagen. Das sogenannte *Hookesche Gesetz* besagt, daß der Zusammenhang bei kleinen Deformationen, also bei Deformationen, die im Sinne von (43, 33) infinitesimal sind, ein linearer ist. Die allgemeinste Form eines solchen Zusammenhanges zwischen zwei Tensoren zweiter Stufe ist durch einen Tensor vierter Stufe Λ_{ijpq} in der Form

$$\sigma_{ij} = \Lambda_{ijpq} D_{pq} \tag{44, 09}$$

gegeben. Man nennt Λ_{ijpq} den *Elastizitätstensor*. In ihm spiegeln sich die besonderen Eigenschaften der Materie wider, aus der der betrachtete Körper besteht. Ist die Deformation von der Richtung der einwirkenden Kraft unabhängig, dann nennt man die Materie *isotrop*, andernfalls *anisotrop*. In anisotroper Materie zeigen sich im allgemeinen bestimmte Richtungen maximaler oder minimaler Deformation, während sich anderseits bestimmte Richtungen gleicher Deformation feststellen lassen. Die Materie weist dann in ihrem elastischen Verhalten bestimmte Symmetrieeigenschaften auf, die z. B. bei Kristallen mit den für das betreffende Kristallsystem charakteristischen Symmetrien übereinstimmen.

Im isotropen Körper muß der Elastizitätstensor unabhängig von der Richtung sein, d. h. seine Koordinaten bleiben bei jeder Drehung des Koordinatensystems erhalten, ähnlich wie dies für den δ-Tensor gilt. Der Elastizitätstensor des isotropen Körpers genügt also den Bedingungen

$$\bar{\Lambda}_{pqrs} = a_{ip}\, a_{jq}\, a_{kr}\, a_{ls} \Lambda_{ijkl} = \Lambda_{pqrs}. \tag{44, 10}$$

Hier müssen bei Ausführung der Summationen über i, j, k und l alle Drehungskoeffizienten a_{ij} herausfallen. Da die Drehung willkürlich ist, bestehen zwischen den a_{ij} nur die Orthogonalitätsbedingungen $a_{ij}\, a_{kj} = \delta_{ik}$, $a_{ij}\, a_{ik} = \delta_{jk}$ und keine anderen. Der Tensor Λ_{ijkl} muß also bis auf einen Faktor ein allgemeines Produkt zweier δ-Tensoren sein, etwa $\Lambda_{ijkl} = \delta_{ij}\, \delta_{kl}$. Man sieht sofort, daß hier noch die Möglichkeiten $\Lambda_{ijkl} = \delta_{ik}\, \delta_{jl}$ und $\Lambda_{ijkl} = \delta_{il}\, \delta_{jk}$ bestehen, aber keine anderen. Aus der Homogenität der Gleichungen (44, 10) folgt weiter, daß die allgemeinste Lösung eine Linearkombination dieser drei ist, also

$$\Lambda_{ijkl} = \lambda\, \delta_{ij}\, \delta_{kl} + \mu\, \delta_{ik}\, \delta_{jl} + \nu\, \delta_{il}\, \delta_{jk}, \tag{44, 11}$$

wobei λ, μ und ν Invarianten sind. Wegen der Symmetrie von σ_{ij} oder D_{ij} folgt noch $\Lambda_{ijkl} = \Lambda_{ijlk} = \Lambda_{jikl}$, d. h. $\mu = \nu$, so daß an Stelle von (44, 11)

$$\Lambda_{ijkl} = \lambda\, \delta_{ij}\, \delta_{kl} + 2\, \mu\, \delta_{ik}\, \delta_{jl} \tag{44, 12}$$

gilt. Damit geht (44, 09) in

$$\sigma_{ij} = (2\, \mu\, \delta_{ip}\, \delta_{jq} + \lambda\, \delta_{ij}\, \delta_{pq})\, D_{pq}$$

oder

$$\boxed{\sigma_{ij} = 2\,\mu\, D_{ij} + \lambda\, \delta_{ij}\, D_{pp}} \tag{44, 13}$$

über. (44, 13) stellt das *Hookesche Gesetz für den isotropen Körper* dar. Man nennt μ und λ *die Laméschen Konstanten.* (44, 13) läßt sich leicht umkehren; die Verjüngung gibt

$$\sigma_{ii} = (2\,\mu + 3\,\lambda)\, D_{ii}$$

und daher

$$D_{ij} = \frac{1}{2\,\mu}\sigma_{ij} - \frac{1}{2\,\mu}\frac{\lambda}{2\,\mu + 3\,\lambda}\delta_{ij}\,\sigma_{pp}. \tag{44, 14}$$

Man nennt

$$\mu' = \frac{1}{2\,\mu} \quad \text{und} \quad \lambda' = \frac{1}{2\,\mu}\frac{\lambda}{2\,\mu + 3\,\lambda}$$

die *Elastizitätskonstanten.*

Die Eigenrichtungen X_j des Spannungstensors werden als *Hauptspannungsrichtungen* bezeichnet. Sie folgen aus

$$(\sigma_{ij} - k\,\delta_{ij})\, X_j = 0. \tag{44, 15}$$

Wegen (44, 13) wird daraus

$$\left(D_{ij} - \frac{k - \lambda\, D_{pp}}{2\,\mu}\,\delta_{ij}\right) X_j = 0,$$

d. h. die Hauptspannungsrichtungen stimmen mit den Hauptdeformationsrichtungen überein, was ja für den isotropen Körper zu erwarten war.

Unter dem *Elastizitätsmodul* versteht man das Verhältnis der Spannung zur linearen Dehnung (S. 51) in der gleichen Richtung. Die lineare Dehnung in der Richtung e_i ist nach (43, 15) bzw. (43, 34) nur von dem Ausdruck $D_{ij}\, e_i\, e_j$ abhängig. Es ist nun nach (44, 14)

$$D_{ij}\, e_i\, e_j = \frac{1}{2\,\mu}\sigma_{ij}\, e_i\, e_j - \frac{1}{2\,\mu}\frac{\lambda}{2\,\mu + 3\,\lambda}\sigma_{jj} =$$

$$= \frac{1}{2\,\mu}\sigma_{ij}\, e_i\, e_j - \frac{1}{2\,\mu}\frac{\lambda}{2\,\mu + 3\,\lambda}\left[\sigma_{ij}\,(\delta_{ij} - e_i\, e_j) + \sigma_{ij}\, e_i\, e_j\right] =$$

$$= \frac{\mu + \lambda}{\mu\,(2\,\mu + 3\,\lambda)}\sigma_{ij}\, e_i\, e_j - \frac{1}{2\,\mu}\frac{\lambda}{2\,\mu + 3\,\lambda}\sigma_{ij}\,(\delta_{ij} - e_i\, e_j)$$

oder

$$D_{ij}\, e_i\, e_j = \frac{1}{E}\, \sigma_{ij}\, e_i\, e_j - \frac{\nu}{E}\, \sigma_{ij}\, (\delta_{ij} - e_i\, e_j). \qquad (44,\ 16)$$

Dabei ist $\sigma_{ij}\, e_i\, e_j$ der in der Richtung e_i auf eine zu e_i senkrecht stehende Fläche wirksame Betrag der Spannung, während $\sigma_{ij}\, (\delta_{ij} - e_i\, e_j)$ eine senkrecht zu e_i wirkende Spannung ist. Im Fall der infinitesimalen Deformation ist $D_{ij}\, e_i\, e_j$ gleich der Dehnung und

$$\boxed{E = \frac{\mu\,(2\,\mu + 3\,\lambda)}{\mu + \lambda}} \qquad (44,\ 17)$$

der *Lamésche Elastizitätsmodul.* Der negative Anteil der Dehnung in (44, 16) wird als *Querkontraktion* bezeichnet. Den dabei auftretenden Faktor

$$\boxed{\nu = \frac{\lambda}{2\,(\mu + \lambda)}} \qquad (44,\ 18)$$

nennt man die *Poissonsche Konstante*; sie ist das Verhältnis von Querkontraktion zur linearen Dehnung. (44, 16) nimmt eine besonders einfache Form an, wenn e_i mit einer der Hauptachsen des Deformationstensors zusammenfällt. Dann ist nämlich

$$D_{11} = \frac{1}{E}\, \sigma_{11} - \frac{\nu}{E}\, (\sigma_{22} + \sigma_{33}).$$

Man erkennt, daß der positive Anteil von der Spannung σ_{11} in der Richtung von e_i stammt, während die dazu senkrechten Spannungen σ_{22} und σ_{33} die Querkontraktion bewirken.

Die beiden Konstanten E und ν sind die in der Technik gebräuchlichen Größen zur Beschreibung der Elastizitätseigenschaften eines isotropen Körpers. Aus (44, 17) und (44, 18) folgen die Umkehrungen

$$2\,\mu = \frac{E}{1 + \nu} \quad \text{und} \quad \lambda = \frac{\nu\, E}{(1 + \nu)\,(1 - 2\,\nu)}. \qquad (44,\ 19)$$

Die Tatsache, daß man für die Beschreibung der elastischen Eigenschaften des isotropen Körpers nur zwei Konstanten, nämlich entweder E und ν oder μ und λ braucht, ist eine Folge der durch

(44, 12) bestimmten Lösungsmöglichkeiten für den Elastizitätstensor. Anisotrope Körper erfordern eine größere Zahl von Konstanten.

Ein besonderer Fall der Spannungsverteilung ist der des allseitigen *gleichmäßigen Druckes*. Dann ist

$$\boxed{\sigma_{ij} = -p\,\delta_{ij}.} \tag{44, 20}$$

Das Verhältnis von Druck und Volumsdilatation wird als *Kompressionsmodul* k bezeichnet. Es ist

$$k = -\frac{p}{\alpha} = -\frac{p}{D_{pp}} = \frac{1}{3}\frac{\sigma_{ii}}{D_{pp}}$$

oder

$$\boxed{k = \lambda + \frac{2}{3}\mu} \tag{44, 21}$$

oder, durch E und ν ausgedrückt,

$$\boxed{k = \frac{1}{3}\cdot\frac{E}{1-2\nu}.} \tag{44, 22}$$

Positiver Druck bewirkt eine Verkleinerung des Volumens, solange $\nu < \frac{1}{2}$ ist. Ein Überschreiten dieser Grenze ist unmöglich, da dann der Vorgang instabil würde. Die Werte von ν für die meisten Materialien liegen bei $\nu = 0{,}3$.

Ein weiterer Sonderfall ist der der *reinen Schubbeanspruchung*. Er ist dadurch gekennzeichnet, daß nur eine Formänderung, aber keine Volumsdilatation eintritt, daß also $D_{ii} = 0$ ist. Dann verschwindet nach (44, 13) auch σ_{ii}. Ein solcher Fall liegt z. B. vor, wenn D_{ij}, auf die Hauptachsen von D_{ij} und σ_{ij} bezogen, die Form

$$D_{ij} = \begin{pmatrix} 0 & 0 & 0 \\ 0 & D_{22} & 0 \\ 0 & 0 & -D_{22} \end{pmatrix}$$

hat. Es gibt dann Richtungen e_i, in denen die Dehnung $D_{ij}\,e_i\,e_j$ verschwindet. Für sie gilt

$$D_{22}\,e_2\,e_2 - D_{22}\,e_3\,e_3 = 0$$

oder

$$e_2{}^2 = e_3{}^2$$

oder

$$e_2 = \pm\, e_3; \tag{44, 23}$$

e_1 kann dabei beliebig sein, also auch verschwinden. Dann ist

$$e_2 = \pm\, e_3 = \cos 45^\circ = \frac{1}{\sqrt{2}}. \tag{44, 24}$$

Die dehnungsfreien Richtungen liegen in dem betrachteten Sonderfall in den Symmetralen zwischen den Hauptspannungsrichtungen 2 und 3 (Abb. 11). Die Richtungen bzw. die auf ihnen senkrecht stehenden Flächen sind aber keineswegs spannungsfrei. So finden wir z. B. für die Richtung

$$\overset{1}{e}_i = \left(0, \frac{1}{\sqrt{2}}, \frac{1}{\sqrt{2}}\right)$$

die Spannung

$$\overset{1}{p}_i = \sigma_{ij}\, \overset{1}{e}_j = \left(0, \frac{1}{\sqrt{2}}\,\sigma_{22}, -\frac{1}{\sqrt{2}}\,\sigma_{22}\right).$$

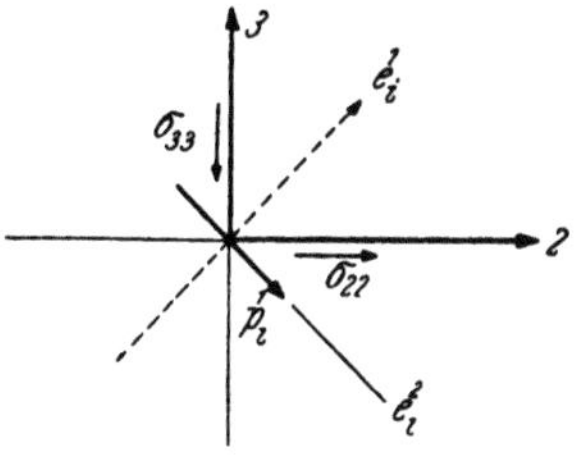

Abb 11

Diese Spannung fällt in die Fläche von df_i und stellt eine reine Schubspannung dar. Für den Betrag von p_i ergibt sich $\tau = |\sigma_{22}|$. Man nennt ihn die *Schubspannung*. Wir berechnen die Schiebung nach (43, 19) und finden wegen der verschwindenden Dehnungen

$$\gamma = 2\, D_{ij}\, \overset{1}{e}_i\, \overset{2}{e}_j$$

als Winkeländerung der beiden Richtungen $\overset{1}{e}_i$ und $\overset{2}{e}_i$

$$\gamma = \frac{\sigma_{22}}{\mu} = \frac{\tau}{\mu}. \tag{44, 25}$$

Das Verhältnis der Schubspannung zur Winkeländerung $\varphi = \gamma$ wird in Analogie zu (44, 17) als *Schubmodul*

$$G = \frac{\tau}{\gamma} = \mu \tag{44, 26}$$

bezeichnet; er stimmt mit der ersten Laméschen Konstante überein. Aus (44, 19) ergibt sich der Zusammenhang

$$G = \frac{E}{2(1+\nu)}. \tag{44, 27}$$

Wir haben jetzt die Zusammenhänge zwischen den Laméschen Konstanten und den verschiedenen technischen Konstanten, die zur Beschreibung der elastischen Eigenschaften des isotropen Körpers dienen, hergestellt. Wir wollen jetzt wieder zur Aufgabe der Bestimmung des Spannungstensors für den Fall des Gleichgewichtes zurückkehren. Aus (44, 07) folgt wegen (44, 13)

$$g_i + 2\mu\,\partial_j D_{ij} + \lambda\,\delta_{ij}\,\partial_j D_{pp} = 0$$

oder, wenn wir den Deformationstensor gemäß (43, 33) und (43, 08) durch den Verschiebungsvektor u_i ausdrücken,

$$\mu\,\partial_j\,\partial_j u_i + (\mu+\lambda)\,\partial_i\,\partial_j u_j + g_i = 0. \tag{44, 28}$$

Diese Differentialgleichung bestimmt den Verschiebungsvektor im Inneren des elastischen Körpers, wenn sein Verhalten an der Oberfläche durch geeignete Randbedingungen festgelegt ist. Aus dem Feld des Verschiebungsvektors kann man dann sowohl das Feld des Deformationstensors als auch das des Spannungstensors herleiten.

Die Randbedingungen können sich entweder auf die Verschiebungen oder auf die Spannungen an der Oberfläche beziehen, oder es können teils die Verschiebungen, teils die Spannungen vorgeschrieben sein, in welchem Fall man dann von gemischten Randbedingungen spricht. Die Bestimmung des Verschiebungsfeldes ist eine Randwertaufgabe, ähnlich den Randwertaufgaben der Potentialtheorie.

3. Das elastische Potential. Wir berechnen noch die von den Volumskräften G_i und den Spannungen p_i geleistete Arbeit δA bei einer virtuellen Verschiebung δu_i. Aus (44, 04) folgt

$$\delta A = \int_{\mathfrak{K}} g_i\,\delta u_i\,dV + \int_{\mathfrak{F}} \sigma_{ij}\,\delta u_i\,df_j; \tag{44, 29}$$

Umformung des zweiten Integrals nach dem Gaußschen Satz gibt

$$\delta A = \int_{\mathfrak{K}} (g_i + \partial_j\,\sigma_{ij})\,\delta u_i\,dV + \int_{\mathfrak{K}} \sigma_{ij}\,\partial_j\,\delta u_i\,dV.$$

Das erste Integral rechts verschwindet wegen (44, 07). Wird die Änderung δu_i durch einen von x_i unabhängigen Parameter, z. B. durch die Zeit t bewirkt, so ist

$$\delta u_i = \frac{\partial u_i}{\partial t}\,\delta t$$

und

$$\frac{\partial\,\delta u_i}{\partial x_j} = \frac{\partial^2 u_i}{\partial x_j\,\partial t}\,\delta t = \frac{\partial^2 u_i}{\partial t\,\partial x_j}\,\delta t = \delta\partial_j u_i;$$

damit wird

$$\delta A = \int\limits_{\mathfrak{K}} \sigma_{ij}\,\delta\partial_j u_i\,dV. \tag{44, 30}$$

Wegen der Symmetrie von σ_{ij} gilt auch

$$\delta A = \int\limits_{\mathfrak{K}} \sigma_{ij}\,\delta\partial_i u_j\,dV. \tag{44, 31}$$

Addition von (44, 30) und (44, 31) gibt

$$\delta A = \int\limits_{\mathfrak{K}} \sigma_{ij}\,\delta D_{ij}\,dV \tag{44, 32}$$

oder wegen (44, 13)

$$\delta A = \int\limits_{\mathfrak{K}} (2\,\mu\,D_{ij} + \lambda\,\delta_{ij}\,D_{pp})\,\delta D_{ij}\,dV. \tag{44, 33}$$

Nun ist aber

$$D_{ij}\,\delta D_{ij} = \frac{1}{2}\,\delta\,(D_{ij}\,D_{ij})$$

und

$$\delta_{ij}\,D_{pp}\,\delta D_{ij} = D_{pp}\,\delta D_{pp} = \frac{1}{2}\,\delta D_{pp}^2,$$

so daß

$$\delta A = \int\limits_{\mathfrak{K}} \left[\mu\,\delta\,(D_{ij}\,D_{ij}) + \frac{\lambda}{2}\,\delta\,D_{jj}^2\right] dV$$

oder wegen der Konstanz von μ und λ im isotropen Körper

$$\delta A = \delta \int_{\mathfrak{K}} \left(\mu D_{ij} D_{ij} + \frac{\lambda}{2} D_{jj}^2\right) dV. \qquad (44,34)$$

Die rechte Seite ist also ein vollständiges Differential und daher gilt

$$A = \int_{\mathfrak{K}} \left(\mu D_{ij} D_{ij} + \frac{\lambda}{2} D_{jj}^2\right) dV. \qquad (44,35)$$

Ersetzen wir hier nach (44, 13) einen der Faktoren durch

$$D_{ij} = \frac{1}{2\mu} \sigma_{ij} - \frac{\lambda}{2\mu} \delta_{ij} D_{pp},$$

so folgt weiter

$$A = \frac{1}{2} \int_{\mathfrak{K}} (D_{ij} \sigma_{ij} - \lambda D_{pp} \delta_{ij} D_{ij} + \lambda D_{pp}^2)\, dV$$

oder schließlich

$$\boxed{A = \frac{1}{2} \int_{\mathfrak{K}} D_{ij} \sigma_{ij}\, dV.} \qquad (44,36)$$

Der Ausdruck $D_{ij} \sigma_{ij}$ ist eine simultane Invariante der beiden Tensoren D_{ij} und σ_{ij} analog dem inneren Produkt zweier Vektoren. Man nennt

$$\Pi = D_{ij} \sigma_{ij} \qquad (44,37)$$

das *elastische Potential*. Mit Hilfe von (44, 13) bzw. (44, 14) läßt es sich als Funktion des Deformationstensors oder des Spannungstensors allein darstellen.

Die Bezeichnung „elastisches Potential" stammt davon, daß

$$\frac{\partial \Pi}{\partial \sigma_{ij}} = D_{ij} \qquad (44,38)$$

und

$$\frac{\partial \Pi}{\partial D_{ij}} = \sigma_{ij} \qquad (44,39)$$

ist. Wir bemerken noch, daß ein elastisches Potential nur dann existiert, wenn μ und λ konstant sind, denn nur dann ist (44, 34) ein vollständiges Differential und nur dann ist die Deformationsarbeit unabhängig von dem Weg, auf dem die Endlage des deformierten Körpers zustande gekommen ist.

4. Elastische Schwingungen. Wir haben bisher den Gleichgewichtszustand behandelt. Wir wollen jetzt auch noch die Bewegungen des elastischen Körpers in den Kreis unserer Betrachtungen einbeziehen. Zu der Volumskraft kommt dann noch die Beschleunigungskraft

$$\varrho \frac{\partial^2 u_i}{\partial t^2}$$

der Masse mit der Dichte ϱ hinzu, die sich bei einer Veränderung der Verschiebung ergibt. An die Stelle von (44, 07) tritt dann

$$\varrho \frac{\partial^2 u_i}{\partial t^2} = \partial_j \sigma_{ij} + g_i \tag{44, 40}$$

oder

$$\varrho \frac{\partial^2 u_i}{\partial t^2} = (\mu + \lambda)\, \partial_i D_{pp} + \mu\, \partial_j\, \partial_j\, u_i + g_i. \tag{44, 41}$$

Uns interessieren besonders die freien Schwingungen, das sind jene Bewegungen, die ohne äußere Volumskraft möglich sind, für die also g_i verschwindet. Für diese ist

$$\varrho \frac{\partial^2 u_i}{\partial t^2} = (\mu + \lambda)\, \partial_i D_{pp} + \mu\, \partial_j \partial_j\, u_i. \tag{44, 42}$$

Aus dieser Gleichung lassen sich zwei Arten von Schwingungen gewinnen. Die erste erhalten wir, wenn wir die Divergenz von (44, 42) bilden. Wir setzen dabei $D_{ii} = \partial_i\, u_i = D$. Es ist dann, wenn wir ϱ als örtlich konstant annehmen,

$$\varrho \frac{\partial^2 D}{\partial t^2} = (\mu + \lambda)\, \Delta D + \mu\, \Delta D$$

oder

$$\frac{\partial^2 D}{\partial t^2} = \frac{2\,\mu + \lambda}{\varrho} \Delta D. \tag{44, 43}$$

Das ist eine Wellengleichung für die Volumsdilatation D. Die Lösungen dieser Gleichung sind fortschreitende Wellen von der Form $f(s \mp a\, t)$, wobei

$$a = \sqrt{\frac{2\,\mu + \lambda}{\varrho}} \tag{44, 44}$$

die Geschwindigkeit der Fortpflanzung ist. Wir haben es hier mit *Kompressionswellen* zu tun.

Die zweite Art der Schwingungen erhalten wir, wenn wir den Rotor von (44, 42) berechnen. Es ist

$$\varrho \frac{\partial^2}{\partial t^2} \varepsilon_{ijk}\, \partial_j\, u_k = (\mu + \lambda)\, \varepsilon_{ijk}\, \partial_j\, \partial_k\, D + \mu\, \partial_p\, \partial_p\, \varepsilon_{ijk}\, \partial_j\, u_k.$$

Das erste Glied rechts verschwindet. Für den Rotor

$$o_i = \varepsilon_{ijk}\, \partial_j\, u_k \tag{44, 45}$$

der Verschiebung folgt die *Wellengleichung*

$$\frac{\partial^2 o_i}{\partial t^2} = \frac{\mu}{\varrho} \Delta o_i. \tag{44, 46}$$

Die Fortpflanzungsgeschwindigkeit ist

$$b = \sqrt{\frac{\mu}{\varrho}}. \tag{44, 47}$$

Den Unterschied zwischen den beiden Wellenarten erkennen wir am einfachsten, wenn wir zwei spezielle Annahmen zugrunde legen. In beiden Fällen soll die Ausbreitungsrichtung der Wellen die der positiven 1-Achse sein. Im ersten Fall nehmen wir an, daß eine Verschiebung nur in der Richtung der 1-Achse stattfindet, also

$$u_i = (u(x), 0, 0).$$

Die einzige nichtverschwindende Koordinate des Deformationstensors ist dann

$$D_{11} = \partial_1\, u_1 = \frac{\partial u}{\partial x}.$$

Damit wird aus (44, 42)

$$\frac{\partial^2 u}{\partial t^2} = \frac{\mu + \lambda}{\varrho} \frac{\partial^2 u}{\partial x^2} + \frac{\mu}{\varrho} \frac{\partial^2 u}{\partial x^2} = \frac{2\,\mu + \lambda}{\varrho} \frac{\partial^2 u}{\partial x^2}. \tag{44, 48}$$

Die durch (44, 43) beschriebenen Kompressionswellen sind also *longitudinale Wellen*, bei denen die Verschiebung in die Richtung der Fortpflanzung fällt.

Jetzt nehmen wir an, daß u_i nur eine zur Fortpflanzungsrichtung senkrechte Komponente hat, daß also

$$u_i = (0, u(x), 0)$$

ist. Dann bleibt von den Koordinaten des Deformationstensors nur

$$D_{21} = \frac{1}{2} \frac{\partial u}{\partial x}.$$

D_{pp} verschwindet und aus (44, 42) wird

$$\frac{\partial^2 u}{\partial t^2} = \frac{\mu}{\varrho} \frac{\partial^2 u}{\partial x^2}. \tag{44, 49}$$

Bei den Wellen des Rotors der Verschiebung handelt es sich also um *transversale Schwingungen*, die Verschiebungen stehen senkrecht zur Fortpflanzungsrichtung.

Die Geschwindigkeit der Kompressionswellen ist stets größer als die der transversalen Wellen, denn aus (44, 44) und (44, 47) folgt

$$\frac{a^2}{b^2} = 2 + \frac{\lambda}{\mu} = \frac{2 - 2\nu}{1 - 2\nu}. \tag{44, 50}$$

Setzt man z. B. $\nu = 0{,}3$, so erhält man

$$\frac{a}{b} = 1{,}87.$$

Welche der beiden Wellenarten im besonderen Fall auftritt, hängt von den Randbedingungen ab; im allgemeinen sind longitudinale und transversale Wellen miteinander gekoppelt.

§ 45. Mechanik der Flüssigkeiten I

1. Vorbemerkungen. Die Flüssigkeiten, zu denen wir hier auch die Gase und Dämpfe rechnen, gehören zu den nichtstarren oder deformierbaren Körpern. Sie unterscheiden sich aber in wesentlichen Eigenschaften von den in den §§ 43 und 44 behandelten deformierbaren festen Körpern. Wir betrachten als kennzeichnend für eine Flüssigkeit die beiden folgenden, durch die Erfahrung gegebenen Eigenschaften:

1. Die Kräfte, die eine *ruhende* Flüssigkeit an ihrer Oberfläche auf angrenzende Körper ausübt, stehen immer senkrecht zur Oberfläche,

2. Kräfte parallel zur Oberfläche treten nur auf, wenn an der Oberfläche ein *Geschwindigkeitsunterschied* zwischen Flüssigkeit und angrenzendem Körper besteht; diese Kräfte wachsen mit dem Geschwindigkeitsunterschied.

Es ist naheliegend anzunehmen, daß diese beiden Sätze auch gelten, wenn der angrenzende Körper wieder eine Flüssigkeit ist und daß sie auch dann noch gelten, wenn beide Flüssigkeiten gleich sind oder mit anderen Worten, daß sie auch im Inneren einer Flüssigkeit für jede beliebige durch die Flüssigkeit gelegte Fläche gelten. Für die weiteren Betrachtungen nehmen wir ferner an, daß die Flüssigkeit ein homogenes Kontinuum darstellt, daß also auch die kleinsten von uns betrachteten Abmessungen noch groß sind gegenüber den Molekülen, aus denen die Flüssigkeit besteht. Ist $\mathfrak{B}$ ein mit Flüssigkeit erfüllter Bereich und enthält jedes Volumselement dV von $\mathfrak{B}$ die Masse dm, so gilt

$$dm = \varrho\, dV, \tag{45, 01}$$

wobei ϱ die Dichte ist. Ändert sich die Dichte unter dem Einfluß der angewendeten Kraft nicht, so spricht man von einer *inkompressiblen*, im anderen Fall von einer *kompressiblen Flüssigkeit*. Die Flüssigkeiten des gewöhnlichen Sprachgebrauches kann man mit sehr guter Näherung zur ersten Gruppe rechnen, während die Gase und Dämpfe der zweiten Gruppe angehören. Im allgemeinen wird also die Dichte örtlich und zeitlich veränderlich sein:

$$\varrho = \varrho\,(x_\iota, t), \tag{45, 02}$$

d. h. die Dichte bildet ein zeitlich veränderliches Skalarfeld.

2. Ruhende Flüssigkeiten (Hydrostatik). In einer ruhenden Flüssigkeit gilt nach der ersten obigen Bedingung und ihrer Erweiterung für das Innere an jeder Stelle eine Beziehung

$$dF_\iota = -p\, df_\iota \tag{45, 03}$$

zwischen der Kraft dF_ι und dem Flächenelement df_ι. Wir setzen das Minuszeichen, weil die Kraft als Druck auf die Flüssigkeit wirkt. Vergleichen wir (45, 03) mit der aus (44, 01) und (44, 02) folgenden allgemeinen Beziehung

$$dF_i = \sigma_{ij}\, df_j, \tag{45, 04}$$

so erkennen wir, daß der Spannungstensor in einer ruhenden Flüssigkeit die spezielle Form

$$\sigma_{ij} = -p\, \delta_{ij} \tag{45, 05}$$

hat. Man nennt p den *hydrostatischen Druck*. Die Aufgabe der Hydrostatik besteht im allgemeinen darin, die räumliche Verteilung

$$p = p\,(x_i) \tag{45, 06}$$

des Druckes unter dem Einfluß irgendwelcher äußeren Kräfte auf die Flüssigkeit zu finden, also das *Druckfeld* zu bestimmen. Die äußeren Kräfte können aus Volumskräften $g_i\, dm$ und aus Kräften auf die Oberfläche bestehen. Für ein begrenztes Flüssigkeitsvolumen gilt die Gleichgewichtsbedingung

$$\oint p\, df_i = \int g_i\, dm, \tag{45, 07}$$

die nach Anwendung des Gaußschen Satzes in

$$\int \partial_i p\, dV = \int \varrho\, g_i\, dV$$

oder

$$\boxed{\partial_i p = \varrho\, g_i} \tag{45, 08}$$

übergeht. Bei gegebenem g_i und bei bekannter Abhängigkeit der Dichte vom Druck und eventuell von weiteren Parametern $\alpha, \ldots$ (wie z. B. der Temperatur)

$$\varrho = \varrho\,(p, \alpha, \ldots) \tag{45, 09}$$

erhält man aus (45, 08) die das Druckfeld bestimmende Differentialgleichung.

Aus (45, 08) erkennt man, daß die Volumskraft $\varrho\, g_i$ der Gradient des Druckes ist. Eine Flüssigkeit kann daher nur ruhen, wenn die Volumskraft ein Potential besitzt.

Im Schwerefeld ist g_i konstant. Wenn die Flüssigkeit inkompressibel ist, so ist $\varrho =$ konst. und es folgt aus (45, 08) sofort

$$p = \varrho\, g_i\, x_i.$$

Die Niveauflächen $p =$ konst. des Druckes stehen senkrecht zur Schwerkraft. Der Auftrieb, den ein eingetauchter Körper $\mathfrak{K}$ mit der Oberfläche $\mathfrak{F}$

erleidet, ergibt sich als der Druck, der auf $\mathfrak{F}$ von der Flüssigkeit ausgeübt wird, mit

$$-\oint_{\mathfrak{F}} p\, df_i = -\int_{\mathfrak{K}} \partial_i p\, dV = -\int_{\mathfrak{K}} \varrho\, g_i\, dV = -g_i M,$$

wenn

$$M = \int_{\mathfrak{K}} \varrho\, dV$$

die vom Körper verdrängte Flüssigkeitsmenge ist. Ist ϱ nicht konstant, dann gilt im Schwerefeld

$$\frac{1}{\varrho}\,\partial_i p = g_i.$$

Integrieren wir längs einer Linie vom Punkt $\overset{1}{x}_i$ zum Punkt $\overset{2}{x}_i$, so erhalten wir

$$\int_1^2 \frac{1}{\varrho}\,\partial_i p\, dx_i = \int_1^2 g_i\, dx_i = g_i\,(\overset{2}{x}_i - \overset{1}{x}_i).$$

Ist h der Unterschied der Projektionen von $\overset{2}{x}_i$ und $\overset{1}{x}_i$ auf die Richtung von g_i und ist g der Betrag von g_i, so folgt

$$h = -\frac{1}{g}\int_1^2 \frac{dp}{\varrho},$$

die allgemeine Höhenformel, die zum Beispiel bei der barometrischen Höhenmessung Anwendung findet.

3. Kinematik, Bahnlinien, Stromlinien. Bevor wir auf den Zusammenhang zwischen den Spannungen in einer Flüssigkeit und den Geschwindigkeiten entsprechend der zweiten, zu Anfang dieses Paragraphen formulierten Bedingung eingehen, ist es notwendig, einige allgemeine Beziehungen für bewegte Flüssigkeiten herzuleiten. Für die Darstellung der Bewegung einer Flüssigkeit oder, wie man auch sagt, einer *Strömung* gibt es zwei verschiedene Methoden, die als Lagrangesche und als Eulersche Darstellung bezeichnet werden.

Die *Lagrangesche Darstellung* schließt sich an die Beschreibung der Bewegung von Massenpunkten an. Man betrachtet ein bestimmtes Flüssigkeitsteilchen, dessen Bahn durch die Gleichung[1]

[1] Wir verwenden hier die Bezeichnung s_i für den Ortsvektor der Bahnkurve, um die Veränderung von Größen während ihrer Mitbewegung mit einem bestimmten Flüssigkeitsteilchen von jenen Veränderungen unterscheiden zu können, welche die gleiche Größe in einem bestimmten Punkt x_i des Raumes dadurch erleidet, daß nacheinander verschiedene Flüssigkeitsteilchen an die Stelle x_i kommen.

$$s_i = s_i(t) \tag{45, 10}$$

beschrieben wird. Die Geschwindigkeit des Teilchens ist dann durch

$$v_i = \frac{ds_i}{dt} \tag{45, 11}$$

bestimmt usw. Für jedes Teilchen der Flüssigkeit ergibt sich eine *Bahnlinie* (45, 10), wie man bei den Flüssigkeiten meist statt Bahnkurve sagt. Um die einzelnen Teilchen zu unterscheiden, kann man sie nach ihren Koordinaten $a_i = s_i\,(0)$ zur Zeit $t = 0$ benennen und diese Koordinaten als Parameter in (45, 10) einführen. Die Gesamtheit der Bahnlinien ist dann durch

$$s_i = s_i\,(t, a_1, a_2, a_3) = s_i\,(t, a_p) \tag{45, 12}$$

mit

$$a_i = s_i\,(0, a_p), \tag{45, 13}$$

beschrieben. Die Geschwindigkeit des Teilchens wird

$$v_i = \left(\frac{\partial s_i}{\partial t}\right)_{a_i = \text{konst.}} \tag{45, 14}$$

Diese an die Bewegung eines Systems von Massenpunkten anschließende Darstellung hat sich als weniger fruchtbar erwiesen als die *Eulersche Darstellung*, welche zunächst davon absieht, die Bewegung eines bestimmten Flüssigkeitsteilchens zu verfolgen, sondern das Geschwindigkeitsfeld in dem von der Flüssigkeit erfüllten Raum betrachtet. Im allgemeinen ist dieses Geschwindigkeitsfeld aucht zeitabhängig, also

$$v_i = v_i\,(x_p, t). \tag{45, 15}$$

Ist dieses Feld gegeben, so kann man mit Hilfe von

$$\frac{ds_i}{dt} = v_i\,(s_p, t) \tag{45, 16}$$

zur Lagrangeschen Darstellung übergehen, wobei $s_i = a_i$ für $t = 0$ die Anfangsbedingung bei der Lösung von (45, 16) ist.

Die Feldlinien des Geschwindigkeitsfeldes (45, 15) bezeichnet man als *Stromlinien*. Im allgemeinen ändern sie sich mit der Zeit und sind nicht mit den Bahnlinien identisch. Ist

$$x_i = x_i\,(u),$$

eine Stromlinie, so muß ihre Tangente in jedem Punkt die Richtung der Geschwindigkeit haben, also für einen bestimmten Zeitpunkt t_1

$$\frac{dx_i}{du} = \lambda\, v_i\,(x_p, t_1)$$

sein. Durch geeignete Wahl des Parameters u kann man aber stets erreichen, daß längs der Stromlinie $\lambda = 1$ ist, also

$$\frac{dx_i}{du} = v_i(x_p, t_1) \tag{45, 17}$$

gilt. Damit folgt aus (45, 16)

$$\frac{dx_i}{du} = \frac{ds_i}{dt}, \tag{45, 18}$$

d. h. die Bahnlinie berührt die Stromlinie. Die Linien sind aber nicht identisch, denn bei der Integration von (45, 17) ist t konstant, bei der von (45, 16) jedoch nicht.

Aus (45, 17) folgt durch Differentiation

$$\frac{d^2x_i}{du^2} = \frac{\partial v_i}{\partial x_p}\frac{dx_p}{du} \tag{45, 19}$$

und aus (45, 16)

$$\frac{d^2s_i}{dt^2} = \frac{\partial v_i}{\partial s_p}\frac{ds_p}{dt} + \frac{\partial v_i}{\partial t}. \tag{45, 20}$$

Krümmung und Windung der Linien sind also nicht gleich. Sie werden aber gleich, wenn das letzte Glied auf der rechten Seite von (45, 20) wegfällt, d. h. wenn das Geschwindigkeitsfeld nicht von der Zeit abhängt. Man nennt solche Strömungen *stationär*. Aus (45, 16) und (45, 17) folgt, daß bei stationären Strömungen die Stromlinien mit den Bahnlinien zusammenfallen.

Der in (45, 19) und (45, 20) erkennbare Unterschied zwischen dem Gradienten einer Größe im Strömungsfeld und der Änderungsgeschwindigkeit der gleichen Größe bei Mitbewegung mit der Flüssigkeitsströmung tritt bei jeder Größe in einem Strömungsfeld auf. Man spricht bei der Änderung einer Größe infolge der Mitnahme durch die Strömung oft auch vom *substantiellen* oder *konvektiven* Differentialquotienten und verwendet manchmal auch ein besonderes Zeichen dafür.

Ist $A = A(x_i, t)$ eine räumlich und zeitlich veränderliche Invariante, dann ist $\partial_i A$ der Gradient bei festgehaltener Zeit. Betrachtet man die zeitliche Veränderung an einem festen Ort, dann ist $\frac{\partial A}{\partial t} = \dot{A}$ der *lokale* Differentialquotient. Bewegt man sich mit der Flüssigkeit mit der Geschwindigkeit v_i mit, so ändern sich Ort und Zeit und der substantielle Differentialquotient wird

$$\frac{dA}{dt} = \frac{\partial A}{\partial t} + \partial_i A \frac{dx_i}{dt}$$

oder

$$\frac{dA}{dt} = \dot{A} + v_i \partial_i A. \qquad (45, 21)$$

(45, 21) gilt auch für jede Koordinate eines Tensors und daher besonders für die Geschwindigkeit selbst. Die Beschleunigung eines Flüssigkeitsteilchens ist die Änderung der Geschwindigkeit des Teilchens in der Zeit auf seiner Bahn, also der substantielle Differentialquotient der Geschwindigkeit. Sie ist daher

$$\frac{dv_i}{dt} = \dot{v}_i + v_j \partial_j v_i. \qquad (45, 22)$$

Der zweite Ausdruck auf der rechten Seite läßt eine Umformung zu, auf die wir später zurückgreifen werden. Es ist nämlich

$$v_j \partial_j v_i = v_j \partial_j v_i - v_j \partial_i v_j + v_j \partial_i v_j =$$

$$= v_j (\partial_j v_i - \partial_i v_j) + \frac{1}{2} \partial_i v^2 =$$

$$= - v_j \partial_p v_q (\delta_{ip} \delta_{jq} - \delta_{iq} \delta_{jp}) + \frac{1}{2} \partial_i v^2$$

und mit Benutzung des Entwicklungssatzes (11, 15)

$$v_j \partial_j v_i = - \varepsilon_{ijk} v_j \varepsilon_{kpq} \partial_p v_q + \frac{1}{2} \partial_i v^2. \qquad (45, 23)$$

Bei stationärer Strömung ($\dot{v}_i = 0$) ist die Beschleunigung gleich dem halben Gradienten der Norm der Geschwindigkeit vermindert um das äußere Produkt aus Geschwindigkeit und dem Rotor der Geschwindigkeit.

4. Die Kontinuitätsgleichung. Eine weitere wichtige Beziehung für eine strömende Flüssigkeit folgt aus dem Satz von der Erhaltung der Materie: Die in einer bestimmten Zeit in einen abgegrenzten Bereich hineinfließende Flüssigkeitsmenge muß gleich sein der Summe aus der in der gleichen Zeit herausfließenden Menge und der in dem Bereich zusätzlich gespeicherten Menge. Der Fluß durch die Oberfläche $\mathfrak{F}$ des Bereiches $\mathfrak{B}$ in der Zeit ist

$$\oint_{\mathfrak{F}} \varrho\, v_i\, df_i = \int_{\mathfrak{B}} \partial_i(\varrho\, v_i)\, dV, \tag{45, 24}$$

und zwar gibt (45, 24) den Überschuß der nach außen strömenden Flüssigkeit über die einströmende an, wenn wir wie üblich df_i nach außen orientieren. Diese abfließende Menge kann nur durch eine Abnahme der Dichte ϱ kompensiert werden. Daher ist

$$\int_{\mathfrak{B}} \partial_i(\varrho\, v_i)\, dV = -\int_{\mathfrak{B}} \frac{\partial \varrho}{\partial t}\, dV. \tag{45, 25}$$

Da (45, 25) für jeden beliebigen Bereich $\mathfrak{B}$ gelten muß, so ist in jedem Punkt

$$\boxed{\frac{\partial \varrho}{\partial t} + \partial_i(\varrho\, v_i) = 0.} \tag{45, 26}$$

Man nennt (45, 26) die *Kontinuitätsgleichung.* Ist das Dichtefeld zeitlich unveränderlich, was man oft noch als zusätzliche Forderung für das zeitlich konstante Geschwindigkeitsfeld bei der stationären Strömung verlangt, dann gilt

$$\partial_i(\varrho\, v_i) = 0. \tag{45, 27}$$

In einer inkompressiblen Flüssigkeit ist $\varrho = \text{konst.}$ Es verbleibt daher in diesem Fall

$$\partial_i\, v_i = 0. \tag{45, 28}$$

Bei der Strömung einer inkompressiblen Flüssigkeit verschwindet die Divergenz der Geschwindigkeit.

Wir geben die Kontinuitätsgleichung auch noch in der Lagrangeschen Form. Im Zeitpunkt $t = 0$ ist die Flüssigkeitsmenge in einem bestimmten Bereich $\mathfrak{B}$ durch

$$\int_{\mathfrak{B}} \varrho_0 \, dV = \int_{\mathfrak{B}} \varrho_0 \, da_1 \, da_2 \, da_3$$

gegeben. Der Bereich bewegt sich mit der Flüssigkeit mit und sei nach der Zeit t in den Bereich $\mathfrak{B}'$ übergegangen. Ein Teilchen, das sich im Punkt a_ι befand, ist jetzt nach (45, 12) in den Punkt s_ι gelangt. Die Flüssigkeitsmenge ist jetzt

$$\int_{\mathfrak{B}'} \varrho \, dV = \int_{\mathfrak{B}'} \varrho \, ds_1 \, ds_2 \, ds_3.$$

Bei festem t kann man (45, 12) als Transformationsgleichung zwischen den Koordinaten a_ι und s_ι auffassen. Nach der Regel für die Transformation eines dreifachen Integrals ist somit

$$\int_{\mathfrak{B}} \varrho_0 \, dV = \int_{\mathfrak{B}} \varrho \frac{\partial(s_1, s_2, s_3)}{\partial(a_1, a_2, a_3)} da_1 \, da_2 \, da_3$$

und daher

$$\varrho_0 = \varrho \frac{\partial(s_1, s_2, s_3)}{\partial(a_1, a_2, a_3)} \tag{45, 29}$$

die *Kontinuitätsgleichung in der Lagrangeschen Form.*

5. Potentialströmung und Wirbelströmung. Bei der Darstellung einer strömenden Flüssigkeit durch ein Geschwindigkeitsfeld liegt es nahe, die Arten der Strömungen ebenso zu unterteilen, wie wir es in § 23 für die Vektorfelder getan haben. Maßgebend sind der Gradient

$$G_{\iota \jmath} = \partial_\iota v_\jmath \tag{45, 30}$$

und der Rotor

$$q_\iota = \varepsilon_{\iota \jmath k} G_{\jmath k} = \varepsilon_{\iota \jmath k} \, \partial_\jmath \, v_k. \tag{45, 31}$$

des Geschwindigkeitsfeldes. Es ist in der Hydromechanik üblich, die Laplaceschen und Poissonschen Felder *Potentialströmungen* und Felder mit nichtverschwindendem Rotor *Wirbelströmungen* zu nennen. Bei inkompressiblen Flüssigkeiten verschwindet wegen der Kontinuitätsbedingung (45, 18) die Divergenz des Geschwindigkeitsvektors im ganzen Raum mit Ausnahme einzelner Punkte oder Linien. Potentialströmungen inkompressibler Flüssigkeiten lassen sich dann als Laplacesche Felder darstellen. Die Punkte oder Linien mit nichtverschwindender Divergenz tragen dann die Bezeichnungen Quellen oder Senken mit vollem Recht. Zur Kennzeichnung der Wirbelung einer Strömung benutzt man in der Strömungslehre an Stelle des Rotors der Geschwindigkeit gern die Zirkulation, die nach § 25 durch

$$\Gamma = \oint v_i \, dx_i \tag{45,32}$$

definiert ist. Ihr Verschwinden auf jedem geschlossenen Weg, der sich innerhalb des Feldbereiches stetig auf einen Punkt zusammenziehen läßt, läßt die Strömung als Potentialströmung erkennen.

Wir haben die Zirkulation in § 25 bereits benutzt, um nachzuweisen, daß die Drehbewegung eines starren Körpers nicht wirbelfrei ist. Das gleiche gilt auch für eine Strömung, deren Geschwindigkeitsverteilung um eine Achse e_i dem Gesetz

$$v_i = \omega \, \varepsilon_{ijk} \, e_j \, x_k \tag{45,33}$$

folgt. Bei einer solchen Bewegung wird eben jedes Flüssigkeitsteilchen gedreht, wenn es auch nicht deformiert wird. Im Gegensatz dazu steht die in § 27 durch (27, 59) und (27, 60) dargestellte Bewegung, die man bei einer Flüssigkeit als Potentialströmung um eine Wirbelachse bezeichnet. Wie an der angegebenen Stelle gezeigt, ist diese Bewegung mit Ausnahme der Wirbelachse wirbelfrei. Jedes Flüssigkeitsteilchen wird aber deformiert, wie man durch die Berechnung des Deformationstensors zeigen kann.

Wir gehen dabei von der Formel (27,60) für die Geschwindigkeit

$$v_i = a \frac{r_i}{r^2}$$

aus. Darin ist

$$r_i = \varepsilon_{ijk} \, e_j \, x_k$$

der um 90° gedrehte, von der Wirbelachse e_i zu dem betrachteten Punkt weisende Vektor. Der Verschiebungsvektor in der Zeit dt ist

$$u_i = a \frac{r_i}{r^2} \, dt.$$

Wir bilden den Verschiebungstensor

$$V_{ij} = \partial_j u_i = a\, \partial_j \frac{r_i}{r^2}\, dt = a \frac{\partial}{\partial r_p} \frac{r_i}{r^2}\, \partial_j r_p\, dt =$$

$$= \frac{a\, e_q}{r^4} (r^2 \varepsilon_{iqj} - 2 r_i r_p \varepsilon_{pqj})\, dt$$

und daraus den Deformationstensor

$$D_{ij} = \frac{a}{r^4} e_p r_q (\varepsilon_{pqj} r_i + \varepsilon_{pqi} r_j)\, dt.$$

Solange dt klein ist, ist die Deformation infinitesimal.

Einen allgemeinen Zusammenhang zwischen dem Gradiententensor des Geschwindigkeitsfeldes und den Deformationstensor gewinnen wir auf folgende Weise (Abb. 12). In der Zeit dt gelangt ein Teilchen von s_i an die Stelle $\bar{s}_i$. Der Verschiebungsvektor ist dann

$$du_i = v_i\, dt = \frac{ds_i}{dt}\, dt.$$

Der Verschiebungsvektor des Punktes $s_i + \delta s_i$ ist durch

$$d(u_i + \partial_j u_i\, \delta s_j) = v_i\, dt + \partial_j v_i\, \delta s_j\, dt$$

gegeben. Somit ist

$$d \partial_j u_i = \partial_j v_i\, dt$$

und damit

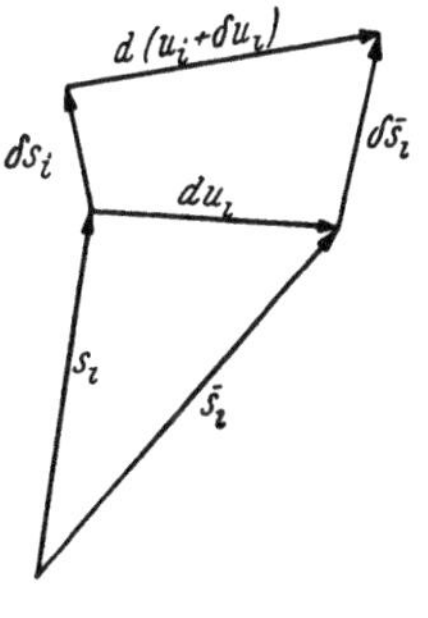

Abb. 12

$$\partial_j v_i = \frac{d}{dt} \partial_j u_i = \frac{dV_{ij}}{dt}. \tag{45, 34}$$

Der Gradient des Geschwindigkeitsfeldes ist die Ableitung des Verschiebungstensors nach der Zeit. Daraus folgt, daß der symmetrische Teil des Gradienten

$$S_{ij} = \frac{1}{2} (\partial_j v_i + \partial_i v_j) = \frac{1}{2} \frac{d}{dt} (V_{ij} + V_{ji})$$

oder, da es sich hier immer um infinitesimale Verzerrungen handelt,

$$S_{ij} = \frac{dD_{ij}}{dt} = \dot{D}_{ij} \tag{45, 35}$$

der zeitliche Differentialquotient des Deformationstensors ist, den man als *Deformationsgeschwindigkeit* bezeichnet. Wir bemerken noch, daß

$$\dot{D}_{ii} = \partial_i v_i \qquad (45, 36)$$

ist.

§ 46. Mechanik der Flüssigkeiten II (Hydrodynamik)

1. Die Gleichung von Navier-Stokes. Für jeden Teilbereich einer Flüssigkeit muß das Grundgesetz der Mechanik erfüllt sein. Die Beschleunigung haben wir mit (45, 22) bereits berechnet. Es gilt daher, wenn $\mathfrak{B}$ der Bereich, $\mathfrak{F}$ seine Oberfläche und g_i die Massenkraft ist,

$$\int\limits_{\mathfrak{B}} \varrho \left(\frac{\partial v_i}{\partial t} + v_j\, \partial_j\, v_i \right) dV = \int\limits_{\mathfrak{B}} \varrho\, g_i\, dV + \oint\limits_{\mathfrak{F}} \sigma_{ij}\, df_j \qquad (46, 01)$$

oder, nach Anwendung des Gaußschen Satzes auf das letzte Integral,

$$\boxed{\varrho \left(\frac{\partial v_i}{\partial t} + v_j\, \partial_j\, v_i \right) = \varrho\, g_i + \partial_j\, \sigma_{ij},} \qquad (46, 02)$$

die *Gleichung von Navier-Stokes* für Flüssigkeiten in ihrer allgemeinsten Form.

Um die Gleichung von NAVIER-STOKES auch in allgemeinen Koordinaten darzustellen, gehen wir von (39, 22) aus, wonach die Beschleunigung

$$a^i = \frac{\mathfrak{d} v^i}{\mathfrak{d} t} = \frac{d v^i}{d t} + \begin{Bmatrix} i \\ k\, l \end{Bmatrix} v^k\, v^l$$

ist, so daß mit (45, 22)

$$a^i = \dot{v}^i + v^k\, \partial_k\, v^i + \begin{Bmatrix} i \\ k\, l \end{Bmatrix} v^k\, v^l.$$

Wegen (35, 20) kann man die beiden letzten Glieder auf der rechten Seite zusammenfassen und erhält

$$a^i = \dot{v}^i + v^k\, \mathfrak{d}_k\, v^i. \qquad (46, 03)$$

Multipliziert man mit der Dichte ϱ, so kann man schreiben

$$\varrho\, a^i = \frac{\partial(\varrho\, v^i)}{\partial t} + \mathfrak{d}_k\, \varrho\, v^k\, v^i - v^i \left[\frac{\partial \varrho}{\partial t} + \mathfrak{d}_k\, \varrho\, v^k\right], \qquad (46, 04)$$

das letzte Glied auf der rechten Seite von (46, 04) verschwindet, denn

$$\frac{\partial \varrho}{\partial t} + \mathfrak{d}_k\, \varrho\, v^k = 0 \qquad (46, 05)$$

ist die Kontinuitätsgleichung in allgemeinen Koordinaten. Die Beschleunigung ist gleich der Massenkraft und der Oberflächenkraft, so daß in gleicher Weise wie bei der Herleitung von (46, 02)

$$\frac{\partial(\varrho\, v^i)}{\partial t} + \mathfrak{d}_k\, \varrho\, v^k\, v^i = \varrho\, g_i + \mathfrak{d}_j\, \sigma^{ij}$$

oder

$$\boxed{\frac{\partial(\varrho\, v^i)}{\partial t} + \mathfrak{d}_k(\varrho\, v^k\, v^i - \sigma^{ik}) = \varrho\, g_i} \qquad (46, 06)$$

folgt, wobei auch bei dem Spannungstensor die absolute Ableitung eingesetzt ist.

Wie wir zu Anfang des § 45 bemerkten, treten in ruhenden Flüssigkeiten nur Drücke senkrecht zum betrachteten Flächenelement auf, während in bewegten Flüssigkeiten auch Tangentialkräfte erscheinen, welche vom Geschwindigkeitsunterschied benachbarter Teile abhängen. Da solche Geschwindigkeitsunterschiede im allgemeinen zu einer Deformation der Teilchen führen, so ist es naheliegend, die Deformationsgeschwindigkeit als maßgebend für diese Tangentialspannung anzusehen. Nimmt man an, daß diese Abhängigkeit eine lineare ist, dann kann man den Spannungstensor in einer strömenden Flüssigkeit in der Gestalt

$$\sigma_{ij} = -p\, \delta_{ij} + \Lambda_{ijpq}\, \dot{D}_{pq} \qquad (46, 07)$$

ansetzen. Im Fall der ruhenden Flüssigkeit geht (46, 07) wie verlangt in (45, 05) über. Ist die Flüssigkeit homogen, was wir unseren Betrachtungen zugrunde legen wollen, dann kann Λ_{ijpq} nur die Gestalt (44, 12) haben. Dann ist

$$\sigma_{ij} = -p\, \delta_{ij} + (\lambda\, \delta_{ij}\, \delta_{pq} + 2\, \mu\, \delta_{ip}\, \delta_{jq})\, \dot{D}_{pq}$$

oder

$$\sigma_{ij} = -p\,\delta_{ij} + \lambda\,\delta_{ij}\,\dot{D}_{pp} + 2\,\mu\,\dot{D}_{ij}. \qquad (46, 08)$$

Das ist die allgemeine Form des von NEWTON stammenden Ansatzes, wonach die Tangentialspannung längs einer Fläche in einer strömenden Flüssigkeit proportional dem Geschwindigkeitsgradienten senkrecht zur Fläche ist. Man erkennt dies, wenn man (46, 08) auf den einfachen Fall anwendet, daß eine Flüssigkeit parallel zur 1,3-Ebene mit einer Geschwindigkeit strömt, die dem Abstand von dieser Ebene proportional ist (Abb. 13). Man kann eine solche, sogenannte *Couette-Strömung* mit guter Näherung im Ringspalt zwischen zwei koaxialen Zylindern realisieren, die mit verschiedener Geschwindigkeit rotieren. Ist

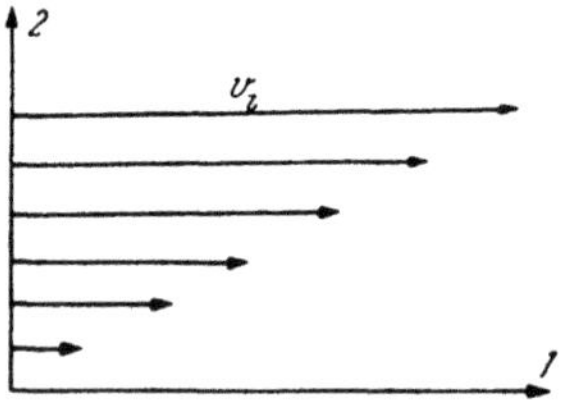

Abb. 13

$$v_i = (\alpha\,x_2 \quad 0 \quad 0), \qquad (46, 09)$$

so gilt

$$\partial_j v_i = \begin{pmatrix} 0 & \alpha & 0 \\ 0 & 0 & 0 \\ 0 & 0 & 0 \end{pmatrix}. \qquad (46, 10)$$

Nach (45, 35) ist

$$\dot{D}_{ij} = \begin{pmatrix} 0 & \frac{\alpha}{2} & 0 \\ \frac{\alpha}{2} & 0 & 0 \\ 0 & 0 & 0 \end{pmatrix}$$

und damit wird wegen $\dot{D}_{pp} = 0$

$$\sigma_{ij} = \begin{pmatrix} -p & \mu\,\alpha & 0 \\ \mu\,\alpha & -p & 0 \\ 0 & 0 & -p \end{pmatrix}.$$

Man erhält also nur eine Tangentialspannung parallel zur Geschwindigkeit, die proportional zu $\partial_2 v_1$ ist. Man nennt den Proportionalitätsfaktor μ die *Zähigkeit* der Flüssigkeit. Der Newtonsche Ansatz gibt uns nur Aufschluß über den Faktor μ, den man z. B. bei der Messung in einer Couette-Strömung bestimmen kann. Der Faktor λ bleibt dabei unbestimmt. Man ist nun übereingekommen, λ so zu wählen, daß p der mittlere Druck an der betrachteten Stelle wird. Es soll also

$$p = -\frac{1}{3}\sigma_{ii} \qquad (46, 11)$$

sein. Wegen

$$\sigma_{ii} = -3p + (3\lambda + 2\mu)\dot{D}_{ii}$$

muß dann

$$\lambda = -\frac{2}{3}\mu \qquad (46, 12)$$

gesetzt werden[1].

Führt man in (46, 08) mit Hilfe von (45, 34) den Gradienten der Geschwindigkeit ein und benutzt (46, 12), so gelangt man zu

$$\sigma_{ij} = -p\,\delta_{ij} - \frac{2}{3}\mu\,\delta_{ij}\,\partial_p v_p + \mu\,(\partial_j v_i + \partial_i v_j) \qquad (46, 13)$$

und

$$\partial_j \sigma_{ij} = -\partial_i p - \frac{2}{3}\mu\,\partial_i\,\partial_p v_p + \mu\,\partial_j\,\partial_j v_i + \mu\,\partial_i\,\partial_j v_j$$

oder

$$\partial_j \sigma_{ij} = -\partial_i p + \mu\,\partial_j\,\partial_j v_i + \frac{1}{3}\mu\,\partial_i\,\partial_j v_j.$$

Aus (46, 02) folgt dann

$$\boxed{\varrho\,(\dot{v}_i + v_j\,\partial_j v_i) = \varrho\,g_i - \partial_i p + \mu\,\partial_j\,\partial_j v_i + \frac{1}{3}\mu\,\partial_i\,\partial_j v_j,} \qquad (46, 14)$$

die *Navier-Stokessche Gleichung für zähe Flüssigkeiten.* Zusammen mit der Kontinuitätsgleichung (45, 26) und der den Zusammenhang

[1] Daß man durch eine bloße Festsetzung über λ verfügt, ist sicher nicht befriedigend. Es scheint aber, daß kein hinreichender anderer Grund für diesen Zusammenhang zwischen λ und μ vorliegt, da man bei der Festlegung (46, 12) noch zu keinem Widerspruch gekommen ist. Eine Druckmessung in einer strömenden Flüssigkeit liefert natürlich nur die Werte von σ_{11}, σ_{22} und σ_{33}, die beim Aufhören der Bewegung unabhängig von λ in den statischen Druck p übergehen.

zwischen p und ϱ darstellenden Zustandsgleichung der Flüssigkeit beschreibt sie die allgemeine Bewegung der zähen Flüssigkeit. Für spezielle Bewegungen ist dann noch die Angabe der Randbedingungen notwendig. Die Navier-Stokessche Gleichung ist nicht linear und von kompliziertem Bau. Die Ermittlung von Lösungen gelingt nur unter vereinfachenden Annahmen.

2. Die Eulersche Gleichung. Man spricht von einer *reibungslosen Flüssigkeit,* wenn die Zähigkeit verschwindet, also $\mu = 0$ gilt. Dann folgt aus (46, 14)

$$\boxed{\dot{v}_i + v_j \, \partial_j v_i = g_i - \frac{1}{\varrho} \partial_i p,} \tag{46, 15}$$

die *Eulersche Gleichung für reibungslose Flüssigkeiten.* Sie geht unter Benützung von (45, 23) in

$$\dot{v}_i + \frac{1}{2} \partial_i (v_k v_k) + v_k \varepsilon_{ijk} \varepsilon_{jpq} \partial_p v_q = g_i - \frac{1}{\varrho} \partial_i p \tag{46, 16}$$

über. Handelt es sich noch um eine Potentialströmung, dann verschwindet das letzte Glied der linken Seite und es bleibt

$$\dot{v}_i + \frac{1}{2} \partial_i (v_k v_k) = g_i - \frac{1}{\varrho} \partial_i p. \tag{46, 17}$$

Es kann aber auch die Strömung einer zähen Flüssigkeit wirbelfrei sein. Um die für diesen Fall gültige Form der Navier-Stokesschen Gleichung zu erhalten, formen wir die rechte Seite von (46, 14) um, und erhalten zunächst

$$\varrho (\dot{v}_i + v_j \partial_j v_i) = \varrho g_i - \partial_i p + \mu \, \partial_j (\partial_j v_i - \partial_i v_j) +$$
$$+ \frac{4}{3} \mu \, \partial_i \partial_j v_j ; \tag{46, 18}$$

wegen der Symmetrie des Geschwindigkeitsgradienten verschwindet der dritte Ausdruck auf der rechten Seite, so daß für die wirbelfreie Strömung einer zähen Flüssigkeit

$$\dot{v}_i + v_j \partial_j v_i = g_i - \frac{1}{\varrho} \partial_i p + \frac{4}{3} \frac{\mu}{\varrho} \partial_i \partial_j v_j \tag{46, 19}$$

bleibt.

Ist die Flüssigkeit außerdem noch inkompressibel, also $\partial_i v_i = 0$, so geht (46, 19) in (46, 15) und, da die Strömung wirbelfrei ist, auch in (46, 17) über. Die Eulersche Gleichung (46, 15) gilt also sowohl für die reibungslose Strömung einer kompressiblen als auch für die wirbelfreie Strömung einer nicht kompressiblen, aber zähen Flüssigkeit. Das besagt aber nicht, daß die Strömungen tatsächlich identisch sein müssen, denn die Randbedingungen können durchaus verschieden sein. Während bei einer reibungslosen Flüssigkeit an der Begrenzung der Strömung durch eine feste Wand die zur Wand senkrechte Komponente der Geschwindigkeit verschwindet, muß bei einer zähen Flüssigkeit auch die zur Wand parallele Komponente verschwinden, da die Flüssigkeit an der Wand haftet. Gerade dieses Haften an der Wand ist oft für den Unterschied der Strömungen der zähen und der reibungslosen Flüssigkeit maßgebend. Die Reibung im Inneren der Flüssigkeit ist bei vielen Flüssigkeiten so klein, daß man sie im Inneren der Flüssigkeit vernachlässigen und, falls die anderen Voraussetzungen zutreffen, dort mit der Eulerschen Gleichung rechnen kann. Der Grundgedanke der von PRANDTL entwickelten *Grenzschichttheorie* besteht nun darin, daß man die Zähigkeit der Flüssigkeit nur in einer schmalen, der Begrenzung benachbarten Schicht berücksichtigt, im Inneren der Flüssigkeit aber vernachlässigt. Die von der Wand entfernte Strömung kann dann als Potentialströmung behandelt werden.

Die Eulersche Gleichung (46, 15) ist eine nichtlineare Differentialgleichung und die Ermittlung des Geschwindigkeitsfeldes im allgemeinen schwieriger als bei den Aufgaben der Potentialtheorie; vor allem ist es nicht möglich, Lösungen durch Superposition zusammenzusetzen.

3. Die Bernoullische Gleichung. Wir bilden das Linienintegral der Eulerschen Gleichung längs einer Stromlinie $\mathfrak{C}$. Wir gehen dabei von der Form (46, 16) aus. Dann ist

$$\int_{\mathfrak{C}} \dot{v}_i\, dx_i + \frac{1}{2}\int_{\mathfrak{C}} \partial_i(v_k v_k)\, dx_i + \int_{\mathfrak{C}} v_k\, \varepsilon_{ijk}\, \varepsilon_{jpq}\, \partial_p v_q\, dx_i =$$

$$= \int_{\mathfrak{C}} g_i\, dx_i - \int_{\mathfrak{C}} \frac{1}{\varrho}\, \partial_i p\, dx_i.$$

Das letzte Integral links verschwindet, denn auf einer Stromlinie ist dx_i stets parallel zu v_i. Für das zweite Integral rechts finden wir, da infolge der Zustandsgleichung die Dichte eine Funktion $\varrho = \varrho(p)$ des Druckes ist,

$$\int \frac{1}{\varrho}\, \partial_i p\, dx_i = \int \frac{dp}{\varrho} = P. \qquad (46, 20)$$

Man nennt P das *Druckpotential.* Wir nehmen noch an, daß die Massenkraft ein Potential U besitzt, d. h. daß $g_i = -\,\partial_i U$ und folglich

$$\int g_i\, dx_i = -\,U \qquad (46, 21)$$

gilt. Dann können wir schreiben

$$\int_{\mathfrak{C}} \dot{v}_i\, dx_i + \frac{1}{2} \int_{\mathfrak{C}} d(v_k v_k) = -\int_{\mathfrak{C}} dU - \int_{\mathfrak{C}} dP$$

oder schließlich

$$\int_{\mathfrak{C}} \dot{v}_i\, dx_i + \frac{v_k v_k}{2} + P + U = \text{konst.} \qquad (46, 22)$$

Man nennt diese Gleichung manchmal die *verallgemeinerte Bernoullische Gleichung.* Sie gilt längs einer Stromlinie einer nichtstationären Strömung einer reibungslosen Flüssigkeit, oder längs einer Stromlinie einer nichtstationären wirbelfreien Strömung einer zähen inkompressiblen Flüssigkeit. Die Konstante auf der rechten Seite ist in einer nicht wirbelfreien Strömung sowohl von Stromlinie zu Stromlinie als auch von Zeitpunkt zu Zeitpunkt verschieden, bei der wirbelfreien Strömung aber nur zeitabhängig.

Die Gleichung (46, 22) vereinfacht sich, wenn die Strömung stationär ist. Man erhält dann die *Bernoullische Gleichung im engeren Sinne*

$$\boxed{\frac{1}{2} v^2 + P + U = \text{konst.}} \qquad (46, 23)$$

Sie gilt in einer wirbelfreien und reibungslosen Flüssigkeit wie auch in einer wirbelfreien, zähen und inkompressiblen Flüssigkeit für jede Linie, bei einer nicht wirbelfreien, aber reibungslosen Flüssigkeit nur auf einer Stromlinie. (46, 23) ist eine der wichtigsten Beziehungen für die technischen Anwendungen.

4. Die Erhaltungssätze der Wirbel. Mit Hilfe von (46, 20) und (46, 21) läßt sich die Eulersche Gleichung (46, 17) für die Potentialströmung in der Gestalt

$$\dot{v}_i = -\,\partial_i\left(\frac{1}{2}v^2 + P + U\right)$$

schreiben. Bildet man auf beiden Seiten den Rotor, so erhält man

$$\varepsilon_{ijk}\,\partial_j\,\dot{v}_k = -\,\varepsilon_{ijk}\,\partial_j\,\partial_k\left(\frac{1}{2}v^2 + P + U\right).$$

Die rechte Seite verschwindet und da man auf der linken Seite die Reihenfolge der Differentiationen vertauschen kann, folgt

$$\boxed{\frac{\partial}{\partial t}\,\varepsilon_{ijk}\,\partial_j\,v_k = 0.} \tag{46, 24}$$

Diese von LAGRANGE gefundene Beziehung sagt, daß eine Strömung, die zu irgendeinem Zeitpunkt wirbelfrei war, stets wirbelfrei bleibt. Voraussetzung dabei sind die oben angegebenen Bedingungen für die Gültigkeit der Eulerschen Gleichung.

Wir führen nun durch

$$v_i = \partial_i\,\Phi \tag{46, 25}$$

das Geschwindigkeitspotential Φ ein. Die Gleichung (46, 22) nimmt damit für wirbelfreie Flüssigkeiten die Form

$$\dot{\Phi} + \frac{1}{2}v^2 + P + U = f(t) \tag{46, 26}$$

an. (46, 26) beschreibt zusammen mit der Kontinuitätsgleichung (45, 26) und den Randbedingungen die Potentialströmung. Ist die Flüssigkeit inkompressibel, so gilt für Φ die Laplacesche Gleichung

$$\Delta\Phi = 0 \tag{46, 27}$$

und es werden alle in § 27 erwähnten Verfahren zur Lösung dieser Gleichung anwendbar.

Im Falle der Wirbelbewegung hat das Feld einen nicht verschwindenden Rotor

$$q_i = \varepsilon_{ijk}\, \partial_j v_k, \tag{46, 28}$$

den man die *Wirbelung* oder die *Drehung* der Strömung nennt. Die q_i bilden ein Vektorfeld, dessen Feldlinien als *Wirbellinien* bezeichnet werden. Wegen

$$\partial_i q_i = 0 \tag{46, 29}$$

können diese Wirbellinien im Endlichen nirgends enden, sie müssen geschlossen sein oder ins Unendliche verlaufen.

Die Zirkulation über jede geschlossene Linie ist von Null verschieden. Wir suchen die Änderung der Zirkulation längs einer geschlossenen Linie, die sich mit der Flüssigkeit mitbewegt, so daß sie also immer aus denselben Flüssigkeitsteilchen besteht. Deckt sich die geschlossene Linie zu irgendeiner Zeit mit der Linie $\mathfrak{C}$ und nach einer weiteren Zeit δt mit der Linie $\bar{\mathfrak{C}}$, so ist ein Punkt s_i von $\mathfrak{C}$ dabei in den Punkt

$$\bar{s}_i = s_i + v_i\, \delta t \tag{46, 30}$$

übergegangen. An dieser Stelle herrscht die Geschwindigkeit

$$\bar{v}_i = v_i + \frac{dv_i}{dt}\,\delta t.$$

Die Zirkulation

$$\Gamma = \oint_{\mathfrak{C}} v_i\, dx_i$$

ändert sich in die Zirkulation

$$\bar{\Gamma} = \oint_{\bar{\mathfrak{C}}} \bar{v}_i\, d\bar{x}_i. \tag{46, 31}$$

Dem Linienelement dx_i auf der Kurve $\mathfrak{C}$ entspricht dann das Linienelement

$$d\bar{x}_i = dx_i + \partial_p v_i\, dx_p\, \delta t \tag{46, 32}$$

auf $\bar{\mathfrak{C}}$. Wir erhalten daher

$$\bar{\Gamma} = \oint_{\mathfrak{C}} \left(v_i + \frac{dv_i}{dt}\,\delta t\right)(dx_i + \partial_p v_i\, dx_p\, \delta t) =$$

$$= \oint_{\mathfrak{C}} \left[v_i\, dx_i + \frac{dv_i}{dt}\, dx_i\, \delta t + v_i\, \partial_p v_i\, dx_p\, \delta t + \frac{dv_i}{dt}\, \partial_p v_i\, dx_p\, (\delta t)^2\right]$$

oder

$$\bar{\Gamma} = \Gamma + \oint_{\mathfrak{C}} \frac{dv_i}{dt} dx_i \, \delta t + \oint_{\mathfrak{C}} v_i \, dv_i \, \delta t + \oint_{\mathfrak{C}} \frac{dv_i}{dt} dv_i \, (\delta t)^2. \qquad (46, 33)$$

Wir bemerken, daß das dritte Glied rechts

$$\oint_{\mathfrak{C}} v_i \, dv_i \, \delta t = \frac{1}{2} \oint_{\mathfrak{C}} d(v_i \, v_i) \, \delta t$$

als Integral eines totalen Differentials über die geschlossene Linie $\mathfrak{C}$ verschwindet. Bilden wir nun

$$\frac{d\Gamma}{dt} = \lim_{\delta t \to 0} \frac{\bar{\Gamma} - \Gamma}{\delta t},$$

so verschwindet auch der letzte Ausdruck auf der rechten Seite von (46, 33) und es bleibt

$$\frac{d\Gamma}{dt} = \oint_{\mathfrak{C}} \frac{dv_i}{dt} dx_i. \qquad (46, 34)$$

Hat die Massenkraft ein Potential U, dann ist nach (46, 15)

$$\int \frac{dv_i}{dt} dx_i = -U - P$$

und dieser Ausdruck verschwindet für eine geschlossene Linie. Daher ist unter diesen Voraussetzungen

$$\frac{d\Gamma}{dt} = 0, \qquad (46, 35)$$

die Zirkulation längs einer mit der Flüssigkeit mitbewegten Linie ist konstant. Wegen

$$\oint_{\mathfrak{C}} v_i \, dx_i = \int_{\mathfrak{F}} \varepsilon_{ijk} \, \partial_j \, v_k \, df_i$$

ist die Zirkulation gleich dem Fluß der Wirbellinien durch ein von $\mathfrak{C}$ berandetes Flächenstück $\mathfrak{F}$ und es ist somit auch der Wirbelfluß durch diese Fläche konstant. Läßt man die Linie zu einem Punkt zusammenschrumpfen, so folgt aus (46, 35) noch

$$\frac{dq_i}{dt} = 0, \qquad (46, 36)$$

d. h. die Flüssigkeitsteilchen behalten ihre Wirbelung bei. Wirbelfreie Teilchen bleiben es für alle Zeit. Man nennt diesen Satz den *zeitlichen Erhaltungssatz der Wirbel*, er wird auch als Satz von HELMHOLTZ und THOMSON bezeichnet. Aus (46, 29) folgt der *räumliche Erhaltungssatz der Wirbel*: Die Zirkulation um eine aus Wirbellinien gebildete Wirbelröhre ist längs der ganzen geschlossenen oder ins Unendliche reichenden Wirbelröhre konstant.

§ 47. Vektorielle Doppelfelder I

1. Der Feldfaktor. In einem räumlichen Bereich $\mathfrak{B}$ seien zwei Vektorfelder

$$A_i = A_i\,(x_1, x_2, x_3) \quad \text{und} \quad B_i = B_i\,(x_1, x_2, x_3) \qquad (47, 01)$$

gegeben, die an jeder Stelle durch einen invarianten und im allgemeinen ebenfalls ortsabhängigen Faktor

$$\lambda = \lambda\,(x_1, x_2, x_3), \qquad (47, 02)$$

die wir den *Feldfaktor* nennen wollen, so miteinander verknüpft sind, daß an jeder Stelle

$$B_i = \lambda\, A_i \qquad (47, 03)$$

gilt. Wir nehmen dabei noch an, daß im ganzen Bereich $\mathfrak{B}$ die Größen A_i, B_i und λ mindestens zweimal stetig differenzierbare Funktionen der x_i sind und außerdem, daß in $\mathfrak{B}$ überall $\lambda \neq 0$ ist; dann ist in $\mathfrak{B}$ überall entweder $\lambda > 0$ oder $\lambda < 0$. Solche *Doppelfelder* treten in den physikalischen Anwendungen häufig auf; typische Beispiele sind: Das elektrostatische Feld mit der elektrischen Feldstärke, der elektrischen Verschiebung und der Dielektrizitätskonstanten als Feldfaktor; das magnetostatische Feld mit der magnetischen Induktion, der magnetischen Feldstärke und der Permeabilität; das elektrische Strömungsfeld mit der elektrischen Feldstärke, der Stromdichte und dem spezifischen Widerstand sowie schließlich das thermische Feld mit der Wärmestromdichte, dem Temperaturgradienten und der Wärmeleitfähigkeit. Daneben gibt es auch noch andere Fälle, wo an Stelle des Feldfaktors ein Tensor zweiter Stufe tritt, so daß $B_i = \lambda_{ij} A_j$ ist und solche Fälle, wo drei und mehr Feldgrößen miteinander verknüpft sind. Wir wollen hier aber unsere Betrachtungen auf die durch (47, 03) charakterisierten einfachsten Doppelfelder beschränken.

Das Besondere an den erwähnten Doppelfeldern der Physik ist nun, daß sich die Angaben über die felderzeugenden Quellen und Wirbel nicht auf eine der beiden Feldgrößen beziehen, sondern daß immer die *Quellen des einen* und *die Wirbel des anderen Feldes* vorgeschrieben sind. Ist λ im ganzen Feldbereich konstant, so lassen sich die Angaben über das eine Feld durch einfache Multiplikation mit λ oder $1/\lambda$ auf das andere Feld umrechnen und man kann alle Erkenntnisse und Verfahren der Theorie der einfachen Vektorfelder anwenden. Ganz anders liegen die Dinge aber, wenn λ im Feldbereich nicht konstant ist, was wir im folgenden stets annehmen wollen. Es treten dann gewisse Schwierigkeiten auf, die zum Teil der Grund dafür gewesen sein mögen, daß man diese Doppelfelder bisher in den einzelnen Teilgebieten der Physik getrennt behandelt hat, ohne darauf hinzuweisen, daß viele Abweichungen gegenüber der Theorie der einzelnen Vektorfelder aus der Tatsache folgen, daß es sich eben um Doppelfelder im oben beschriebenen Sinne handelt. Das mag mitunter zu der irrigen Ansicht führen, daß es sich bei diesen Besonderheiten um spezifische Eigenschaften der gerade betrachteten physikalischen Probleme handelt. Es erscheint daher zweckmäßig, die mathematische Theorie der Doppelfelder zu entwickeln und so das allen diesen Feldern Gemeinsame aufzuzeigen.

Der einfacheren Ausdrucksweise halber unterscheiden wir die beiden Felder als *A-Feld* und *B-Feld* und verwenden die Bezeichnungen nach folgendem Schema:

	A-Feld	B-Feld
Feldvektor	A_i	B_i
Divergenz	$a = \partial_i A_i$	$b = \partial_i B_i$
Rotor	$\alpha_i = \varepsilon_{ijk}\, \partial_j A_k$	$\beta_i = \varepsilon_{ijk}\, \partial_j B_k$
Skalares Potential	U	X falls vorhanden.
Vektorpotential	W_i	Z_i falls vorhanden.

Wir nehmen ferner an, daß die Wirbel des A-Feldes und die Quellen des B-Feldes vorgeschrieben sind, wobei natürlich auch die Wirbel des A-Feldes oder die Quellen des B-Feldes verschwinden können. Wir unterscheiden demgemäß 4 Fälle, nämlich

	I	II	III	IV
$\varepsilon_{ijk}\, \partial_j A_k = \alpha_i =$	0	0	$\neq 0$	$\neq 0$
$\partial_i B_i = b =$	0	$\neq 0$	0	$\neq 0$.

Es sind noch andere Fälle denkbar, nämlich daß die Wirbel oder Quellen beider Felder vorgeschrieben sind oder daß Wirbel und Quellen von nur einem der beiden Felder gegeben sind; diese Fälle sind aber entweder physikalisch ohne Bedeutung oder sie lassen sich leicht auf den Fall des einfachen Vektorfeldes zurückführen.

Aus (47, 03) folgt für den Rotor des B-Feldes

$$\beta_i = \varepsilon_{ijk}\,\partial_j\,B_k = \lambda\,\varepsilon_{ijk}\,\partial_j\,A_k + A_k\,\varepsilon_{ijk}\,\partial_j\,\lambda,$$

bezeichnen wir mit

$$\boxed{\Lambda_i = \partial_i\,\lambda} \tag{47, 04}$$

den Gradienten des Feldfaktors, so wird

$$\beta_i = \lambda\,\alpha_i + \varepsilon_{ijk}\Lambda_j\,A_k. \tag{47,05}$$

Daraus folgt, daß zu einem wirbelfreien A-Feld im allgemeinen ein Wirbelfeld als B-Feld gehört. Eine Ausnahme tritt nur ein, wenn Λ_i parallel zu A_i ist, d. h. wenn A_i an jeder Stelle senkrecht auf den Niveauflächen des Feldfaktors steht. Ein solcher Fall liegt z. B. im Feld eines *Plattenkondensators* vor, wenn der Raum zwischen den Platten mit zu den Platten parallelen Schichten ausgefüllt ist, die aus verschiedenem Material bestehen können. Man spricht dann auch von *geschichteten* Feldern.

Für die Divergenz des B-Feldes folgt aus (47, 03)

$$b = \partial_i\,B_i = \lambda\,\partial_i\,A_i + A_i\,\partial_i\,\lambda$$

oder

$$b = \lambda\,a + A_i\,\Lambda_i \tag{47, 06}$$

Verschwinden die Quellen des A-Feldes, so ist im allgemeinen das B-Feld ein Quellenfeld. Eine Ausnahme tritt nur dann ein, wenn der Feldvektor A_i die Niveauflächen des Feldfaktors berührt.

2. Das wirbel- und quellenfreie Doppelfeld. Abgesehen vom Existenzproblem, das wir hier nicht behandeln, ist die erste Frage, die sich uns aufdrängt, ob ein Doppelfeld durch die Angabe der Wirbel des einen und der Quellen des anderen Feldes und durch entsprechende Randbedingungen überhaupt eindeutig bestimmt ist. Wir behandeln zunächst den Fall I des wirbel- und quellenfreien Doppelfeldes, d. h. wir nehmen an, daß das A-Feld wirbelfrei und das B-Feld quellenfrei ist. Wegen $\alpha_\iota = 0$ hat das A-Feld ein Potential U, so daß

$$A_\iota = \partial_\iota U \tag{47, 07}$$

ist Dann wird

$$b = \partial_\iota B_\iota = \partial_\iota (\lambda A_\iota) = \partial_\iota (\lambda \partial_\iota U). \tag{47, 08}$$

Für das wirbel- und quellenfreie Feld gilt dann die der Laplaceschen Differentialgleichung entsprechende Gleichung

$$\boxed{\partial_\iota (\lambda \partial_\iota U) = 0} \tag{47, 09}$$

oder ausführlich

$$\partial_i \partial_\iota U + \partial_i U \partial_\iota \ln \lambda = 0. \tag{47, 10}$$

Jede Lösung dieser Differentialgleichung stellt das Potential des A-Feldes eines wirbel- und quellenfreien Doppelfeldes dar.

Die Theorie der einfachen Vektorfelder baut sich vollständig auf die Laplacesche und die Poissonsche Differentialgleichung und die speziellen Eigenschaften der Lösungen dieser Differentialgleichungen auf. Insbesondere setzen alle Beweise über die Eindeutigkeit der Lösungen, die Lösungsverfahren bei bestimmten Randbedingungen usw. stets die Gültigkeit der Laplaceschen Gleichung voraus. Da nun, wie (47, 09) zeigt, die grundlegende Differentialgleichung für die Doppelfelder eine andere Form hat, so bedarf es einer besonderen Untersuchung darüber, welche von den bei einfachen Feldern gewonnenen Vorstellungen auch bei Doppelfeldern anwendbar sind. Wir werden sehen, daß viele Eigenschaften bestehen bleiben, während in anderen Fällen Abweichungen eintreten, die natürlich insofern Verallgemeinerungen darstellen, als sie für den Fall $\lambda =$ konst. auf Eigenschaften einfacher Felder führen müssen.

Wir zeigen zunächst, daß ein wirbel- und quellenfreies Doppelfeld überall verschwindet, wenn U am ganzen Rand $\mathfrak{F}$ des betrachteten Bereiches $\mathfrak{B}$ verschwindet. In der ersten Greenschen Formel (26, 30)

$$\oint_{\mathfrak{F}} \Phi \partial_\iota \Psi \, df_i = \int_{\mathfrak{B}} \Phi \partial_\iota \partial_\iota \Psi \, dV + \int_{\mathfrak{B}} \partial_i \Phi \partial_i \Psi \, dV \tag{47, 11}$$

setzen wir

$$\Phi = \lambda U \quad \text{und} \quad \Psi = U,$$

so daß

$$\oint_{\mathfrak{F}} \lambda U \partial_i U df_i =$$

$$= \int_{\mathfrak{B}} [\lambda U \partial_i \partial_i U + \partial_i (\lambda U) \partial_i U] dV = \int_{\mathfrak{B}} \partial_i (\lambda U \partial_i U) dV$$

oder

$$\oint_{\mathfrak{F}} \lambda U \partial_i U df_i = \int_{\mathfrak{B}} U \partial_i (\lambda \partial_i U) dV + \int_{\mathfrak{B}} \lambda \partial_i U \partial_i U dV \qquad (47, 12)$$

wird. Die linke Seite von (47, 12) verschwindet, weil $U = 0$ ist auf $\mathfrak{F}$. Das erste Integral rechts verschwindet wegen (47, 09) und es bleibt

$$\int_{\mathfrak{B}} \lambda A_i A_i dV = 0. \qquad (47, 13)$$

Wegen $\lambda \neq 0$ folgt aus (47, 13), daß A_i im ganzen Bereich $\mathfrak{B}$ verschwindet. Wir bemerken noch, daß das auch gilt, wenn auf $\mathfrak{F}$ nicht U, sondern die Normalprojektion $A_i \nu_i$ verschwindet, denn dann verschwindet auch $\partial_i U df_i$ überall auf $\mathfrak{F}$. Es gilt somit auch für das wirbel- und quellenfreie Doppelfeld, daß *der ganze betrachtete Bereich feldfrei ist, wenn an seiner Berandung entweder das Potential U oder die Normalprojektion des A-Feldes verschwindet.* Da das Hinzufügen einer additiven Konstante zu U keinen Beitrag zum Feldvektor liefert, so gilt die obige Behauptung auch noch, wenn U auf $\mathfrak{F}$ überall konstant ist.

Wir können in ähnlicher Weise, wie dies bei der entsprechenden Beweisführung für einfache Vektorfelder geschieht, unter gewissen einschränkenden Annahmen den oben hergeleiteten Satz für ein allseits ins Unendliche reichendes Doppelfeld erweitern.

Wir denken uns dazu die geschlossene Fläche $\mathfrak{F}$ in eine Kugel $\mathfrak{K}$ mit dem Radius R, deren Mittelpunkt im Innern von $\mathfrak{F}$ liegt, eingeschlossen. Für den Bereich $\mathfrak{B}$ zwischen $\mathfrak{F}$ und der Kugel gilt dann nach (47, 12)

$$\oint_{\mathfrak{F}} \lambda\, U\, A_i\, df_i + \oint_{\mathfrak{K}} \lambda\, U\, A_i\, df_i = \int_{\mathfrak{B}} \lambda\, A_i\, A_i\, dV. \qquad (47, 14)$$

Das erste Integral verschwindet wegen $U = 0$ oder $A_i\, df_i = 0$. Wir nehmen an, daß sich die Funktion U längs jeder durch den Mittelpunkt von $\mathfrak{K}$ gehenden Geraden durch eine Potenzreihe in $\frac{1}{R}$ in der Gestalt

$$U = \frac{1}{R^n} \sum_{\nu=0}^{\infty} \frac{a_\nu}{R^\nu}, \quad n \geqq 0, \qquad (47, 15)$$

darstellen läßt. Dabei sind die a_ν unabhängig von R, hängen aber von der Richtung der Geraden ab. Es ist dann

$$\frac{dU}{dR} = -\frac{1}{R^{n+1}} \sum \frac{a_\nu (n+\nu)}{R^\nu}. \qquad (47, 16)$$

Wir nehmen ferner an, daß sich der Feldfaktor ebenfalls durch eine Potenzreihe

$$\lambda = \frac{1}{R^m} \sum_{\mu=0}^{\infty} \frac{b_\mu}{R^\mu} \qquad (47, 17)$$

darstellen läßt. Drücken wir noch das Flächenelement auf der Kugel $\mathfrak{K}$ durch den Radius und durch das Differential $d\omega$ des Raumwinkels ω aus, so finden wir schließlich

$$\oint_{\mathfrak{K}} \lambda\, U\, A_i\, df_i = -\frac{1}{R^{2n-1+m}} \int \sum \frac{b_\mu}{R^\mu} \sum \frac{a_\sigma}{R^\sigma} \sum \frac{a_\nu (n+\nu)}{R^\nu}\, d\omega.$$

Wächst nun R über alle Grenzen, so reduzieren sich die Potenzreihen unter dem Integral auf Konstante und das Integral verschwindet, wenn

$$2n - 1 + m > 0$$

oder

$$n > \frac{1-m}{2} \qquad (47, 18)$$

ist. Wir zeigen noch, daß (47, 18) immer erfüllt ist, selbst wenn m negativ sein sollte. Wenden wir den Gaußschen Satz auf den Bereich $\mathfrak{B}$ zwischen $\mathfrak{F}$ und der Kugel $\mathfrak{K}$ an, so folgt

$$\oint\limits_{\mathfrak{F}+\mathfrak{K}} \lambda\, \partial_i U\, df_i =$$

$$= \oint\limits_{\mathfrak{F}} \lambda\, \partial_i U\, df_i + \oint\limits_{\mathfrak{K}} \lambda\, \partial_i U\, df_i = \int\limits_{\mathfrak{B}} \partial_i(\lambda\, \partial_i U)\, dV = 0, \qquad (47,19)$$

denn in $\mathfrak{B}$ gilt (47, 09). Das Integral über $\mathfrak{F}$ liefert einen endlichen Wert K und daher ist

$$\oint\limits_{\mathfrak{K}} \lambda\, \partial_i U\, df_i = -K. \qquad (47,20)$$

Setzen wir die Potenzreihen für λ und $\frac{dU}{dR}$ ein, so folgt

$$\frac{1}{R^{n+m-1}} \int \sum \frac{b_\mu}{R^\mu} \sum \frac{a_\nu(n+\nu)}{R^\nu}\, d\omega = K. \qquad (47,21)$$

Für $R \to \infty$ reduzieren sich die Potenzreihen auf Konstante und aus (47, 21) folgt, daß stets

$$n \geqq 1 - m \qquad (47,22)$$

ist, so daß (47, 18) für alle $m < 1$ erfüllt ist. m beeinflußt aber die Größenordnung (des Verschwindens) von U im Unendlichen. Wenn λ bei wachsender Entfernung zunimmt, so wird dies durch eine stärkere Abnahme von U ausgeglichen. Wenn nun (47, 18) auf alle Fälle gilt, dann verschwindet die linke Seite von (47, 14) bei zunehmendem Radius der Kugel $\mathfrak{K}$ und (47, 14) geht in (47, 13) über, womit also gezeigt ist, daß es kein unendlich ausgedehntes wirbel- und quellenfreies Doppelfeld gibt. Wenn Doppelfelder in gewissen Bereichen wirbel- und quellenfrei sind, dann müssen außerhalb dieser Bereiche Quellen des B-Feldes oder Wirbel des A-Feldes vorhanden sein. Wenn das A-Feld im ganzen unendlichen Raum wirbelfrei ist, dann müssen außerhalb des wirbel- und quellenfreien Bereiches immer Quellen des B-Feldes vorhanden sein, obwohl man nach (47, 06) vermuten könnte, daß auch bei verschwindenden Quellen des B-Feldes felderzeugende A-Quellen allein vorhanden sein könnten. Mit anderen Worten heißt das, daß bei physikalischen Feldern die bloße Anwesenheit von Materie nicht genügt, um ein Doppelfeld zu erzeugen[1].

3. Eindeutigkeit. Als nächstes zeigen wir, daß man durch geeignete Randbedingungen ein wirbel- und quellenfreies Feld *eindeutig* bestimmen kann. Wir wollen diesen Beweis gleich für den Fall des allgemeinen Feldes erbringen, für das die Quelldichte b des B-Feldes, die Wirbeldichte α_i des A-Feldes und die Randwerte der Normalprojektion eines der Felder, z. B. $A_i \nu_i = A_n$ gegeben sind. Wir nehmen an, es gäbe zwei Doppelfelder A_i, B_i und $\bar{A}_i$, $\bar{B}_i$, für welche

$$\varepsilon_{ijk}\,\partial_j A_k = \varepsilon_{ijk}\,\partial_j \bar{A}_k = \alpha_i,$$
$$\partial_i B_i = \partial_i \bar{B}_i = b$$

und

$$A_i \nu_i = \bar{A}_i \nu_i = A_n$$

gilt. Für die Differenzfelder

$$C_i = A_i - \bar{A}_i$$

und

$$D_i = B_i - \bar{B}_i$$

findet man dann

$$\varepsilon_{ijk}\,\partial_j C_k = 0 \quad \text{und} \quad \partial_i D_i = 0$$

und am Rand

$$C_i \nu_i = 0.$$

Dann verschwindet das Doppelfeld C_i, D_i nach dem oben Gezeigten und damit sind die Doppelfelder A_i, B_i und $\bar{A}_i$, $\bar{B}_i$ identisch. Der Beweis verläuft analog, wenn bei verschwindendem α_i oder b am Rand die Werte von U oder des Vektorpotentials Z_i von B_i vorgeschrieben sind.

---

[1] Fur $b = 0$ folgt aus (47, 06) $a = -\frac{A_i A_i}{\lambda}$. Man könnte daher vermuten, daß $\lambda \neq 0$ und $A_i \neq 0$ ausreichen, um ein Feld hervorzubringen, ohne daß B-Quellen und A-Wirbel vorhanden sind. Es wurde dann genugen, in den unendlichen ladungsfreien Raum eine Materie mit $\varepsilon \neq 1$ zu bringen, um ein elektrisches Feld zu erhalten, was naturlich nicht zutrifft. Noch deutlicher ist vielleicht der Fall des Wärmefeldes: Die Existenz von Stoffen verschiedener Wärmeleitfahigkeit ergibt noch kein Temperaturfeld.

4. Die Greensche Funktion. Bei der Berechnung der einfachen Vektorfelder aus den Randbedingungen bedient man sich der Greenschen Funktion $G(p_i, x_i)$, die das Potential im Punkt x_i darstellt, wenn im Punkt p_i eine Punktquelle mit der Quellstärke 1 angeordnet ist und das Feld im betrachteten Bereich ansonsten quellen- und wirbelfrei ist, während auf dem Rand $G(p_i, x_i) = 0$ ist. Die Greensche Funktion für den unendlichen Raum ist dann nach (28, 49)

$$G(p_i, x_i) = -\frac{1}{r} = -\frac{1}{|p_i - x_i|}. \qquad (47,23)$$

Da bei den Doppelfeldern die Potentialgleichung (47, 09) gilt, wird bei diesen Feldern die Greensche Funktion für den unendlichen Raum im allgemeinen anders aussehen als (47, 23) und insbesondere vom Feldfaktor λ abhängen. Die spezielle Greensche Funktion $g(p_i, x_i)$ sei das Potential des A-Feldes im unendlichen Raum, wenn sich im Punkt p_i eine Quelle der Quellstärke 1 des B-Feldes befindet; $g(p_i, x_i)$ verschwinde im Unendlichen. Im ganzen Raum, außer in p_i, gilt somit

$$\partial_i(\lambda\, \partial_i g) = 0. \qquad (47,24)$$

Für das spezielle Feld gilt

$$A_i = \partial_i g$$

und

$$B_i = \lambda\, \partial_i g.$$

Legen wir um den Punkt p_i eine geschlossene Fläche $\mathfrak{F}$, so ist der Fluß von B_i durch $\mathfrak{F}$ gleich

$$\oint_{\mathfrak{F}} B_i\, df_i = \int_{\mathfrak{F}} \lambda\, \partial_i g\, df_i. \qquad (47,25)$$

Wir setzen wie bei einfachen Vektorfeldern diesen, als Ergiebigkeit der Quelle bezeichneten Fluß gleich dem 4π-fachen der in unserem Fall mit der Einheit angenommenen Quellstärke, so daß also

$$\oint_{\mathfrak{F}} \lambda\, \partial_i g\, df_i = 4\pi \qquad (47,26)$$

wird. Durch (47, 24), (47, 26) und die Randbedingung im Unendlichen ist $g(p_i, x_i)$ eindeutig bestimmt.

Das Ziel unserer weiteren Rechnung ist die Aufstellung einer allgemeinen Formel, welche die Berechnung des Potentials U in einem beliebigen Punkt aus den Randwerten von U oder $A_\iota \nu_\iota$ auf der Begrenzung des Feldes gestattet. Wir leiten zunächst eine den beiden ersten Greenschen Formeln ähnliche Formel her, die wir als *dritte Greensche Formel* bezeichnen wollen[1]. Aus dem Gaußschen Satz folgt, wenn λ, Φ und Ψ mindestens zweimal stetig differenzierbare Ortsfunktionen sind

$$\oint \Phi \lambda \partial_\iota \Psi \, df_i = \int [\Phi \partial_\iota(\lambda \partial_i \Psi) + \lambda \partial_i \Phi \partial_\iota \Psi] \, dV,$$

$$\oint \Psi \lambda \partial_\iota \Phi \, df_\iota = \int [\Psi \partial_\iota(\lambda \partial_\iota \Phi) + \lambda \partial_i \Phi \partial_i \Psi] \, dV$$

und daher

$$\boxed{\oint \lambda (\Phi \partial_\iota \Psi - \Psi \partial_i \Phi) \, df_\iota = \int [\Phi \partial_i (\lambda \partial_i \Psi) - \Psi \partial_i (\lambda \partial_\iota \Phi)] \, dV.} \tag{47, 27}$$

Wir denken uns nun eine Funktion U gegeben, für die (47, 09) in allen Punkten des Bereiches gilt. Wir wählen einen Punkt p_ι und umgeben ihn mit einer geschlossenen Fläche $\mathfrak{F}'$ und diese wieder mit einer größeren geschlossenen Fläche $\mathfrak{F}$. Auf den durch $\mathfrak{F}'$ und $\mathfrak{F}$ begrenzten Bereich $\mathfrak{B}$ wenden wir nun (47, 27) an, indem wir $\Phi = U$ und $\Psi = g$ setzen. Wir erhalten mit Rücksicht auf die Orientierung der Normalen

$$-\oint_{\mathfrak{F}'} \lambda(U \partial_i g - g \partial_i U) \, df_i + \int_{\mathfrak{F}} \lambda(U \partial_i g - g \partial_i U) \, df_i =$$

$$= \int_{\mathfrak{B}} [U \partial_\iota(\lambda \partial_\iota g) - g \partial_\iota(\lambda \partial_i U)] \, dV. \tag{47, 28}$$

Die rechte Seite verschwindet, da in dem betrachteten Raum (47, 09) sowohl für g als auch für U gilt. Es bleibt

[1] Als dritte Greensche Formel wird oft auch die Relation (28, 09) bezeichnet.

$$\oint_{\mathfrak{F}'} \lambda U \,\partial_\iota g \, df_\iota - \oint_{\mathfrak{F}'} \lambda g \,\partial_\iota U \, df_\iota = \oint_{\mathfrak{F}} \lambda (U \,\partial_\iota g - g \,\partial_\iota U) \, df_\iota. \tag{47, 29}$$

Lassen wir jetzt $\mathfrak{F}'$ sich auf den Punkt p_ι zusammenziehen, so ist zunächst wegen (47, 26)

$$\lim_{\mathfrak{F}' \to 0} \int_{\mathfrak{F}'} \lambda U \,\partial_\iota g \, df_\iota = 4\pi U(p_\iota). \tag{47, 30}$$

Aus (47, 26) folgt ferner, daß $\partial_\iota g$ wie r^{-2} gegen Unendlich geht, denn weil df_ι wie r^2 verschwindet, kann das Integral nur so einem endlichen Grenzwert zustreben. Da λg aber bei Annäherung an p_ι wie r^{-1} unendlich wird, ist also

$$\lim_{\mathfrak{F}' \to 0} \int_{\mathfrak{F}'} \lambda g \, df_\iota = 0.$$

Da nun voraussetzungsgemäß $\partial_\iota U$ im ganzen Raum beschränkt bleibt, so verschwindet tatsächlich das zweite Integral auf der linken Seite von (47, 29). Zusammen mit (47, 30) erhalten wir also

$$4\pi U(p_\iota) = \oint_{\mathfrak{F}} \lambda (U \,\partial_\iota g - g \,\partial_\iota U) \, df_\iota. \tag{47, 31}$$

Wir wählen nun eine beschränkte Funktion $H(p_\iota, x_\iota)$ so, daß sie im ganzen Bereich die Bedingung (47, 09) erfüllt und daß auf $\mathfrak{F}$ entweder $H + g$ oder der Gradient davon verschwindet, je nachdem, ob dort das Potential oder die Normalprojektion von A_ι gegeben sind. Es ist dann nach (47, 27)

$$\oint_{\mathfrak{F}} \lambda (U \,\partial_\iota H - H \,\partial_\iota U) \, df_\iota = \int [U \,\partial_\iota(\lambda \,\partial_\iota H) - H \,\partial_\iota(\lambda \,\partial_\iota U)] \, dV = 0$$

und zusammen mit (47, 31)

$$4\pi U(p_\iota) = \oint_{\mathfrak{F}} \lambda U \,\partial_\iota (H + g) \, df_\iota = \oint_{\mathfrak{F}} \lambda U \,\partial_\iota G \, df_\iota, \tag{47, 32}$$

wenn $H + g$ auf $\mathfrak{F}$ verschwindet. Somit ist

$$G(p_\iota, x_\iota) = H(p_\iota, x_\iota) + g(p_\iota, x_\iota)$$

die zur Fläche $\mathfrak{F}$ gehörige Greensche Funktion. Die Formel (47, 32) stimmt bis auf den Faktor λ formal mit der entsprechenden Formel für einfache Vektorfelder überein, doch ist hier die Greensche Funktion G jene Potentialverteilung, die bei dem vorhandenen λ-Feld entsteht, wenn in p_i eine B-Quelle der Ergiebigkeit (Fluß) 4π angeordnet wird und auf $\mathfrak{F}$ das A-Potential verschwindet.

Eine interessante Frage ist, ob die Symmetrie der Greenschen Funktion in p_i und x_i auch bei einem beliebigen Feldfaktor λ erhalten bleibt. Es ist das tatsächlich der Fall, wie man ähnlich wie in § 27 zeigen kann. Bringen wir in p_i eine Quelle an, dann ist die zugehörige Greensche Funktion

$$G_1 = H(p_i, x_i) + g(p_i, x_i) = G(p_i, x_i).$$

Ist in q_i eine Quelle vorhanden, dann gehört dazu die Potentialverteilung

$$G_2 = H(q_i, x_i) + g(q_i, x_i) = G(q_i, x_i).$$

Wir umgeben die beiden Punkte mit je einer geschlossenen Fläche $\mathfrak{F}_1$ und $\mathfrak{F}_2$ und wenden (47, 27) auf den Bereich zwischen den beiden Flächen und dem Rand $\mathfrak{F}$ von $\mathfrak{B}$ an. Es ist

$$\oint\limits_{\mathfrak{F}_1+\mathfrak{F}_2+\mathfrak{F}} \lambda(G_1\,\partial_i G_2 - G_2\,\partial_i G_1)\,df_i =$$

$$= \int [G_1\,\partial_i(\lambda\,\partial_i G_2) - G_2\,\partial_i(\lambda\,\partial_i G_1)]\,dV.$$

Das Volumsintegral verschwindet, weil außerhalb von p_i und q_i sowohl G_1 als auch G_2 die Potentialgleichung (47, 09) erfüllen. Es ist $\oint\limits_{\mathfrak{F}} = 0$, ferner

$$\oint\limits_{\mathfrak{F}_1} = \oint\limits_{\mathfrak{F}_1} \lambda[H(p_i, x_i) + g(p_i, x_i)]\,\partial_i G_2\,df_i -$$

$$- \oint\limits_{\mathfrak{F}_1} \lambda[H(q_i, x_i) + g(q_i, x_i)]\,\partial_i G_1\,df_i.$$

Ziehen wir $\mathfrak{F}_1$ auf p_i zusammen, dann verschwinden alle Ausdrücke bis auf

$$-\lim_{\mathfrak{F}_1\to 0} \oint\limits_{\mathfrak{F}_1} \lambda\,G_2\,\partial_i\,g(p_k, x_k)\,df_i = -4\pi\,G(q_k, p_k).$$

Ebenso ist

$$\lim_{\mathfrak{F}_2 \to 0} \oint_{\mathfrak{F}_2} \lambda G_1 \partial_i g(q_k, x_k)\, df_i = + 4\pi G(p_k, q_k)$$

und damit

$$G(p_i, q_i) = G(q_i, p_i). \qquad (47, 33)$$

Selbstverständlich gilt ebenso

$$g(p_i, q_i) = g(q_i, p_i). \qquad (47, 34)$$

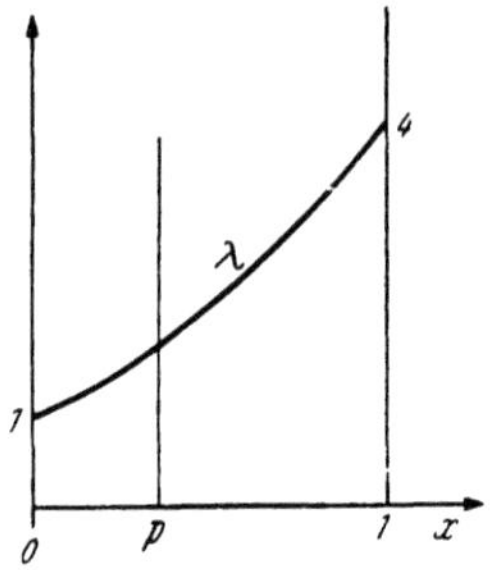

Abb. 14

Um eine Anwendung von (47, 32) zu zeigen, behandeln wir das einfache Beispiel eines eindimensionalen Feldes mit veränderlichem Feldfaktor λ. Zwischen zwei unendlich ausgedehnten ebenen Platten im Abstand 1 ändere sich λ nach dem Gesetz

$$\lambda = (x + 1)^2, \qquad (47, 35)$$

wenn x die Koordinate senkrecht zur Plattenebene darstellt (Abb. 14). Auf den Ebenen $x = 0$ und $x = 1$ sei $U = 0$, bzw. $U = 1$. Alle Größen ändern sich nur mit x und sind in den zur x-Achse senkrechten Ebenen konstant. Für die Bestimmung der Greenschen Funktion der Anordnung ist dann die Punktladung im Punkt p_i durch eine Quellenebene im Abstand p zu ersetzen. Die gesamte Ergiebigkeit dieser Ebene ist unendlich. Wir betrachten aber nur einen Teil der Ebene und setzen die Ergiebigkeit dieses Bereiches gleich 2. Bei gleichmäßiger Verteilung der Flußdichte B_i auf der Ebene, beispielsweise wenn $p = {}^1/_2$, ist nämlich die Ergiebigkeit proportional dem von B_i durchsetzten Querschnitt, der sich nach beiden Seiten jedesmal mit der Flächeneinheit ergibt. Die Formel (47, 32) nimmt dann für diesen Fall die Form

$$2\, U(p) = \int \lambda\, U \frac{\partial G}{\partial x}\, df = - \lambda_0 U_0 \left(\frac{dG}{dx}\right)_0 + \lambda_1 U_1 \left(\frac{dG}{dx}\right)_1 \qquad (47, 36)$$

an. Für G gilt (47, 09); wenn wir nur die Abhängigkeit von x berücksichtigen, folgt

$$\frac{d^2G}{dx^2} + \frac{dG}{dx}\frac{d \ln \lambda}{dx} = 0. \qquad (47, 37)$$

Wir setzen $\frac{dG}{dx} = Y$, so daß

$$\frac{dY}{dx} + Y \frac{d \ln \lambda}{dx} = 0$$

oder

$$Y = \frac{K}{\lambda} \tag{47, 38}$$

wird. Daraus folgt

$$G = K \int \frac{1}{\lambda} dx \tag{47, 39}$$

und wegen (47, 35)

$$G = K \int \frac{dx}{(1 + x)^2} = -\frac{K}{1 + x} + C. \tag{47, 40}$$

Wir erhalten zwei verschiedene Darstellungen für G, namlich G_1 fur $0 \leqq x \leqq p$ und G_2 fur $p \leqq x \leqq 1$, die aber zusammen die Greensche Funktion der Anordnung bilden. Aus den Randbedingungen folgt für das erste Intervall

$$x = 0, \qquad G = 0, \qquad -K_1 + C_1 = 0$$

und fur das zweite

$$x = 1, \qquad G = 0, \qquad -\frac{K_2}{2} + C_2 = 0,$$

daher ist

$$G_1 = -K_1 \left(\frac{1}{1 + x} - 1 \right)$$

und

$$G_2 = -K_2 \left(\frac{1}{1 + x} - \frac{1}{2} \right).$$

Das A-Feld der Greenschen Funktion ist durch

$$\frac{dG_1}{dx} = \frac{K_1}{(1 + x)^2} \quad \text{und} \quad \frac{dG_2}{dx} = \frac{K^2}{(1 + x)^2} \tag{47, 41}$$

gegeben und fur das zugehorige B-Feld finden wir

$$B_1 = K_1, \qquad B_2 = K_2; \tag{47, 42}$$

die Ergiebigkeit ist

$$\int B\, df = K_2 - K_1 = 2 \tag{47, 43}$$

wegen der verschiedenen Orientierung der Normalen. Berucksichtigen wir noch, daß sich fur das Potential der Ebene in p derselbe Wert ergeben muß, ob wir nun von rechts oder von links kommen, daß also

$$G_p = -K_1\left(\frac{1}{1+p} - 1\right) = -K_2\left(\frac{1}{1+p} - \frac{1}{2}\right)$$

sein muß. Es stehen uns zwei Gleichungen fur K_1 und K_2 zur Verfugung Wir finden daraus

$$K_1 = 2\frac{p-1}{p+1} \qquad \text{und} \qquad K_2 = \frac{4p}{p+1} \tag{47, 44}$$

und somit für die Teile der Greenschen Funktion

$$G_1 = 2\frac{x}{1+x}\frac{p-1}{p+1} \qquad \text{und} \qquad G_2 = 2\frac{p}{1+p}\frac{x-1}{x+1}. \tag{47, 45}$$

Wie zu erwarten, ist die gesamte Greensche Funktion symmetrisch in p und x, wobei im vorliegenden Fall G_1 und G_2 miteinander vertauscht werden

Abb. 15 zeigt die Potentialverteilung fur die Falle $p = {}^1/_4$, $p = {}^1/_2$ und $p = {}^3/_4$.

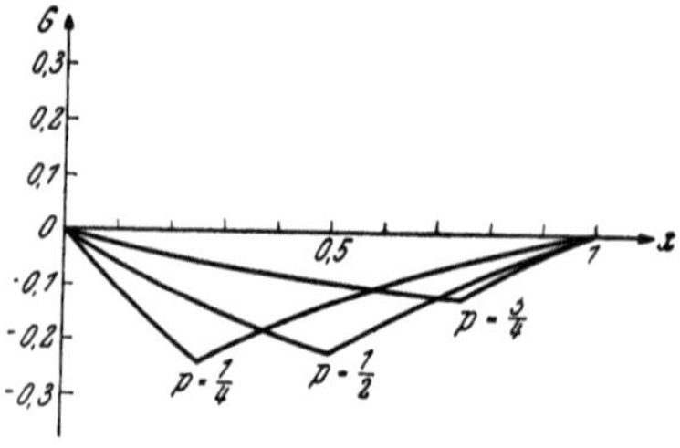

Abb. 15

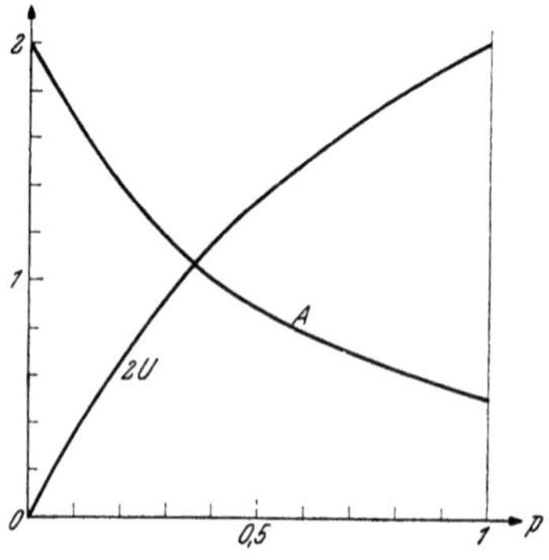

Abb. 16

Nach (47, 36) konnen wir jetzt die Potentialverteilung fur die Randbedingungen $x = 0$, $U = 0$ und $x = 1$, $U = 1$ berechnen. Es bleibt nur der letzte Ausdruck von (47, 36), der wegen (47, 41) in

$$2\,U(p) = 4\frac{4p}{p+1}\frac{1}{4} = \frac{4p}{p+1} \tag{47, 46}$$

ubergeht. Es ergibt sich die in Abb 16 dargestellte Verteilung. Fur das A-Feld gilt

$$A = \frac{dU}{dp} = \frac{2}{(p+1)^2}$$

und fur das B-Feld $B = 2$.

Naturlich laßt sich das behandelte Feld direkt viel einfacher berechnen. Da das B-Feld quellenfrei ist, muß $B =$ konst. sein, $A = \frac{B}{\lambda}$ und $\int_0^1 A\,dx = U = 1$. Man kann auch von der auch für U geltenden Losung (47, 39) von (47, 09) ausgehen und die Konstante aus den Randbedingungen gewinnen. Uns war es hier nur darum zu tun, in einem einfachen, leicht uberblickbaren Fall die Anwendung der Greenschen Funktion zu zeigen.

5. Leitfähigkeit und Kapazität. Eine wichtige Größe bei den Anwendungen der Doppelfelder ist das Verhältnis des gemeinsamen Flusses der B-Linien zwischen zwei auf verschiedenem A-Potential befindlichen Flächen zu deren Potentialdifferenz in einem wirbel- und quellenfreien Doppelfeld. Im thermischen Feld ist es das Verhältnis des Wärmeflusses zur Temperaturdifferenz, im elektrischen Strömungsfeld das Verhältnis des Stromes zur Spannung und im magnetostatischen Feld das Verhältnis des Induktionsflusses zur magnetischen Spannung. In allen diesen Fällen spricht man von der *Leitfähigkeit*. Im elektrostatischen Feld nennt man das Verhältnis des Flusses der elektrischen Verschiebung zur Spannung die *Kapazität* der beiden Flächen.

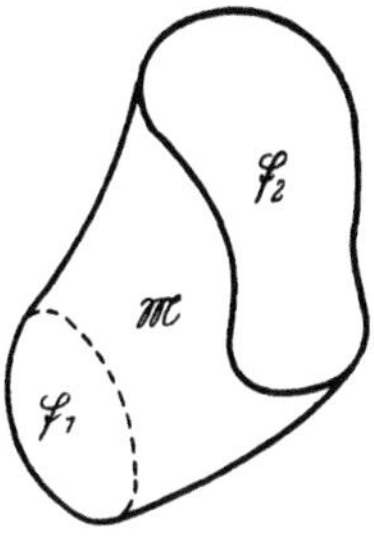

Abb. 17

Der einfachste Fall ist der, bei dem das Feld durch Flächen $\mathfrak{F}_1$, $\mathfrak{F}_2$ und $\mathfrak{M}$ begrenzt ist (Abb. 17), wobei diese drei Flächen zusammen eine geschlossene Fläche bilden, ohne daß $\mathfrak{F}_1$ und $\mathfrak{F}_2$ gemeinsame Punkte besitzen. Auf jeder der beiden Flächen $\mathfrak{F}_1$ und $\mathfrak{F}_2$ herrsche konstantes Potential, während auf $\mathfrak{M}$ die Normalprojektion des B-Feldes verschwinde. Es sei G die zugehörige Greensche Funktion, die auf $\mathfrak{F}_1$ und $\mathfrak{F}_2$ den Wert Null annimmt, während auf $\mathfrak{M}$ die zugehörige Normalprojektion verschwindet. Das Potential im Punkt p_i ist dann, wenn beide Normalen in die Richtung von $\mathfrak{F}_1$ zu $\mathfrak{F}_2$ weisen,

$$U(p_k) = \frac{1}{4\pi} \int\limits_{\mathfrak{F}_1+\mathfrak{F}_2} \lambda(x_k)\, U(x_k) \partial_i G(p_k, x_k)\, df_i =$$

$$= -\frac{1}{4\pi} \int\limits_{\mathfrak{F}_1} \lambda \overset{1}{U} \partial_i G\, df_i + \frac{1}{4\pi} \int\limits_{\mathfrak{F}_2} \lambda \overset{2}{U} \partial_i G\, df_i.$$

Da in $\mathfrak{B}$ das Potential konstant ist, wenn es auf dem Rand von $\mathfrak{B}$ konstant ist, so gilt

$$\overset{2}{U} = -\frac{1}{4\pi}\int\limits_{\mathfrak{F}_1} \lambda \overset{2}{U}\, \partial_i G\, df_i + \frac{1}{4\pi}\int\limits_{\mathfrak{F}_2} \lambda \overset{2}{U}\, \partial_i G\, df_i$$

und wenn wir von der vorhergehenden Gleichung subtrahieren

$$U(p_k) - \overset{2}{U} = -\frac{1}{4\pi}(\overset{1}{U} - \overset{2}{U}) \int\limits_{\mathfrak{F}_1} \lambda\, \partial_i G\, df_i. \qquad (47,47)$$

Für den Feldvektor des A-Feldes finden wir

$$A_i = \frac{\partial U}{\partial p_i} = \frac{\bar{U}}{4\pi}\frac{\partial}{\partial p_i}\int\limits_{\mathfrak{F}_1} \lambda \frac{\partial G}{\partial x_j}\, df_j;$$

dabei haben wir die Potentialdifferenz $\overset{2}{U} - \overset{1}{U} = \bar{U}$ gesetzt. Der Fluß des B-Feldes durch die Fläche $\mathfrak{F}_2$ ist nun

$$\int\limits_{\mathfrak{F}_2} B_i\, d\varphi_i = \frac{\bar{U}}{4\pi}\int\limits_{\mathfrak{F}_2} \lambda(p_k)\, d\varphi_i \frac{\partial}{\partial p_i}\int\limits_{\mathfrak{F}_1} \lambda(x_k)\, \frac{\partial G(p_k, x_k)}{\partial x_j}\, df_j$$

($d\varphi_i$ ist das Flächenelement auf $\mathfrak{F}_2$), wofür wir auch

$$\int\limits_{\mathfrak{F}_2} B_i\, d\varphi_i = \frac{\bar{U}}{4\pi}\int\limits_{\mathfrak{F}_2} d\varphi_i \int\limits_{\mathfrak{F}_1} \lambda(p_k)\, \lambda(x_k)\, \frac{\partial^2 G(p_k, x_k)}{\partial p_i\, \partial x_j}\, df_j \qquad (47,48)$$

schreiben können. Für die Leitfähigkeit Λ_{12} erhalten wir also

$$\boxed{\Lambda_{12} = \frac{1}{4\pi}\int\limits_{\mathfrak{F}_2} d\varphi_i \int\limits_{\mathfrak{F}_1} \lambda(p_k)\, \lambda(x_k)\, \frac{\partial^2 G(p_k, x_k)}{\partial p_i\, \partial x_j}\, df_j.} \qquad (47,49)$$

Die Herleitung von (47, 49) bleibt formal ungeändert, wenn wir annehmen, daß $\mathfrak{F}_1$ und $\mathfrak{F}_2$ geschlossene Flächen sind, während das Feld im übrigen unbegrenzt ist. Die vollständige Symmetrie im Aufbau von (47, 49) zeigt, daß man $\mathfrak{F}_1$ und $\mathfrak{F}_2$ vertauschen darf. Das doppelte Auftreten des Feldfaktors könnte den Eindruck erwecken, daß die Leitfähigkeit dem Quadrat des Feldfaktors proportional sei. Das ist aber nicht der Fall, weil G dem Feldfaktor umgekehrt proportional ist.

Wir erkennen das im Fall $\lambda =$ konst. Aus der mit (47, 26) getroffenen Festlegung der Ergiebigkeit bei der Berechnung der Greenschen Funktion ist im allgemeinen

$$\int \lambda\, \partial_\iota G\, df_\iota = 4\pi$$

und bei konstantem λ

$$\int \partial_\iota G\, df_\iota = \frac{4\pi}{\lambda}.$$

Da bei $\lambda =$ konst. (47, 09) in die Laplacegleichung übergeht, ist G bis auf den konstanten Faktor $\frac{1}{\lambda}$ identisch mit der Greenschen Funktion des einfachen Vektorfeldes. Bei konstantem λ ändert sich daher die Leitfähigkeit nur mit der ersten Potenz von λ.

Wir zeigen die Anwendung von (47, 49) in dem oben behandelten Fall des eindimensionalen Feldes. Da alle Größen auf den zur x-Richtung senkrechten Flächen konstant sind und die Große der Flachen gleich der Einheit ist, verbleibt

$$\Lambda = \frac{1}{2}\,\lambda(p)\,\lambda(x)\,\frac{\partial^2 G\,(p, x)}{\partial p\,\partial x},$$

wobei $\frac{1}{2}$ an Stelle des Faktors $\frac{1}{4\pi}$ tritt. Auf der einen Fläche ist $p = 1$, auf der anderen Flache $x = 0$ zu nehmen. Für den gemischten Differentialquotienten finden wir

$$\frac{\partial^2 G\,(p, x)}{\partial p\,\partial x} = \frac{2}{(1+x)^2}\,\frac{2}{(1+p)^2}$$

und wenn wir einsetzen

$$\Lambda = \frac{1}{2}\,\lambda(1)\,\lambda(0)\,\frac{2}{(1+0)^2}\,\frac{2}{(1+1)^2} = 2$$

Zu dem gleichen Ergebnis kommen wir, wenn wir von $B =$ konst. $= 2$ ausgehen. Dann ist auch der Fluß gleich 2 und damit auch Λ.

Das gleiche Verfahren können wir auch für den Sonderfall des *langgestreckten Leiters* anwenden. Darunter versteht man einen längs einer Kurve $\mathfrak{C}$ angeordneten Bereich, dessen zu $\mathfrak{C}$ senkrechter Querschnitt an jeder Stelle klein ist im Vergleich zum

Krümmungsradius der Kurve. Ferner ist vorausgesetzt, daß λ nur im Innern einen von Null verschiedenen Wert hat, außerhalb des den Bereich begrenzenden zylindrischen Mantels $\mathfrak{M}$ aber verschwindet. Auf $\mathfrak{M}$ gilt dann so wie bei der Herleitung von (47, 49)

$$B_i\,v_i = 0.$$

Infolgedessen ist der Fluß in der ganzen von $\mathfrak{M}$ eingehüllten Röhre konstant. Ist Q der Querschnitt an einer Stelle s von $\mathfrak{C}$ und e_i der darauf senkrecht stehende Einsvektor, dann ist

$$B_i\,e_i\,Q = \text{konst.} = J.$$

Somit ist

$$A_i\,e_i = \frac{J}{\lambda Q}$$

und die Potentialdifferenz auf einem Stück von der Länge L

$$U = \int_0^L A_i\,e_i\,ds = J \int_0^L \frac{ds}{\lambda Q}$$

und

$$\Lambda = \frac{1}{\int_0^L \dfrac{ds}{\lambda Q}}. \qquad (47, 50)$$

Den reziproken Wert

$$R = \int_0^L \frac{ds}{\lambda Q} \qquad (47, 51)$$

nennt man den *Widerstand* des Leiters. Für $\lambda Q = \text{konst.}$ geht (47, 51) in das Ohmsche Gesetz

$$R = \frac{L}{\lambda Q} \qquad (47, 52)$$

über.

Es bleibt noch der Fall zu behandeln, bei dem mehrere als Leiter bezeichnete Körper in den Raum des ansonsten ins Unendliche reichenden Feldes eingebettet sind. Die n geschlossenen

Flächen, welche die Oberflächen der Leiter darstellen, nennen wir $\mathfrak{F}_1$ bis $\mathfrak{F}_n$. Die Bezeichnung Leiter stammt daher, daß man annimmt, daß in ihnen λ viel größer ist als im übrigen Feld. Im Grenzfall $\lambda = \infty$ herrschen dann auf den Leitern die konstanten Potentiale U_1 bis U_n. In einem beliebigen Punkt p_ι des Feldes ist das Potential nach (47, 32) wegen der in die Leiter hineinweisenden Normalen

$$U(p_\iota) = -\frac{1}{4\pi} \int\limits_{\mathfrak{F}_1 + \mathfrak{F}_2 \cdot \cdot + \mathfrak{F}_n} U \lambda \frac{\partial G}{\partial x_\iota} df_\iota =$$

$$= -\frac{1}{4\pi} \sum_{k=1}^{n} U_k \int\limits_{\mathfrak{F}_k} \lambda \frac{\partial G}{\partial x_\iota} df_\iota .$$

Für das B-Feld gilt

$$B_\jmath = \lambda(p_l) \frac{\partial U}{\partial p_\jmath} = -\frac{1}{4\pi} \lambda(p_l) \frac{\partial}{\partial p_j} \sum_k U_k \int\limits_{\mathfrak{F}_k} \lambda \frac{\partial G}{\partial x_\iota} df_\iota$$

und für den Fluß J_m durch $\mathfrak{F}_m$ (mit dem Flächenelement $d\varphi_\jmath$)

$$J_m = \int\limits_{\mathfrak{F}_m} B_j d\varphi_\jmath = -\sum_k U_k \frac{1}{4\pi} \int\limits_{\mathfrak{F}_m} d\varphi_\jmath \int\limits_{\mathfrak{F}_k} \lambda(p_l)\, \lambda(x_l) \frac{\partial^2 G(p_l, x_l)}{\partial p_\jmath\, \partial x_\iota} df_\iota$$

oder

$$J_m = \sum_k U_k \varphi_{mk}, \tag{47, 53}$$

wobei

$$\varphi_{mk} = -\frac{1}{4\pi} \int\limits_{\mathfrak{F}_m} d\varphi_\jmath \int\limits_{\mathfrak{F}_k} \lambda(p_l)\, \lambda(x_l) \frac{\partial^2 G(p_l, x_l)}{\partial p_\jmath\, d x_\iota} df_\iota \tag{47, 54}$$

ist. (47, 54) ist formal identisch mit dem Ausdruck (47, 49) für die Leitfähigkeit oder Kapazität. In (47, 54) ist aber jene Greensche Funktion einzusetzen, welche der Bedingung

$$G = 0$$

auf allen Flächen $\mathfrak{F}_1$ bis $\mathfrak{F}_n$ genügt.

Man kann die Koeffizienten φ_{mk} experimentell dadurch bestimmen, daß man alle U_k gleich Null setzt bis auf $U_j = 1$ und den zugehörigen Fluß J_{mj} durch die Fläche $\mathfrak{F}_m$ mißt. (47, 53) geht dann in

$$J_{mj} = \varphi_{mj}$$

über. Nimmt man an, daß nur $U_m = 1$ und alle anderen Potentiale verschwinden, dann erhalten wir

$$J_{mm} = \varphi_{mm}.$$

Man nennt φ_{mm} die *Kapazität* des m-ten Leiters und die φ_{mj} für $m \neq j$ die *Induktionskoeffizienten* der Leiter untereinander.

Ist im Inneren der Leiter $U =$ konst., so ist dort $A_i = B_i = 0$. An der Oberfläche des Leiters erleidet daher die Normalprojektion von B_i einen Sprung und das bedeutet, daß an der Oberfläche Flächenquellen der Dichte

$$\omega = B_i \nu_i \qquad (47, 55)$$

vorhanden sind. Dieser Fall tritt im elektrostatischen Feld auf; man nennt dann ω die *Ladungsdichte* und

$$\int_{\mathfrak{F}_m} \omega\, df = \int_{\mathfrak{F}_m} B_i\, df_i \qquad (47, 56)$$

die *Ladung* des Leiters m. Die Kapazität eines Leiters ist dann diejenige Ladung, die auf ihm vorhanden sein muß, damit er das Potential $U = 1$ hat, während das Potential aller anderen Leiter verschwindet. Der Induktionskoeffizient der Leiter m und j ist dann die Ladung, die auf m vorhanden ist, wenn $U = 1$ auf j und $U = 0$ auf allen anderen Leitern ist. Aus (47, 54) folgt noch, daß

$$\varphi_{mj} = \varphi_{jm} \qquad (47, 57)$$

ist.

Wir wenden uns noch einmal dem Fall zu, daß $U_m = 1$ ist und die Potentiale auf allen anderen Flächen verschwinden. Wegen des Verschwindens der Divergenz von B_i im Feld muß jede auf m beginnende Feldlinie entweder auf einem anderen Leiter oder im Unendlichen enden. Verfolgen wir eine solche Feldlinie, so muß längs ihr das Potential stetig von 1 auf 0 abnehmen, also $T_i\, \partial_i U < 0$ sein, wenn T_i der Tangentenvektor der Feldlinie ist. Ist nun λ positiv, so ist längs jeder Feldlinie $B_i T_i < 0$, daher auch auf $\mathfrak{F}_m$ und somit ist

$$\varphi_{mm} < 0,$$

d. h. die Ladung ist negativ, wenn auf $\mathfrak{F}_m$ das Potential U_m positiv ist. Um diese Vorzeichenumkehr zu vermeiden, setzt man in den Anwendungen den Feldvektor oft gleich dem *negativen* Gradienten des Potentials, was wir gelegentlich, z B. in (39, 49) und (46, 21) auch schon getan haben.

§ 48. Vektorielle Doppelfelder II

1. Das wirbelfreie Doppelfeld. Wir wenden uns nunmehr dem Fall zu, daß zwar das A-Feld weiterhin wirbelfrei, also

$$\alpha_i = \varepsilon_{ijk}\, \partial_j\, A_k = 0 \qquad (48,\,01)$$

ist, daß aber Quellen des B-Feldes durch

$$\partial_i\, B_i = b(x_1, x_2, x_3) \qquad (48,\,02)$$

gegeben sind. Dann gilt (47, 07) und aus (48, 02) folgt

$$\boxed{\partial_i\,(\lambda\,\partial_i\, U) = b.} \qquad (48,\,03)$$

Diese Gleichung tritt an die Stelle der Poissonschen Differentialgleichung der einfachen Quellenfelder. Durch eine ganz ähnliche Betrachtung wie bei dem quellen- und wirbelfreien Doppelfeld läßt sich zeigen, daß ein wirbelfreies Doppelfeld durch die Angabe der Quellen des B-Feldes und der Randwerte von U oder der Normalprojektion eines der Feldvektoren eindeutig bestimmt ist. Wir wollen uns daher gleich mit der Berechnung des Potentials U befassen. Wir gehen dazu von (47, 28) aus, müssen aber bei der anschließenden Untersuchung berücksichtigen, daß jetzt (48, 03) gilt. Wir erhalten dann

$$\oint_{\mathfrak{F}'} \lambda(U\,\partial_i g - g\,\partial_i U)\, df_i - \oint_{\mathfrak{F}} \lambda(U\,\partial_i g - g\,\partial_i U)\, df_i = \int_{\mathfrak{B}} g\, b\, dV. \qquad (48,\,04)$$

Lassen wir wieder $\mathfrak{F}'$ auf den Punkt p_i zusammenschrumpfen, so bleibt

$$4\pi\, U(p_i) = \int_{\mathfrak{B}} g\, b\, dV + \oint_{\mathfrak{F}} \lambda(U\,\partial_i g - g\,\partial_i U)\, df_i, \qquad (48,\,05)$$

aber daraus laßt sich $U(p_\iota)$ nur dann bestimmen, wenn wir auf $\mathfrak{F}$ sowohl U als auch $\partial_\iota U\, \nu_\iota$ kennen, beispielsweise im Fall des sich ins Unendliche erstreckenden Feldes, wenn beide Größen im Unendlichen verschwinden; dann ist

$$U(p_\iota) = \frac{1}{4\pi} \int\limits_{\mathfrak{B}} g\, b\, dV. \tag{48, 06}$$

Im anderen Fall ziehen wir wieder die Hilfsfunktion $H(p_\iota, x_\iota)$ heran, die in $\mathfrak{B}$ der Gleichung (47, 09) genügt und so gewählt ist, daß auf $\mathfrak{F}$ entweder $H + g$ oder der Gradient davon verschwindet, je nachdem, wie die Randbedingung für U lautet. Aus (47, 27) folgt dann

$$\oint\limits_{\mathfrak{F}} \lambda(U\, \partial_i H - H\, \partial_\iota U)\, df_\iota = \int\limits_{\mathfrak{B}} [U\, \partial_\iota(\lambda\, \partial_\iota H) - H\, \partial_\iota(\lambda\, \partial_i U)]\, dV$$

oder, da (47, 09) für H gilt,

$$\int\limits_{\mathfrak{B}} H\, b\, dV + \oint\limits_{\mathfrak{F}} \lambda(U\, \partial_\iota H - H\, \partial_i U)\, df_\iota = 0. \tag{48, 07}$$

Damit wird (48, 05), wenn wir noch $G = H + g$ setzen,

$$4\pi\, U(p_k) = \int\limits_{\mathfrak{B}} G\, b\, dV + \oint\limits_{\mathfrak{F}} \lambda(U\, \partial_\iota G - G\, \partial_\iota U)\, df_\iota. \tag{48, 08}$$

Der Unterschied zwischen (48, 05) und (48, 08) besteht darin, daß die den Randbedingungen besonders angepaßte Greensche Funktion G die Kenntnis von jeweils nur einem der Randwerte erfordert. Aus (48, 08) lassen sich in genau gleicher Weise wie bei den einfachen Vektorfeldern die Formeln für Quellpunkte, Quellflächen und für Dipolfelder aller Art herleiten.

2. Die Polarisation. Während man im thermischen Feld und im elektrischen Strömungsfeld λ als gegebene Materialkonstante betrachtet, erklärt man im elektrostatischen und im magnetostatischen Feld die Abweichungen des Feldfaktors vom Wert 1 durch die Überlagerung eines zusätzlichen Feldes, das von einem besonderen Zustand der Materie, ihrer *Polarisation* stammt. Man kommt dazu auf folgendem Wege.

Man nennt b die „wahre" Quelldichte des Feldes und meint damit, daß diese Quellen tatsächlich vorhanden sind. Wäre $\lambda = 1$, dann würden diese Quellen ein wirbelfreies Feld $\bar{A}_i = \bar{B}_i$ hervorrufen, das den Bedingungen

$$\partial_i \bar{A}_i = b, \qquad \varepsilon_{ijk} \partial_j \bar{A}_k = 0 \tag{48, 09}$$

entspricht. Dieses Feld hat ein Potential $\bar{U}$ und wenn sich das Feld ins Unendliche erstreckt, so gilt

$$\bar{U} = -\frac{1}{4\pi} \int \frac{b}{r} dV. \tag{48, 10}$$

Wegen (48, 09) gilt für $\bar{U}$ die Poissonsche Gleichung und daher ist die für den unendlichen Raum geltende Greensche Funktion $-\frac{1}{r}$ anzuwenden.

Das tatsächlich vorhandene Feld A_i denkt man sich nun durch eine Quelldichte a hervorgerufen, die man die „freie" Quelldichte nennt. Man stellt sich dabei vor, daß durch die Polarisation der Materie ein Teil der Quelldichte b gebunden wird, so daß nur die Quelldichte a als wirksam und felderzeugend verbleibt. Für das Potential U von A_i gilt also

$$\Delta U = a \quad \text{und} \quad U = -\frac{1}{4\pi} \int \frac{a}{r} dV, \tag{48, 11}$$

denn der Einfluß der Materie ist ja schon durch die Verminderung von b auf a berücksichtigt. Die Differenz von A_i und $\bar{A}_i$ nennen wir P_i; also ist

$$A_i = \bar{A}_i + P_i. \tag{48, 12}$$

A_i und $\bar{A}_i$ sind wirbelfrei, daher ist es auch P_i. Für die Divergenz von P_i erhalten wir

$$\partial_i P_i = \partial_i A_i - \partial_i \bar{A}_i. \tag{48, 13}$$

Nun ist

$$\partial_i B_i = \partial_i(\lambda A_i) = b$$

und daher nach (48, 09)

$$\partial_i \bar{A}_i = \partial_i(\lambda A_i), \tag{48, 14}$$

so daß

$$\partial_i P_i = \partial_i A_i - \partial_i(\lambda A_i) = \partial_i [A_i(1 - \lambda)] \tag{48, 15}$$

wird. Daraus folgt, daß die Quellen von P_i nur dort sein können, wo λ nicht gleich 1 ist, d. h. also nur dort, wo Materie vorhanden ist. Damit ist eine wesentliche Voraussetzung für die Erklärung der von 1 abweichenden Werte des Feldfaktors gegeben, daß es nämlich möglich ist, den Unterschied zwischen den Feldern $\bar{A}_i$ und A_i durch nur in der Materie vorhandene Quellenanordnungen darzustellen. Aus (48, 15) folgt natürlich im allgemeinen nicht, daß P_i mit $A_i(1-\lambda)$ identisch ist, denn dann müßte $\bar{A}_i$ mit λA_i, d. h. mit B_i übereinstimmen. Im allgemeinen ist das unmöglich, weil $\bar{A}_i$ nach (48, 09) wirbelfrei ist, B_i jedoch nicht. Nur in besonderen Anordnungen können die Felder übereinstimmen.

Ist S das Potential von P_i, dann ist

$$S = -\frac{1}{4\pi}\int \frac{1}{r}\,\partial_i P_i\,dV$$

oder wegen (48, 15)

$$S = -\frac{1}{4\pi}\int \frac{1}{r}\,\partial_i [A_i(1-\lambda)]\,dV. \qquad (48, 16)$$

Der Integrand läßt sich umformen. Es ist

$$\frac{1}{r}\,\partial_i\,[A_i(1-\lambda)] = \partial_i\left[\frac{1}{r}A_i(1-\lambda)\right] - A_i(1-\lambda)\,\partial_i\frac{1}{r}, \qquad (48, 17)$$

daher

$$S = -\frac{1}{4\pi}\int A_i(\lambda-1)\,\partial_i\frac{1}{r}\,dV + \frac{1}{4\pi}\int \partial_i\left[\frac{1}{r}A_i(\lambda-1)\right]dV \qquad (48, 18)$$

oder nach Anwendung des Gaußschen Satzes auf das zweite Integral

$$S = -\frac{1}{4\pi}\int A_i(\lambda-1)\,\partial_i\frac{1}{r}\,dV + \frac{1}{4\pi}\int \frac{A_i(\lambda-1)}{r}\,df_i. \qquad (48, 19)$$

Das Integral in (48, 16) war über den ganzen unendlichen Raum zu erstrecken. Setzt man nun voraus, daß sich die Materie, also das Gebiet $\lambda \neq 1$ nicht bis ins Unendliche erstrecken kann, so wird das Flächenintegral in (48, 19) verschwinden, sobald die Integrationsfläche alle Materie umfaßt und nur mehr im Gebiet $\lambda = 1$ verläuft. Das erste Integral in (48, 19) liefert nur Beiträge, solange $\lambda \neq 1$ ist, d. h. es genügt, als Integrationsgebiet den mit Materie erfüllten Bereich zu nehmen. Bezeichnen wir diesen Bereich mit $\mathfrak{M}$, so bleibt

$$S = -\frac{1}{4\pi}\int_{\mathfrak{M}} A_i(\lambda - 1)\,\partial_i \frac{1}{r}\,dV, \qquad (48, 20)$$

was mit der Gleichung (28, 32) für das Potential eines mit der räumlichen Dipol-Dichte $A_i(\lambda - 1)$ erfüllten Bereiches übereinstimmt. Fassen wir die Aussagen von (48, 09), (48, 11), (48, 12), (48, 16) und (48, 20) zusammen, so erhalten wir für das Potential U des A-Feldes

$$U = -\frac{1}{4\pi}\int \frac{b}{r}\,dV - \frac{1}{4\pi}\int_{\mathfrak{M}} A_i(\lambda - 1)\,\partial_i \frac{1}{r}\,dV. \qquad (48, 21)$$

Diese Gleichung besagt, daß das tatsächlich vorhandene A-Feld sich zusammensetzt aus dem durch die Quellen b im Fall $\lambda = 1$ entstandenen Feld und der Überlagerung eines Feldes, das entsteht, wenn man den Bereich $\mathfrak{M}$, für den $\lambda \neq 1$ ist, mit einer Dipol-Dichte $A_i(\lambda - 1)$ ausfüllt. $A_i(\lambda - 1)$ heißt die *Polarisation* der Materie.

Aus (48, 21) kann man im allgemeinen das Feld nicht berechnen, weil sich die Polarisation erst aus dem zu berechnenden Feld ergibt.

3. Das quellenfreie Doppelfeld. In einem quellenfreien Doppelfeld ist das B-Feld quellenfrei. Für das A-Feld ist die Wirbeldichte

$$\alpha_i = \varepsilon_{ijk}\,\partial_j A_k \qquad (48, 22)$$

vorgeschrieben. Das B-Feld läßt sich dann als Rotor

$$B_i = \varepsilon_{ijk}\,\partial_j Z_k \qquad (48, 23)$$

eines Vektorpotentials Z_i darstellen. Aus (48, 22) und (48, 23) folgt

$$\varepsilon_{ijk}\,\partial_j\left(\frac{1}{\lambda}\,\varepsilon_{kpq}\,\partial_p Z_q\right) = \alpha_i \qquad (48, 24)$$

oder

$$\partial_j\left(\frac{1}{\lambda}\,\partial_i Z_j\right) - \partial_j\left(\frac{1}{\lambda}\,\partial_j Z_i\right) = \alpha_i. \qquad (48, 25)$$

Z_i ist weder durch (48, 23) noch durch (48, 25) eindeutig bestimmt. Es gibt unendlich viele Vektorpotentiale, mit denen das gesuchte Feld dargestellt werden kann. Fügt man Z_i einem wirbelfreien Vektor D_i hinzu, so ist auch $Z_i + D_i$ ein Vektorpotential von B_i. Aus $\varepsilon_{ijk}\,\partial_j\,D_k = 0$ folgt analog zu (48, 25)

$$\varepsilon_{ijk}\,\partial_j\left(\frac{1}{\lambda}\,\varepsilon_{kpq}\,\partial_p\,D_q\right) = 0$$

oder

$$\partial_j\left(\frac{1}{\lambda}\,\partial_i D_j\right) - \partial_j\left(\frac{1}{\lambda}\,\partial_j D_i\right) = 0. \qquad (48, 26)$$

Wählt man nun D_i so, daß

$$\partial_j\left(\frac{1}{\lambda}\,\partial_i D_j\right) = \partial_j\left(\frac{1}{\lambda}\,\partial_j D_i\right) = -\,\partial_j\left(\frac{1}{\lambda}\,\partial_i\,Z_j\right),$$

so verbleibt für das Vektorpotential $Z_i + D_i$ nur der zweite Ausdruck auf der linken Seite von (48, 25). Es ist das gleichbedeutend damit, daß wir unter den möglichen Vektorpotentialen von B_i jenes auswählen, für welches

$$\partial_j\left(\frac{1}{\lambda}\,\partial_i\,Z_j\right) = 0$$

ist, und dieses wollen wir als das Vektorpotential von B_i schlechthin bezeichnen. Dann gilt

$$\partial_j\left(\frac{1}{\lambda}\,\partial_j\,Z_i\right) = -\,\alpha_i \qquad (48, 27)$$

Diese Gleichung ist formal ähnlich mit der Gleichung (48, 03), nur daß an die Stelle der Skalare U und b nun die Vektoren Z_i und $-\alpha_i$ getreten sind. Nach einem allgemeinen Satz der Tensorrechnung (§ 29, S. 164) gelten dann auch die aus (48, 03) hergeleiteten weiteren Formeln, wenn man in ihnen ebenfalls U und b durch Z_i und $-\alpha_i$ ersetzt. Damit werden zunächst alle Eindeutigkeitsbeweise übertragbar; außerdem gilt entsprechend (48, 08)

$$-\,4\pi Z_i(p_k) = \int \bar{G}\,\alpha_i\,dV - \int \frac{1}{\lambda}\left(Z_i\,\partial_j\bar{G} - \bar{G}\,\partial_j\,Z_i\right)df_j, \qquad (48, 28)$$

wobei die Greensche Funktion $\bar{G}$ dieselbe Bedeutung hat wie G in (48, 08), nur mit dem Unterschied, daß in (48, 27) der Feldfaktor im Nenner steht. Während in (48, 08) die Greensche Funktion G einem Feld mit dem Faktor λ entsprach, ist $\bar{G}$ jene Greensche Funktion, die zwar denselben Randbedingungen wie G genügt, aber in einem Feld mit dem Feldfaktor $\frac{1}{\lambda}$. In gleicher Weise unterscheiden sich auch die Greenschen Funktionen g und $\bar{g}$ für den unendlichen Raum. Im unendlich ausgedehnten Raum verschwindet das Flächenintegral, wenn Z_i bzw. $\partial_i Z_i$ im Unendlichen von entsprechender Ordnung verschwinden und es bleibt

$$4\pi Z_i(p_k) = -\int \bar{g}\, \alpha_i\, dV. \tag{48, 29}$$

Auch im Doppelfeld müssen die Feldlinien der Wirbeldichte α_i geschlossen sein oder ins Unendliche verlaufen, denn es ist

$$\partial_i \alpha_i = \varepsilon_{ijk}\, \partial_i\, \partial_j\, A_k = 0, \tag{48, 30}$$

unabhängig davon, ob es sich um ein einfaches Vektorfeld oder um ein Doppelfeld handelt. Die Gesamtheit der Wirbellinien durch die Berandung eines kleinen Flächenstückes q_i bildet eine Wirbelröhre. Das Moment

$$\eta = \int_q \alpha_i\, df_i \tag{48, 31}$$

ist längs der ganzen Wirbelröhre konstant. Ist der Querschnitt q so klein, daß man α_i auf ihm als konstant ansehen kann, so spricht man von einem *Wirbelfaden*. In genau gleicher Weise wie bei einfachen Feldern erhält man für das Vektorpotential eines durch die Kurve $\mathfrak{C}$ gekennzeichneten Wirbelfadens

$$Z_i(p_k) = -\frac{\eta}{4\pi} \int \bar{g}\, dx_i. \tag{48, 32}$$

4. Die Gegeninduktivität. Eine ähnliche Rolle wie die Kapazität zweier Flächen im wirbelfreien Feld spielt die *Gegeninduktivität* zweier Linien im Wirbelfeld. Wir wollen hier unter Gegeninduktivität ohne Rücksicht auf Dimensionsbetrachtungen jenen Fluß verstehen, der von einem Wirbelfaden mit dem Moment

$\eta = 1$ erzeugt wird und die von einem anderen Wirbelfaden umrandete Fläche durchsetzt. Ist $\mathfrak{C}_1$ der erzeugende Wirbelfaden (Abb. 18), so ist das von ihm stammende B-Feld

$$B_i = -\frac{1}{4\pi}\varepsilon_{ijk}\frac{\partial}{\partial p_j}\int\limits_{\mathfrak{C}_1} \bar{g}(p_m, x_n)\, dx_k$$

und der die Fläche $\mathfrak{F}_2$ durchsetzende Fluß

$$M_{12} = \int\limits_{\mathfrak{F}_2} B_i\, df_i = -\frac{1}{4\pi}\int\limits_{\mathfrak{F}} \varepsilon_{ijk}\, df_i \frac{\partial}{\partial p_j}\int\limits_{\mathfrak{C}_1} \bar{g}(p_m, x_n)\, dx_k.$$

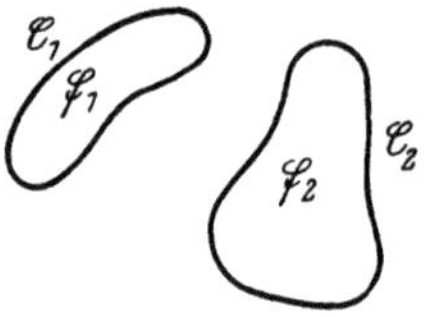

Abb 18

Wir wenden den Stokesschen Satz an und finden

$$M_{12} = \int\limits_{\mathfrak{F}_2} B_i\, df_i =$$

$$= -\frac{1}{4\pi}\int\limits_{\mathfrak{C}_2} dp_k \int\limits_{\mathfrak{C}_1} \bar{g}(p_m, x_n)\, dx_k. \qquad (48, 33)$$

Aus der Symmetrie dieses Ausdruckes folgt, daß genau der gleiche Fluß die Fläche $\mathfrak{F}_1$ durchsetzt, wenn auf $\mathfrak{C}_2$ das Moment $\eta = 1$ wirksam ist, daß also

$$M_{21} = M_{12} \qquad (48, 34)$$

auch im Doppelfeld bei beliebiger Verteilung des Feldfaktors gilt.

5. Die Polarisation im quellenfreien Doppelfeld. Wir zeigen noch, daß sich auch das quellenfreie Doppelfeld auf den Einfluß einer polarisierten Materie zurückführen läßt. Wäre $\lambda = 1$, dann wäre durch (48, 22) ein quellenfreies Feld $\bar{A}_i = \bar{B}_i$ bestimmt. Die Differenz zwischen diesem Feld $\bar{B}_i$ und dem tatsächlichen Feld B_i bezeichnen wir wieder mit P_i, so daß

$$B_i = \bar{B}_i + P_i. \qquad (48, 35)$$

Es ist nun

$$\varepsilon_{ijk}\,\partial_j \bar{B}_k = \alpha_i = \varepsilon_{ijk}\,\partial_j\left(\frac{1}{\lambda} B_k\right)$$

und daher der Rotor des Zusatzfeldes P_i

$$\gamma_i = \varepsilon_{ijk}\,\partial_j P_k = \varepsilon_{ijk}\,\partial_j(B_k - \bar{B}_k) = \varepsilon_{ijk}\,\partial_j\left[B_k\left(1 - \frac{1}{\lambda}\right)\right]. \qquad (48, 36)$$

Der Rotor des Zusatzfeldes ist nur dort von Null verschieden, wo $\lambda \neq 1$ ist, also nur in der Materie.

Das Vektorpotential S_i des Zusatzfeldes ist dann

$$S_i = \frac{1}{4\pi} \int \frac{1}{r} \gamma_i \, dV = \frac{1}{4\pi} \int \varepsilon_{ijk} \frac{1}{r} \partial_j \left[B_k \left(1 - \frac{1}{\lambda} \right) \right] dV. \qquad (48, 37)$$

Wegen

$$\varepsilon_{ijk} \frac{1}{r} \partial_j \left[B_k \left(1 - \frac{1}{\lambda} \right) \right] = \varepsilon_{ijk} \partial_j \left[\frac{1}{r} B_k \left(1 - \frac{1}{\lambda} \right) \right] - - \varepsilon_{ijk} B_k \left(1 - \frac{1}{\lambda} \right) \partial_j \frac{1}{r} \qquad (48, 38)$$

folgt

$$S_i = \frac{1}{4\pi} \int \varepsilon_{ijk} \partial_j \left[\frac{1}{r} B_k \left(1 - \frac{1}{\lambda} \right) \right] dV - - \frac{1}{4\pi} \int \varepsilon_{ijk} B_k \left(1 - \frac{1}{\lambda} \right) \partial_j \frac{1}{r} dV. \qquad (48, 39)$$

Wir wenden den Gaußschen Satz auf das erste Integral an und erhalten

$$S_i = \frac{1}{4\pi} \varepsilon_{ijk} \int \frac{1}{r} B_k \left(1 - \frac{1}{\lambda} \right) df_j - \frac{1}{4\pi} \int \varepsilon_{ijk} B_k \left(1 - \frac{1}{\lambda} \right) \partial_j \frac{1}{r} dV. \qquad (48, 40)$$

Nimmt man an, daß die Materie sich nicht ins Unendliche erstreckt, dann verschwindet das Flächenintegral, wenn alle Materie im Inneren der Fläche liegt. Das Raumintegral braucht nur über den mit Materie erfüllten Bereich $\mathfrak{M}$ genommen werden, da außerhalb von $\mathfrak{M}$ wegen $\lambda = 1$ der Integrand verschwindet. Es bleibt also

$$S_i = - \frac{1}{4\pi} \int_{\mathfrak{M}} \varepsilon_{ijk} B_k \left(1 - \frac{1}{\lambda} \right) \partial_j \frac{1}{r} dV. \qquad (48, 41)$$

Zur Deutung von (48, 41) gehen wir vom Vektorpotential eines Bereiches aus, der von kreisförmigen Wirbellinien erfüllt ist. Ist η das Moment eines Wirbelfadens, dann ist das von ihm im Punkt p_i hervorgerufene Vektorpotential

$$W_i(p_k) = \frac{\eta}{4\pi}\int \frac{dx_i}{r}. \qquad (48, 42)$$

Ist γ das auf die Volumseinheit bezogene Moment, dann liefert ein Volumselement dV einen Anteil

$$dW_i = \frac{\gamma}{4\pi}\int \frac{dx_i}{r}\, dV$$

und das vom ganzen Bereich gelieferte Vektorpotential ist

$$W_i = \int \frac{\gamma}{4\pi}\, dV \int \frac{dx_i}{r}. \qquad (48, 43)$$

Wendet man auf das Linienintegral den Stokesschen Satz an, so ergibt sich

$$W_i = -\frac{1}{4\pi}\int \gamma\, dV \int \varepsilon_{ijk}\, \partial_j \frac{1}{r}\, df_k. \qquad (48, 44)$$

Der Vergleich mit (48, 41) zeigt, daß man

$$\gamma \int df_k = B_k\left(1 - \frac{1}{\lambda}\right) \qquad (48, 45)$$

setzen kann, d. h. $B_k\left(1 - \frac{1}{\lambda}\right)$ kann als das mit der vom Wirbelring umspannten Fläche multiplizierte spezifische Moment des Wirbelfadens angesehen werden. Die Materie wirkt also wie ein mit elementaren Wirbelringen erfüllter Bereich.

Für das Vektorpotential des Feldes B_i ergibt sich aus (48, 35) und (48, 41)

$$Z_i = \frac{1}{4\pi}\int \frac{\alpha_i}{r}\, dV - \frac{1}{4\pi}\int \varepsilon_{ijk}\, B_k\left(1 - \frac{1}{\lambda}\right) \partial_j \frac{1}{r}\, dV. \qquad (48, 46)$$

Betrachtet man nun die Formeln (48, 21) für das Potential des wirbelfreien Doppelfeldes und (48, 46) für das Vektorpotential des quellenfreien Doppelfeldes, so könnte man der Meinung sein, daß durch diese Formeln die Existenz und Eindeutigkeit der entsprechenden Doppelfelder bereits bewiesen ist. Das trifft aber keineswegs zu, da beide Formeln in den jeweils zweiten Teilen der rechten Seite die Existenz und Eindeutigkeit des Feldes bereits voraussetzen. Man braucht, um dies einzusehen, nur zum Fall des unendlichen, quellen- und wirbelfreien Feldes überzugehen. Aus keiner der beiden Formeln folgt dann das Verschwinden des Feldes, wie wir dies durch (47, 13) und (47, 14) und die daran angeschlossenen Erörterungen gezeigt haben. (48, 21) und (48, 46) sind daher geeignete Darstellungen für die in den speziellen Fällen des elektrostatischen und des magnetischen Feldes verwendeten Deutungen der Doppelfelder, entheben uns aber nicht der Notwendigkeit grundsätzlicher Betrachtungen, wie wir sie ohne Rücksicht auf diese Deutungen zu Anfang der Untersuchungen angestellt haben. Schließlich versagen diese Deutungen in den Fällen des thermischen Feldes und des elektrischen Strömungsfeldes, bei denen der Feldfaktor λ als echte Materialkonstante angesehen werden muß.

§ 49. Das Wärmefeld

1. Das stationäre Wärmefeld. Die kennzeichnende Größe des Wärmefeldes ist die Temperatur. Wir bezeichnen sie im folgenden mit ϑ; sie ist ein Skalar und das Temperaturfeld ist geradezu das typische Beispiel eines Skalarfeldes.

Den Gradienten

$$G_\iota = \partial_\iota \vartheta \tag{49, 01}$$

des Temperaturfeldes nennt man den *Temperaturgradienten*; er ruft in der Materie einen Wärmestrom hervor, dessen Dichte Q_ι erfahrungsgemäß dem negativen Temperaturgradienten proportional ist, also

$$Q_\iota = -\lambda G_\iota. \tag{49, 02}$$

Wir haben es also hier mit einem Doppelfeld im Sinne des § 47 zu tun, wobei der Temperaturgradient dem A-Feld und die Wärmestromdichte dem B-Feld entspricht. Es gelten somit alle dort hergeleiteten Beziehungen.

Wenn der Energietransport in dem betrachteten Bereich nur durch (49, 02), also durch die Wärmeleitfähigkeit der den Bereich erfüllenden Materie bestimmt ist, spricht man von *reiner Wärmeleitung* im Gegensatz zum Wärmetransport durch *Konvektion*, bei dem die Wärme durch strömende Flüssigkeiten oder Gase transportiert wird. Bei der reinen Wärmeleitung unterscheidet man stationäre, also zeitunabhängige Felder, von nichtstationären.

Im stationären Temperaturfeld ist die Temperatur eine Funktion

$$\vartheta = \vartheta(x_1, x_2, x_3) \tag{49, 03}$$

des Ortes allein; das Feld ist eindeutig durch die Randbedingungen und durch die Verteilung der Quellen von Q_ι, also durch

$$\partial_\iota Q_\iota = \beta \tag{49, 04}$$

gegeben. Aus (49, 01) und (49, 02) folgt dann

$$-\partial_\iota(\lambda\, \partial_\iota\, \vartheta) = \beta. \tag{49, 05}$$

Die Verteilung der Wärmequellen wird stets als bekannt angenommen. Die Randbedingungen können in drei Formen gegeben sein, nämlich

1. die Temperatur am Rand ist vorgeschrieben,
2. die Normalprojektion der Wärmeströmung am Rand ist gegeben,
3. der Zusammenhang zwischen Temperaturgradient und Wärmeströmung am Rand ist in der Form

$$Q_\iota\, \nu_\iota = F(\vartheta - \vartheta_0) \tag{49, 06}$$

vorgeschrieben, wobei ϑ die Temperatur des betrachteten Raumes am Rand darstellt, während ϑ_0 die Temperatur des angrenzenden Gebietes, die *Umgebungstemperatur*, ist. In den meisten Fällen benutzt man für (49, 06) die *Newtonsche Abkühlungsformel*, nämlich

$$Q_\iota\, \nu_\iota = \alpha \cdot (\vartheta - \vartheta_0) \tag{49, 07}$$

mit einem von ϑ unabhängigen Faktor α. Da es sich dabei um den Wärmeübergang aus dem betrachteten Bereich (Körper) in die Umgebung handelt, nennt man α die *Wärmeübergangszahl.*

Im Falle des quellenfreien Wärmefeldes kann man für den Zusammenhang zwischen der Temperaturdifferenz der Randflächen und der Wärmeströmung den *Wärmewiderstand* oder seinen Reziprokwert, die *Wärmeleitfähigkeit*, benutzen, wie sie durch (47, 49) festgelegt ist. Einen einfachen Ausdruck für den Wärmewiderstand erhält man für plattenförmige Körper. Darunter verstehen wir Körper mit zwei schwach gekrümmten, im Abstand d annähernd parallel verlaufenden Begrenzungsflächen von der Größe F. Jede der beiden Flächen befindet sich auf einer bestimmten Temperatur. Ist $\Delta\vartheta$ der Unterschied dieser Temperaturen, dann ist der Wärmewiderstand durch den Quotienten

$$R = \left| \frac{\Delta \vartheta}{\Phi} \right| \tag{49, 08}$$

gegeben, wobei

$$\Phi = \int Q_i \, d f_i = Q F \tag{49, 09}$$

den Wärmestrom von einer Fläche zur anderen darstellt. Bei konstantem λ ist

$$\Delta \vartheta = \int_0^d \partial_\iota \vartheta \, d x_\iota = - \frac{1}{\lambda} Q d$$

und daher

$$R = \frac{d}{\lambda F} \cdot \tag{49, 10}$$

2. Das nichtstationäre Wärmefeld. Während das stationäre Wärmefeld genau den in § 48 behandelten wirbelfreien Doppelfeldern entspricht, treten beim nichtstationären Feld Besonderheiten auf, die durch die Speicherung der Wärme in der Materie zustande kommt. Wird nämlich eine Masse $m = \varrho V$ um die Temperaturdifferenz $\Delta \vartheta$ erwärmt, so wird dabei eine Energie

$$E = c m \Delta \vartheta = c \varrho V \Delta \vartheta \tag{49, 11}$$

verbraucht. Den Faktor c nennt man die *spezifische Wärme.*

Für einen Bereich $\mathfrak{B}$ mit der Oberfläche $\mathfrak{F}$ gilt dann die Energiebilanz, daß die in $\mathfrak{B}$ durch die Quellen β im Zeitraum von 0 bis t erzeugte Wärme gleich sein muß der in dieser Zeit in $\mathfrak{B}$ gespeicherten Wärme, vermehrt um die durch die Oberfläche infolge der Wärmeleitfähigkeit abfließenden Wärme, also

$$\int_0^t dt \int_{\mathfrak{B}} \beta \, dV = \int_0^t dt \int_{\mathfrak{B}} c \varrho \frac{\partial \vartheta}{\partial t} dV - \int_0^t dt \int_{\mathfrak{F}} \lambda \, \partial_\iota \vartheta \, d f_\iota . \tag{49, 12}$$

Mit Hilfe des Gaußschen Satzes verwandelt man das Flächenintegral in ein Raumintegral und da (49, 12) für jeden Teilbereich gelten muß, gelangt man zur *Differentialgleichung der Wärmeleitung*

$$\boxed{\frac{\partial \vartheta}{\partial t} = \frac{1}{c \varrho} \partial_\iota (\lambda \, \partial_\iota \vartheta) + \frac{\beta}{c \varrho} .} \tag{49, 13}$$

Sie geht für $\frac{\partial \vartheta}{\partial t} = 0$ in die Differentialgleichung (49, 05) des stationären Wärmefeldes über. Jede Lösung von (49, 13) ist eine Funktion

$$\vartheta = \vartheta(x_1, x_2, x_3, t) \tag{49, 14}$$

von Ort und Zeit. Zur eindeutigen Bestimmung der Lösung ist außer den räumlichen Randbedingungen noch eine zeitliche Anfangsbedingung notwendig, die meist als Temperaturverteilung zur Zeit $t = 0$, also durch

$$\vartheta_0 = \vartheta(x_1, x_2, x_3, 0) \tag{49, 15}$$

gegeben wird.

Zum Nachweis, daß (49, 15) zusammen mit den Randwerten von ϑ für alle Zeiten zur eindeutigen Festlegung des Feldes hinreicht, beweisen wir zunächst, daß ϑ im Sonderfall $\beta = 0$ zu allen Zeiten verschwindet, wenn im ganzen Raum $\vartheta_0 = 0$ ist und die Randwerte von ϑ zu allen Zeiten verschwinden. Aus $\vartheta_0 = 0$ folgt

$$[\partial_i(\lambda\, \partial_i\, \vartheta)]_{t=0} = 0, \tag{49, 16}$$

und daher ist wegen (49, 13) und $\beta = 0$ im ganzen Raum auch

$$\left(\frac{\partial \vartheta}{\partial t}\right)_{t=0} = 0. \tag{49, 17}$$

Differenzieren wir (49, 13) nach t, so erhalten wir wegen $\beta = 0$

$$\frac{\partial^2 \vartheta}{\partial t^2} = \frac{1}{c\,\varrho}\, \partial_i \left(\lambda\, \partial_i\, \frac{\partial \vartheta}{\partial t}\right) \tag{49, 18}$$

unter der Voraussetzung, daß c, ϱ und λ nicht von der Zeit abhängen. Wegen (49, 17) ist

$$\left[\partial_i \left(\lambda\, \partial_i\, \frac{\partial \vartheta}{\partial t}\right)\right]_{t=0} = 0$$

und daher gilt

$$\left(\frac{\partial^2 \vartheta}{\partial t^2}\right)_{t=0} = 0. \tag{49, 19}$$

Durch Fortsetzung des Verfahrens können wir nun zeigen, daß alle Differentialquotienten $\frac{\partial^n \vartheta}{\partial t^n}$ im Zeitpunkt $t = 0$ verschwinden, so daß ϑ also für alle Zukunft seinen Anfangswert $\vartheta_0 = 0$ behalten muß. Dabei ist vorausgesetzt, daß ϑ eine reguläre Funktion von t ist, was im Fall $\beta = 0$ und bei konstanten c, ϱ und λ sicher zutrifft.

Zum Beweis der Eindeutigkeit der Festlegung von ϑ durch (49, 13) und durch die Randbedingungen zusammen mit (49, 15) müssen wir jetzt nur annehmen, es gäbe zwei Felder ϑ_1 und ϑ_2, die beide diesen Bedingungen entsprechen. Das Differenzfeld $\bar{\vartheta} = \vartheta_1 - \vartheta_2$ verschwindet dann nach dem eben hergeleiteten Hilfssatz und damit muß $\vartheta_1 = \vartheta_2$ sein.

Der oben hergeleitete Hilfssatz läßt sich auch auf den Fall erweitern, daß die Materialkonstanten c, ϱ und λ selbst von der Zeit abhängen, so daß auch in diesem Fall die Randbedingungen zur eindeutigen Bestimmung des Feldes ausreichen.

Zwischen den zeitlich veränderlichen Temperaturfeldern und den stationären Quellenfeldern besteht ein Zusammenhang. Wir betrachten ein durch (49, 13) beschriebenes Feld mit $\beta = 0$. Wir können dann für (49, 13) schreiben

$$\partial_\iota Q_\iota = - c\,\varrho \frac{\partial \vartheta}{\partial t}, \tag{49, 20}$$

d. h. wir haben ein Feld mit dem Feldvektor Q_ι, dessen Quellen der zeitlichen Änderung des zugehörigen Potentials proportional sind. Die Wärmespeicher stellen also Quellen oder Senken des Wärmefeldes dar, die aber nicht vorgegeben sind, sondern vom Wärmefeld selbst abhängen. Alle bekannten Lösungen von (49, 13) beziehen sich auf Felder, bei denen die Feldgröße nur von einer Koordinate abhängt, wie z. B. bei der ebenen Platte, dem Zylinder und der Kugel.

3. Das Wärmefeld mit Konvektion. Wesentlich komplizierter sind die Zusammenhänge im Fall des Wärmetransports durch Konvektion. Den Ausgangspunkt für die Betrachtung bildet in diesem Fall die allgemeine Energiegleichung für einen Bereich $\mathfrak{B}$. Die Energiezunahme in $\mathfrak{B}$ in der Zeit ist dann

$$\frac{\partial}{\partial t}\int\limits_{\mathfrak{B}} E\,dV = \frac{\partial}{\partial t}\int\limits_{\mathfrak{B}} \varrho\,\varepsilon\,dV, \tag{49, 21}$$

wenn E die Energiedichte im Volumen, ε die Energiedichte in der Masse und ϱ die spezifische Masse (Dichte) sind. Wenn die Begrenzung $\mathfrak{F}$ von $\mathfrak{B}$ ruht, so können wir die Differentiation unter dem Integral durchführen und erhalten

$$\int_\mathfrak{B} \frac{\partial E}{\partial t} dV = \int_\mathfrak{B} \varrho \frac{\partial \varepsilon}{\partial t} dV + \int_\mathfrak{B} \varepsilon \frac{\partial \varrho}{\partial t} dV. \quad (49, 22)$$

Anderseits muß die Energiezunahme in $\mathfrak{B}$ gleich sein der Summe der in der Zeit zugeführten Energie, also der Arbeit A der äußeren Kraft in der Zeit, der durch Wärmeleitung zugeführten Leistung E_1 und der durch die Strömung der Materie zugeführten Leistung E_2, also

$$\int_\mathfrak{B} \frac{\partial E}{\partial t} dV = A + E_1 + E_2. \quad (49, 23)$$

Dabei ist

$$E_1 = \int_\mathfrak{F} \lambda\, \partial_i\, \vartheta\, df_i = \int_\mathfrak{B} \partial_i(\lambda\, \partial_i\, \vartheta)\, dV. \quad (49, 24)$$

Ist v_i die Geschwindigkeit der strömenden Materie, so strömt durch die Fläche $\mathfrak{F}$ die Leistung

$$E_2 = -\int_\mathfrak{F} \varrho\, \varepsilon\, v_i\, df_i = -\int_\mathfrak{B} \partial_i(\varrho\, \varepsilon\, v_i)\, dV =$$
$$= -\int_\mathfrak{B} [\varepsilon\, \partial_i(\varrho\, v_i) + \varrho\, v_i\, \partial_i \varepsilon]\, dV \quad (49, 25)$$

ein. Nun gilt die Kontinuitätsgleichung (45, 26)

$$\frac{\partial \varrho}{\partial t} + \partial_i(\varrho\, v_i) = 0,$$

also ist

$$E_2 = \int_\mathfrak{B} \varepsilon \frac{\partial \varrho}{\partial t} dV - \int_\mathfrak{B} \varrho\, v_i\, \partial_i\, \varepsilon\, dV. \quad (49, 26)$$

Aus (49, 22) und (49, 23) folgt

$$\int_\mathfrak{B} \varrho \frac{\partial \varepsilon}{\partial t} dV = A + \int_\mathfrak{B} \partial_i(\lambda\, \partial_i\, \vartheta)\, dV - \int_\mathfrak{B} \varrho\, v_i\, \partial_i\, \varepsilon\, dV$$

oder

$$\int\limits_{\mathfrak{B}} \varrho \left(\frac{\partial \varepsilon}{\partial t} + v_i \, \partial_i \, \varepsilon \right) dV = A + \int\limits_{\mathfrak{B}} \partial_i (\lambda \, \partial_i \, \vartheta) \, dV. \qquad (49, 27)$$

Es bleibt noch die Leistung der äußeren Kräfte zu berechnen. Äußere Kräfte sind die Massenkraft, z. B. die Schwerkraft $\varrho \, g_i \, dV$ und die Druckkraft $\sigma_{ij} \, df_j$ auf der Fläche $\mathfrak{F}$. Die Leistung erhalten wir durch innere Multiplikation mit der Geschwindigkeit v_i, also

$$A = \int\limits_{\mathfrak{B}} \varrho \, g_i \, v_i \, dV + \int\limits_{\mathfrak{F}} \sigma_{ij} \, v_i \, df_j = \int\limits_{\mathfrak{B}} [\varrho \, g_i \, v_i + \partial_j (\sigma_{ij} \, v_i)] \, dV. \qquad (49, 28)$$

Aus der Navier-Stokesschen Gleichung (46, 02) folgt

$$\varrho \, g_i \, v_i = \varrho \, v_i \left(\frac{\partial v_i}{\partial t} + v_j \, \partial_j \, v_i \right) - v_i \, \partial_j \, \sigma_{ij}$$

oder $(v_i \, v_i = v^2)$

$$\varrho \, g_i \, v_i + \partial_j (\sigma_{ij} \, v_i) = \frac{\varrho}{2} \left(\frac{\partial v^2}{\partial t} + v_j \, \partial_j \, v^2 \right) + \sigma_{ij} \, \partial_j \, v_i. \qquad (49, 29)$$

Für den letzten Ausdruck rechts finden wir mit Hilfe von (46, 09)

$$\sigma_{ij} \, \partial_j \, v_i = - p \, \partial_i \, v_i + \mu (\partial_j \, v_i + \partial_i \, v_j) \, \partial_j \, v_i - \frac{2}{3} \mu (\partial_i \, v_i)^2. \qquad (49, 30)$$

Die Leistung der äußeren Kräfte tritt daher in drei Anteilen auf. Der erste davon

$$\frac{1}{2} \int \varrho \left(\frac{\partial v^2}{\partial t} + v_j \, \partial_j \, v^2 \right) dV$$

ist nach (45, 21) eine Zunahme der kinetischen Energie der strömenden Flüssigkeit in $\mathfrak{B}$. Der zweite Anteil

$$- \int p \, \partial_i v_i \, dV$$

ist eine Änderung der in der Kompression der Flüssigkeit steckenden potentiellen Energie, während der dritte Anteil der durch die innere Reibung infolge der Zähigkeit in Wärme umgesetzte Anteil ist. Man bezeichnet die Differentialinvariante

$$(\partial_j v_i + \partial_i v_j)\,\partial_j v_i - \frac{2}{3}(\partial_i v_i)^2 = \text{Diss. F}\,(v_i), \tag{49, 31}$$

als *Dissipationsfunktion* der Geschwindigkeit.

Aus (49, 27) ergibt sich nun die Differentialgleichung

$$\varrho\left(\frac{\partial\varepsilon}{\partial t} + v_i\,\partial_i\,\varepsilon\right) = \partial_i(\lambda\,\partial_i\,\vartheta) + \frac{\varrho}{2}\left(\frac{\partial v^2}{\partial t} + v_j\,\partial_j\,v^2\right) -$$
$$- p\,\partial_i v_i + \mu\ \text{Diss. F}\,(v_i). \tag{49, 32}$$

Wir müssen noch die Energiedichte ε der Masse auf die Temperatur der Flüssigkeit zurückführen. In der Thermodynamik wird gezeigt, daß der gesamte Energieinhalt ε sich aus der kinetischen Energie $\frac{v^2}{2}$ und der inneren Energie u in der Form

$$\varepsilon = \frac{v^2}{2} + u \tag{49, 33}$$

zusammensetzt und daß ferner für die innere Energie

$$u = i - \frac{p}{\varrho} \tag{49, 34}$$

gilt, wobei

$$i = c_p\,\vartheta \tag{49, 35}$$

der Wärmeinhalt und c_p die spezifische Wärme bei konstantem Druck ist. Setzt man in (49, 32) ein, dann erhält man

$$\varrho\,c_p\left(\frac{\partial\vartheta}{\partial t} + v_i\,\partial_i\,\vartheta\right) =$$
$$= \partial_i(\lambda\,\partial_i\,\vartheta) + \varrho\left(\frac{\partial}{\partial t}\frac{p}{\varrho} + v_i\,\partial_i\,\frac{p}{\varrho}\right) - p\,\partial_i\,v_i + \mu\,\text{Diss. F}\,(v_i) =$$
$$= \partial_i(\lambda\,\partial_i\,\vartheta) + \frac{\partial p}{\partial t} + v_i\,\partial_i\,p - \frac{p}{\varrho}\left(\frac{\partial\varrho}{\partial t} + v_i\,\partial_i\,\varrho\right) - p\,\partial_i v_i +$$
$$+ \mu\,\text{Diss. F}\,(v_i)$$

und schließlich mit Benutzung der Kontinuitätsgleichung (45, 26)

$$\varrho\,c_p\left(\frac{\partial\vartheta}{\partial t} + v_i\,\partial_i\,\vartheta\right) - \left(\frac{\partial p}{\partial t} + v_i\,\partial_i\,p\right) =$$
$$= \partial_i(\lambda\,\partial_i\,\vartheta) + \mu\,\text{Diss. F}\,(v_i), \tag{49, 36}$$

die Energiegleichung in der dem Wärmetransport durch Konvektion angepaßten Form. Sie enthält von den Feldgrößen die Temperatur, den Druck und die Geschwindigkeit der Konvektionsströmung. Zusammen mit der Navier-Stokesschen Gleichung als Bewegungsgleichung, der Kontinuitätsgleichung und schließlich einer für die strömende Flüssigkeit charakteristischen Zustandsgleichung, welche den Zusammenhang zwischen Druck, spezifischer Masse und Temperatur wiedergibt, beschreibt sie das Problem der Konvektion vollständig. Bisher sind nur Näherungslösungen und selbst diese nur für sehr einfache Fälle unter weitgehend vereinfachenden Annahmen angegeben worden.

§ 50. Das elektrostatische Feld

1. Die elektrische Feldstärke und ihr Potential. Die Elektrostatik befaßt sich mit dem Feld ruhender elektrischer Ladungen. Die Maxwell-Faradaysche Theorie nimmt an, daß in der Umgebung eines geladenen Körpers ein Kraftfeld, nämlich das der *elektrischen Feldstärke* E_i vorhanden ist. Befindet sich auf einem weiteren gegenüber den Abmessungen des Feldes kleinen Körper eine Ladung q, so wird auf ihn eine Kraft

$$K_i = q E_i \tag{50, 01}$$

ausgeübt. Bei einer Bewegung des kleinen Körpers längs eines Weges $\mathfrak{C}$ wird vom Feld die Arbeit

$$A = \int_{\mathfrak{C}} K_i \, dx_i = q \int_{\mathfrak{C}} E_i \, dx_i \tag{50, 02}$$

geleistet. Der Versuch zeigt, daß A nur bei hinreichend langsamer Bewegung unabhängig vom Weg $\mathfrak{C}$ ist und dann für jeden geschlossenen Weg im Feld verschwindet; nur von derartigen Bewegungen ist im folgenden die Rede. E_i ist somit wirbelfrei, also

$$\varepsilon_{ijk} \, \partial_j E_k = 0 \tag{50, 03}$$

und es existiert ein Potential U, dessen Gradient die Feldstärke ist. Es ist üblich,

$$\boxed{E_i = - \partial_i U} \tag{50, 04}$$

zu setzen.

Da sich die Elektrostatik mit den Feldern ruhender Ladungen befaßt, so kennt sie für die die Ladungen tragenden Körper nur zwei Grenzfälle, nämlich *Leiter* und *Nichtleiter* oder *Isolatoren*. Bei Nichtleitern sind die Ladungen unbeweglich an dem Ort festgehalten, wo sie sich einmal befinden. In den Leitern sind die Ladungen so leicht beweglich, daß sie ihre, durch irgendwelche Veränderungen des Feldes hervorgerufenen Bewegungen stets beendet haben, bevor eine Messung des Feldes durchgeführt werden kann.

Befinden sich die Ladungen auf Leitern, so müssen die Leiteroberflächen Niveauflächen des Potentials der Feldstärke sein. Die ideale Verschiebbarkeit der Ladungen auf den Leitern verlangt, daß die durch (50, 02) bestimmte Arbeit bei der Bewegung einer Ladung im Leiter verschwindet. Das trifft dann zu, wenn E_ι senkrecht auf der Oberfläche des Leiters steht und im Inneren des Leiters verschwindet. Das Potential im Leiter ist daher konstant und daraus folgt, daß sich die Ladungen nur an der Oberfläche des Leiters befinden können[1].

Wir haben es also bei Leitern stets mit Flächenquellen zu tun; ihre Dichte bezeichnen wir mit σ.

2. Die elektrische Verschiebung. Die Flächendichte σ kann im allgemeinen nicht die Flächenquellen der elektrischen Feldstärke E_ι darstellen, denn die Erfahrung zeigt, daß die Ladungsdichte auf den Leitern nicht allein von den Potentialen abhängt, welche die Leiter im Feld annehmen, sondern auch von der Art der Materie, also den Nichtleitern zwischen den Leitern. Auch die Äquipotentialflächen in den Nichtleitern verlaufen verschieden, je nach der Art der Nichtleiter. Man zieht daher zur Beschreibung des elektrostatischen Feldes einen weiteren Vektor D_ι, die *elektrische Verschiebung* oder *Verschiebungsdichte* heran. Seine Existenz wird durch die Erscheinung der elektrischen *Influenz* begründet. Bringt man in ein elektrostatisches Feld ein Plättchen aus leitendem Material, so stellt man auf den beiden das Plättchen begrenzenden Flächen Ladungen fest. War das Plättchen vor dem

[1] Das setzt natürlich voraus, daß der ganze Körper leitend ist. Im Inneren einer massiven leitenden Kugel gibt es keine Ladungen. Man kann aber im Inneren einer metallischen Hohlkugel eine Ladung isoliert anbringen und dann besteht ein Feld im Inneren der Hohlkugel.

Einbringen in das Feld ungeladen, so sind die Ladungen auf den beiden Flächen einander entgegengesetzt gleich. Andernfalls ist ihre Summe gleich der Ladung, die das Plättchen vor dem Einbringen in das Feld aufwies. Wählt man das Plättchen so klein gegenüber den sonstigen Abmessungen des Feldes, daß das übrige Feld nicht gestört wird, so kann man die auf ihm influenzierten Ladungen als Maß für die Stärke des Feldes an der betreffenden Stelle benutzen. Das Experiment zeigt ferner einen solchen Zusammenhang der Ladungsdichte mit der Stellung ν_i der das Plättchen begrenzenden Flächen, daß man den Ansatz

$$D_i \nu_i = \sigma \tag{50, 05}$$

machen darf. In jener Stellung, in der man ein Maximum von σ findet, stimmt die Richtung von D_ι mit ν_ι und der Betrag von D_ι mit σ überein. War das Plättchen ungeladen, dann ergibt sich auf beiden Seiten des Plättchens derselbe Vektor D_ι, im anderen Fall erleidet D_ι beim Durchtritt durch das Plättchen einen Sprung seiner Normalprojektion. Der letztere Fall wird sich besonders dann ergeben, wenn an der Stelle, an der das Plättchen angeordnet wird, schon im ursprünglichen Feld eine Ladung mit der Raumladungsdichte γ vorhanden war. Dann wird man eine Störung des übrigen Feldes nur vermeiden können, wenn diese Ladung jetzt auf das Plättchen übertragen wird.

Legt man um das Plättchen eine geschlossene Fläche $\mathfrak{F}$, so ist im Fall des ungeladenen Plättchens

$$\int_{\mathfrak{F}} D_\iota \, df_i = 0$$

und deshalb an der betrachteten Stelle

$$\partial_i D_\iota = 0.$$

War an der Stelle eine Raumladung vorhanden, die jetzt als Ladung von dem Plättchen übernommen wurde, dann gilt

$$\int_{\mathfrak{F}} D_\iota \, df_\iota = \int \gamma \, dV \tag{50, 06}$$

und daher

$$\boxed{\partial_\iota D_\iota = \gamma,} \tag{50, 07}$$

d. h. *die elektrischen Ladungen sind die Quellen der elektrischen Verschiebung.* Die Relation (50, 05) bleibt damit in Übereinstimmung, wenn man ihre Gültigkeit auch auf die Oberfläche der das Feld begrenzenden Leiter ausdehnt und dabei unter σ die auf den Leitern vorhandene Ladungsdichte versteht.

Die Erfahrung zeigt ferner, daß zwischen elektrischer Feldstärke und Verschiebung stets ein linearer Zusammenhang besteht, der im allgemeinen in der Form

$$\boxed{\varepsilon_{ij} E_j = D_i} \qquad (50,\ 08)$$

geschrieben werden kann. Man spricht von einem (elektrisch) isotropen Körper, wenn für den Tensor ε_{ij} die Darstellung

$$\varepsilon_{ij} = \varepsilon\,\delta_{ij}$$

möglich ist. Dann gilt

$$\boxed{\varepsilon E_i = D_i.} \qquad (50,\ 09)$$

Elektrische Feldstärke und Verschiebung sind gleichgerichtet. Man nennt ε die *Dielektrizitätskonstante*, oft auch die *Influenz-* oder *Verschiebungskonstante.* Trifft (50, 09) nicht zu, dann hat man es mit (elektrisch) anisotropen Körpern zu tun; zu ihnen gehören die meisten Kristalle.

(50, 03), (50, 07) und (50, 09) zeigen, daß wir es beim elektrostatischen Feld mit einem wirbelfreien Doppelfeld im Sinne des § 47 zu tun haben. Es gelten daher alle dort hergeleiteten Beziehungen. Ist die Verteilung der Ladungen gegeben, dann können wir die in § 47 angeführten Formeln bzw. im Falle, daß ε im ganzen Raum konstant ist, die in § 27 und § 28 erwähnten Verfahren zur Berechnung eines Feldes aus seinen Quellen anwenden.

Befinden sich in dem Raum zwischen den Leitern keine weiteren Ladungen, so liegt dort ein quellen- und wirbelfreies Doppelfeld vor. Bei vielen Aufgaben der Elektrostatik sind die Potentiale auf den Leitern gegeben und es ist nach der Verteilung der Ladungen auf den Leitern gefragt. Man hat dann das Feld zwischen den Leitern nach den verschiedenen Verfahren der Potentialtheorie zu bestimmen und findet an der Leiteroberfläche nach (50, 05) aus D_i die Ladungsverteilung. Eine wichtige Größe ist ferner die *Kapazität*, das ist das durch (47, 49) bestimmte Verhältnis von Ladung und Potentialdifferenz zweier Leiter.

Aus der Symmetrie der Induktionskoeffizienten (47, 57) folgt der *Reziprozitätssatz der Elektrostatik.* Es seien n Leiter mit den Potentialen U_1 bis U_n und den Ladungen q_1 bis q_n gegeben. Dann gilt nach (47, 53) für den m-ten Leiter

$$q_m = \sum_k U_k \varphi_{mk} \qquad (k = 1, 2, \ldots, n). \tag{50, 10}$$

Ändert man nun die Potentiale auf irgendwelche andere Werte U'_1 bis U'_n, so ändern sich die Ladungen auf q'_1 bis q'_n und es gilt

$$q'_m = \sum_k U'_k \varphi_{mk}. \tag{50, 11}$$

Wir multiplizieren (50, 10) mit U'_m und (50, 11) mit U_m und summieren die so erhaltenen Ausdrücke über alle Leiter. Es ist dann

$$\sum_m U'_m q_m = \sum_m \sum_k U'_m U_k \varphi_{mk},$$

$$\sum_m U_m q'_m = \sum_m \sum_k U_m U'_k \varphi_{mk}.$$

Wegen der Symmetrie der φ_{mk} kann man m und k vertauschen, wodurch die beiden Ausdrücke rechts gleich werden. Es gilt also

$$\boxed{\sum_m U_m q'_m = \sum_m U'_m q_m.} \tag{50, 12}$$

An Stelle der Potentiale der das Feld begrenzenden Leiter sind oft auch für einen oder mehrere Leiter die Gesamtladungen des Leiters gegeben. Mit Hilfe der durch (47, 54) definierten Induktionskoeffizienten kann die Berechnung des Feldes auf den Fall gegebener Potentiale zurückgeführt werden. Das System von n linearen Gleichungen (50, 10) erlaubt stets die Berechnung der fehlenden Potentiale aus den Gesamtladungen der Leiter.

3. Energie und Kräfte. Für die Bestimmung der Kräfte, die das Feld auf einen Körper ausübt, geht man von der Energie des Feldes aus. Unter der Energie des Feldes versteht man dabei die gesamte Arbeit, die notwendig ist, um das Feld aufzubauen, das heißt also jene Arbeit, die man aufwenden muß, um die Ladungen von einem Ort mit dem Potential Null auf ihren endgültigen Platz zu bringen. Nach (50, 02) und (50, 04) ist die Arbeit, um eine Ladung q an einen Ort mit dem Potential U zu bringen, gleich $q\,U$. Dabei ist aber angenommen, daß das Potential U bereits durch die anderen, das Feld bestimmenden Ladungen festgelegt ist. Wenn wir das ganze Feld durch das Hineinbringen von Ladungen erst aufbauen, so ändert sich mit dem Hineinbringen der Ladungen auch das Potential an jeder Stelle. Wir nehmen daher an, daß die Bewegung der Ladungen so langsam erfolgt, daß das Feld in jedem Moment die Bedingungen für das elektrostatische Feld erfüllt und daß zu Beginn der Bewegung im ganzen Raum $\gamma = 0$ und $U = 0$ ist, während am Ende ein Feld mit der Ladungsdichte γ und dem Potential U entsteht. Die Ladungsdichte während der Bewegung ist nicht nur eine Ortsfunktion, sondern auch eine Zeitfunktion, also

$$\gamma = \gamma(x_i, t). \tag{50, 13}$$

Die im Zeitpunkt t herrschende Potentialverteilung ist nach (48, 06)

$$U(p_i, t) = \frac{1}{4\pi} \int \gamma(x_i, t)\, g(p_i, x_i)\, dV, \tag{50, 14}$$

wo $g(p_i, x_i)$ die Greensche Funktion für den unendlichen Raum ist, die jetzt wegen (50, 04) der Funktion $\frac{1}{r}$ und nicht $-\frac{1}{r}$ wie früher entspricht. Das Integral in (50, 14) ist dabei über den ganzen unendlichen Raum zu nehmen. Bringen wir jetzt im Zeitintervall dt in das Feld eine zusätzliche Ladung

$$d\gamma = \dot{\gamma}(p_i, t)\, dt\, dV, \quad \dot{\gamma} = \frac{d\gamma}{dt}, \tag{50, 15}$$

so ist die erforderliche Arbeit

$$dA = \int\limits_{(p_i)} \dot{\gamma}(p_i, t)\, U(p_i, t)\, dV\, dt \tag{50, 16}$$

oder

$$dA = \frac{1}{4\pi} \int\limits_{(p_i)} \dot{\gamma}(p_i, t)\, dV \int\limits_{(x_i)} \gamma(x_i, t)\, g(p_i, x_i)\, dV\, dt. \tag{50, 17}$$

Die gesamte, für den Aufbau des Feldes notwendige Arbeit, also die gesamte Energie des Feldes, ist dann durch

$$A = \frac{1}{4\pi} \int\limits_{(t)} dt \int\limits_{(p_i)} \dot{\gamma}(p_i, t)\, dV \int\limits_{(x_i)} \gamma(x_i, t)\, g(p_i, x_i)\, dV \tag{50, 18}$$

bestimmt. Bei der Integration nach t ist dabei als untere Grenze jener Zeitpunkt t_0 (eventuell $t_0 = -\infty$) zu wählen, in dem $\gamma = 0$ war. In t_0 war dann sicher $A = 0$. Nun ist aber

$$\frac{d}{dt}\int\limits_{(p_\iota)} \gamma(p_\iota, t)\, dV \int\limits_{(x_\iota)} \gamma(x_\iota, t)\, g(p_\iota, x_\iota)\, dV =$$

$$= \int\limits_{(p_\iota)} \dot\gamma(p_\iota, t)\, dV \int\limits_{(x_\iota)} \gamma(x_\iota, t)\, g(p_i, x_\iota)\, dV +$$

$$+ \int\limits_{(p_\iota)} \gamma(p_\iota, t)\, dV \int\limits_{(x_\iota)} \dot\gamma(x_i, t)\, g(p_\iota, x_\iota)\, dV. \qquad (50, 19)$$

Vertauschung der Integrationen im zweiten Integral gibt

$$\int\limits_{(x_\iota)} \dot\gamma(x_\iota, t)\, dV \int\limits_{(p_\iota)} \gamma(p_\iota, t)\, g(p_\iota, x_\iota)\, dV;$$

wenn man hier die Bezeichnung der Variablen x_ι und p_ι vertauscht, so erhält man aus (50, 19)

$$\frac{d}{dt}\int\limits_{(p_\iota)} \gamma(p_\iota, t)\, dV \int\limits_{(x_\iota)} \gamma(x_\iota, t)\, g(p_\iota, x_\iota)\, dV =$$

$$= 2\int\limits_{(p_\iota)} \dot\gamma(p_i, t)\, dV \int\limits_{(x_\iota)} \gamma(x_\iota, t)\, g(p_i, x_\iota)\, dV \qquad (50, 20)$$

und aus (50, 18)

$$A = \frac{1}{8\pi}\int\limits_{(p_\iota)} \gamma(p_\iota, t)\, dV \int\limits_{(x_i)} \gamma(x_\iota, t)\, g(p_i, x_\iota)\, dV; \qquad (50, 21)$$

oder wegen (50, 14)

$$\boxed{A = \frac{1}{2}\int \gamma\, U\, dV.} \qquad (50, 22)$$

Wir wenden nun die Greensche Formel (47, 12) mit $\lambda = \varepsilon$ auf den unendlichen Raum an; dann verschwindet das Flächenintegral links, weil im Unendlichen $U = 0$ ist, und es bleibt

$$0 = \int [U\, \partial_i(\varepsilon\, \partial_i\, U) + \varepsilon\, \partial_i\, U\, \partial_i\, U]\, dV.$$

Nun ist

$$\partial_i(\varepsilon\, \partial_i\, U) = -\, \partial_i\, D_i = -\gamma,$$

also folgt

$$\int \gamma\, U\, dV = \int D_i\, E_i\, dV, \tag{50, 23}$$

und wegen (50, 22) wird die Gesamtenergie des Feldes

$$\boxed{A = \frac{1}{2} \int D_i\, E_i\, dV.} \tag{50, 24}$$

Während in (50, 22) der Energieanteil eines Volumselements an das Vorhandensein von Ladungen ($\gamma \neq 0$) gebunden ist, so daß nur die Ladungen enthaltenden Volumselemente einen Beitrag zur Gesamtenergie liefern, wie das der sogenannten *Fernwirkungstheorie* entspricht, schreibt (50, 24) im Sinne der *Nahwirkungstheorie* jedem Volumselement eine Energie $\frac{1}{2} D_i\, E_i\, dV$ zu, sofern dort nur überhaupt das Feld vorhanden ist. Nach (50, 22) sind die Ladungen die Träger der Energie, nach (50, 24) ist es jedoch das Feld. Man bezeichnet den Ausdruck

$$w = \frac{1}{2} D_i\, E_i \tag{50, 25}$$

als die *Energiedichte* des Feldes.

Wir können noch zeigen, daß die durch (50, 24) gegebene Energie ein Minimum darstellt, d. h. daß das durch

$$\partial_i\, D_i = \gamma, \qquad D_i = \varepsilon\, E_i \qquad \text{und} \qquad \varepsilon_{ijk}\, \partial_j\, E_k = 0$$

beschriebene Feld jenes mit der geringsten Energie ist. Wir nehmen dazu an, daß es ein zweites Feld $\bar{D}_i = \varepsilon\, \bar{E}_i$ gäbe, das ebenfalls die ersten beiden obigen Gleichungen, jedoch nicht die letzte erfüllt, also nicht wirbelfrei ist. Wir setzen

$$\bar{D}_i = D_i + D_i' \qquad \text{und} \qquad \bar{E}_i = E_i + E_i', \tag{50, 26}$$

dann ist die Energie des zweiten Feldes

$$\bar{A} = \frac{1}{2} \int \bar{D}_i\, \bar{E}_i\, dV = \frac{1}{2} \int (D_i + D_i')\,(E_i + E_i')\, dV$$

oder

$$\bar{A} = A + \frac{1}{2}\int D_i' E_i' \, dV + \frac{1}{2}\int (D_i E_i' + D_i' E_i) \, dV.$$

Wegen $D_i = \varepsilon E_i$ und $D_i' = \varepsilon E_i'$ ist das letzte Integral

$$\int \varepsilon E_i E_i' \, dV = \int E_i D_i' \, dV = -\int D_i' \partial_i U \, dV =$$

$$= -\int \partial_i (U D_i') \, dV + \int U \partial_i D_i' \, dV;$$

hier verschwindet wegen $\partial_i D_i' = 0$ das zweite Integral, während das erste nach dem Gaußschen Satz in

$$\int \partial_i (U D_i') \, dV = \int U D_i' \, df_i \qquad (50, 27)$$

übergeht. Erstrecken wir das Raumintegral über den ganzen Raum, so verschwindet das Flächenintegral, weil im Unendlichen $U = 0$ ist. Ist das Feld durch Leiter begrenzt, so ist auf jedem dieser Leiter $U =$ konst. und das Flächenintegral zerfällt in Teilintegrale von der Form $U \int D_i' \, df_i$, jeweils über einen der Leiter genommen. Jedes der Teilintegrale verschwindet für sich, da $\int D_i \, df_i = \int \bar{D}_i \, df_i$ und $\int \bar{D}_i' \, df_i = 0$ ist. Für die Energie des Feldes $\bar{D}_i$, $\bar{E}_i$ verbleibt somit

$$\bar{A} = A + \frac{1}{2}\int \varepsilon E_i' E_i' \, dV,$$

d. h. $\bar{A}$ ist größer als A, sobald nur an irgendeiner Stelle des Raumes $\bar{E}_i \neq E_i$ ist. Im elektrostatischen Feld ist also die Energie ein Minimum.

4. Kapazität und Feldenergie. Zwischen der Kapazität zweier Leiter und der Feldenergie im Raum zwischen ihnen besteht ein enger Zusammenhang. Betrachten wir wie in § 47 ein Teilgebiet eines Feldes, das durch zwei Leiteroberflächen $\mathfrak{F}_1$ und $\mathfrak{F}_2$ mit den Potentialen $\overset{1}{U}$ und $\overset{2}{U}$ und durch eine aus Feldlinien gebildete Mantelfläche $\mathfrak{M}$ eingeschlossen ist, so finden wir nach (50, 24) für die Energie in diesem Bereich

$$A = \frac{1}{2}\int D_i E_i \, dV = \frac{1}{2}\int \varepsilon \, \partial_i U \, \partial_i U \, dV. \qquad (50, 28)$$

Aus der Greenschen Formel (47, 12) folgt wegen des Verschwindens der Ladungen im Raum zwischen den Leitern

$$\int \varepsilon\, \partial_\iota U\, \partial_\iota U\, dV = \int \varepsilon\, U\, \partial_\iota U\, df_\iota. \tag{50, 29}$$

Das Flächenintegral zerfällt in drei Teile, nämlich in die Integrale über $\mathfrak{F}_1$, $\mathfrak{F}_2$ und $\mathfrak{M}$. Das Teilintegral über $\mathfrak{M}$ verschwindet, da $\partial_\iota U$ senkrecht auf df_ι steht. Auf jeder der beiden Flächen $\mathfrak{F}_1$ und $\mathfrak{F}_2$ ist U konstant, so daß wir

$$A = \frac{\overset{1}{U}}{2} \int\limits_{\mathfrak{F}_1} D_\iota\, df_\iota - \frac{\overset{2}{U}}{2} \int\limits_{\mathfrak{F}_2} D_\iota\, df_\iota \tag{50, 30}$$

erhalten, wenn wir die Normalen wie auf S. 121 orientieren. Nun ist aber

$$\int\limits_{\mathfrak{F}_1} D_\iota\, df_\iota = \int\limits_{\mathfrak{F}_2} D_\iota\, df_\iota \tag{50, 31}$$

der gemeinsame Fluß durch die beiden Flächen und es bleibt

$$A = \frac{1}{2} (\overset{1}{U} - \overset{2}{U}) \int\limits_{\mathfrak{F}_1} D_\iota\, df_\iota. \tag{50, 32}$$

Nach der in § 47, S. 121, gegebenen Definition ist

$$A_{12} = \frac{1}{\overset{1}{U} - \overset{2}{U}} \int\limits_{\mathfrak{F}_1} D_\iota\, df_\iota = C_{12} \tag{50, 33}$$

die Kapazität zwischen $\mathfrak{F}_1$ und $\mathfrak{F}_2$ und daher

$$A = \frac{1}{2} (\overset{1}{U} - \overset{2}{U})^2\, C_{12}. \tag{50, 34}$$

Setzen wir noch

$$\overset{1}{U} - \overset{2}{U} = U,$$

so bleibt

$$\boxed{A = \frac{1}{2} C_{12}\, U^2} \tag{50, 35}$$

für den Zusammenhang zwischen Feldenergie und Kapazität.

Befinden sich Leiter im Feld, so ist es zweckmäßig, von (50, 22) auszugehen. Auf jedem Leiter ist U konstant und wir können daher statt (50, 22)

$$A = \frac{1}{2} \sum_m U_m q_m \tag{50, 36}$$

schreiben. Drücken wir die Ladungen q_m nach (50, 10) aus, so folgt

$$A = \frac{1}{2} \sum_{m,k} U_m U_k \varphi_{mk}. \tag{50, 37}$$

Die Energie des Feldes ist also eine quadratische Funktion der Potentiale. Sie ist aber auch eine quadratische Funktion der Ladungen. Löst man (50, 10) nach den Potentialen auf, so ist

$$U_m = \sum_k q_k \psi_{mk} \tag{50, 38}$$

und es wird

$$A = \frac{1}{2} \sum_{m,k} q_m q_k \psi_{mk}. \tag{50, 39}$$

Aus der Energie des Feldes lassen sich die Kräfte berechnen, die ein elektrostatisches Feld ausübt. Wegen der Konstanz der Gesamtenergie ist

$$\boxed{\delta A + K_\iota \delta x_\iota = 0,} \tag{50, 40}$$

wenn δx_ι eine virtuelle Verschiebung bedeutet.

Als einfachstes Beispiel zeigen wir die Berechnung der Kraft, die zwei Ladungen q_1 und q_2 im Abstand r aufeinander ausüben. Es ist dann

$$A = \frac{1}{2} q_1^2 \psi_{11} + q_1 q_2 \psi_{12} + \frac{1}{2} q_2^2 \psi_{22}.$$

Verändern wir den Abstand r der Ladungen um δr, so bleiben der erste und letzte Ausdruck auf der rechten Seite unverändert. $q_1 \psi_{12}$ ist das Potential U_{12}, das die Ladung q_1 an der Stelle von q_2 hervorruft. Für konstantes ε ist

$$U_{12} = \frac{q_1}{4 \pi \varepsilon r}$$

und daher ist

$$\delta A = \frac{\partial}{\partial r} \frac{q_1 q_2}{4 \pi \varepsilon r} \delta r$$

und

$$\boxed{K = \frac{q_1 q_2}{4 \pi \varepsilon r^2},} \tag{50, 41}$$

das *Coulombsche Gesetz* für die Kraft zwischen zwei Ladungen.

5. Der Maxwellsche Spannungstensor. Im allgemeinen Feld können wir uns die Kraft auf jedes Volumselement, also die Kraftdichte im ganzen Feld so bestimmen, daß wir jedes Volumselement um den virtuellen Vektor δx_i verschieben. Diese Verschiebung ist gleichbedeutend mit einer virtuellen Strömung der Materie im Feld während einer Zeit δt mit einer sehr kleinen Strömungsgeschwindigkeit.

Im Punkt x_k ist nach (50, 25) die Energiedichte des Feldes

$$w = \frac{1}{2} D_i E_i,$$

im Punkt $x_k + dx_k$ daher

$$w + dw = w + \partial_k w \, dx_k$$

und damit ist ihre Änderung gleich

$$dw = \partial_k w \, dx_k.$$

Verschiebt man also die Materie um den virtuellen Vektor δx_k, so kommt der Punkt $x_k + dx_k$ an die Stelle x_k, wenn man

$$dx_k = - \delta x_k \tag{50, 42}$$

nimmt. Die virtuelle Änderung der Energiedichte wird damit

$$\delta w = - \partial_k w \, \delta x_k$$

und die virtuelle Änderung der Gesamtenergie

$$\delta A = - \frac{1}{2} \int \partial_k (E_i D_i) \, dV \, \delta x_k. \tag{50, 43}$$

Es ist nun

$$\partial_k (E_i D_i) = D_i \, \partial_k E_i + E_i \, \partial_k D_i;$$

wegen

$$D_\iota\, \partial_k E_\iota = \varepsilon E_i\, \partial_k E_\iota = E_\iota\, \partial_k D_\iota - E_\iota E_\iota\, \partial_k \varepsilon$$

folgt weiter

$$\partial_k(E_\iota D_\iota) = 2\, E_\iota\, \partial_k D_\iota - E_\iota E_i\, \partial_k \varepsilon \qquad (50, 44)$$

und aus (50, 43)

$$\delta A = -\int \left(E_\iota\, \partial_k D_\iota - \frac{1}{2} E_\iota E_\iota\, \partial_k \varepsilon\right) dV\, \delta x_k. \qquad (50, 45)$$

Setzen wir in der Greenschen Formel (26, 29), d. h.

$$\oint A\, \partial_k B\, df_\iota = \int (A\, \partial_\iota\, \partial_k B + \partial_\iota A\, \partial_k B)\, dV,$$

$A = U$ und $B = D_p$, so folgt

$$\oint U\, \partial_k D_p\, df_\iota = \int (U\, \partial_\iota\, \partial_k D_p + \partial_\iota U\, \partial_k D_p)\, dV. \qquad (50, 46)$$

Wird das Volumsintegral über den unendlichen Raum genommen, so verschwindet das Flächenintegral auf der linken Seite, weil im Unendlichen $U = 0$ ist, und es bleibt

$$\int \partial_\iota U\, \partial_k D_p\, dV = -\int U\, \partial_\iota\, \partial_k D_p\, dV \qquad (50, 47)$$

und für $p = i$

$$-\int E_i\, \partial_k D_\iota\, dV = -\int U\, \partial_k\, \partial_\iota D_i\, dV. \qquad (50, 48)$$

Damit wird die virtuelle Arbeit

$$\delta A = -\int \left(U\, \partial_k \gamma - \frac{1}{2} E_\iota E_\iota\, \partial_k \varepsilon\right) dV\, \delta x_k; \qquad (50, 49)$$

Kräfte treten also dort auf, wo sich Ladungen befinden oder wo sich ε ändert. Eine andere Darstellung erhalten wir, wenn wir in (50, 47) i und k vertauschen und dann $p = i$ setzen:

$$\delta A = -\int \left(E_k \gamma - \frac{1}{2} E_\iota E_\iota\, \partial_k \varepsilon\right) dV\, \delta x_k. \qquad (50, 50)$$

Die Kraftdichte ist dann

$$k_k = E_k \gamma - \frac{1}{2} E_i E_i\, \partial_k \varepsilon \qquad (50, 51)$$

und die Kraft auf einen endlichen Teilbereich $\mathfrak{B}$

$$K_i = \int_\mathfrak{B} k_i\, dV. \qquad (50, 52)$$

Man kann nun diese Volumskräfte durch Flächenkräfte ersetzen, indem man einen Spannungstensor T_{ij} einführt, so daß

$$K_i = \int_\mathfrak{F} T_{ij}\, df_j, \qquad (50, 53)$$

wobei $\mathfrak{F}$ die Begrenzung von $\mathfrak{B}$ ist. Dann gilt nach dem Gaußschen Satz

$$k_i = \partial_j T_{ij}. \qquad (50, 54)$$

Ähnlich wie in der Elastizitätstheorie kann aus den Gleichgewichtsbedingungen geschlossen werden, daß T_{ij} symmetrisch ist; (50, 54) reicht aber dennoch zu seiner Bestimmung nicht aus, da nur drei Gleichungen für die sechs Koordinaten von T_{ij} zur Verfügung stehen. Wir können aber eine Lösung der Differentialgleichung (50, 54) durch eine Umformung des Ausdruckes für die Kraftdichte (50, 51) finden. Es ist nämlich

$$k_i = E_i\, \partial_j D_j - \frac{1}{2} E_p E_p\, \partial_i \varepsilon =$$

$$= E_i\, \partial_j D_j + D_j\, \partial_j E_i - \frac{1}{2} E_p E_p\, \partial_i \varepsilon - D_p\, \partial_p E_i$$

und wegen $\partial_p E_i = -\partial_p \partial_i U = \partial_i E_p$ weiter

$$k_i = \partial_j(E_i D_j) - \frac{1}{2} E_p E_p\, \partial_i \varepsilon - \frac{1}{2} \varepsilon\, \partial_i(E_p E_p) =$$

$$= \partial_j(E_i D_j) - \frac{1}{2} \partial_i(E_p D_p) = \partial_j(E_i D_j - \frac{1}{2} \delta_{ij} E_p D_p),$$

und daher können wir

$$\boxed{T_{ij} = E_i D_j - \frac{1}{2} \delta_{ij} E_p D_p} \qquad (50, 55)$$

setzen. Überschiebt man T_{ij} mit E_j, so folgt

$$T_{ij} E_j = E_i D_j E_j - \frac{1}{2} E_i E_p D_p = \frac{1}{2} E_p D_p E_i, \qquad (50, 56)$$

d. h. eine Hauptachse des Tensors liegt in der Richtung von E_i, also in der Richtung der Kraftlinie durch den betrachteten Punkt. Man nennt T_{ij} den *Maxwellschen Spannungstensor* des elektrostatischen Feldes.

§ 51. Das magnetische Feld

1. Induktion und magnetische Erregung. In Analogie zum vorhergehenden Paragraphen wäre dieser eigentlich „Das magnetostatische Feld" zu überschreiben; jedoch versteht man unter einem magnetostatischen Feld gewöhnlich ein Feld permanenter Magnete, während wir die ruhenden magnetischen Felder allgemein behandeln, sogar mit der Bevorzugung der Felder, die von stationären elektrischen Strömen stammen, und wir wollen im Sinne der Ampèreschen Hypothese der Molekularströme auch die Felder permanenter Magnete auf Felder elektrischer Ströme zurückführen.

Die Erfahrung zeigt, daß elektrische Ströme Kräfte auf andere elektrische Ströme ausüben. Man schreibt dem Raum um einen elektrischen Strom einen besonderen Zustand zu, den man als *magnetischen* bezeichnet, und man beschreibt die Kraftwirkung, die in diesem Raum auf elektrische Ströme ausgeübt wird, durch einen Vektor B_i, den man die *magnetische Induktion* nennt. Die Kraft auf ein Leiterstück von der Länge dx_i, das von einem Strom J durchflossen ist, ist dann durch den Ausdruck

$$K_i = J\, \varepsilon_{ijk}\, B_k\, dx_j \tag{51, 01}$$

gegeben. Die Kraft steht senkrecht auf die durch B_i und dx_i aufgespannte Ebene. Das Feld B_i ist quellenfrei, also

$$\boxed{\partial_i B_i = 0;} \tag{51, 02}$$

die Feldlinien sind immer geschlossen oder reichen ins Unendliche.

Die Erfahrung zeigt ferner, daß die Induktion nicht nur vom Strom abhängt, der das Feld erzeugt, sondern auch von der Materie, die den Raum erfüllt. Man ordnet daher dem Strom ein weiteres Vektorfeld H_i zu und nennt H_i die *magnetische Feldstärke* oder die *magnetische Erregung*. Man wird in Analogie zu den beiden Vektoren E_i und D_i, die das elektrostatische Feld beschreiben, verlangen, daß in isotropen Körpern B_i und H_i gleichgerichtet sind. Die Erfahrung zeigt nun, daß in den meisten isotropen Körpern das Linienintegral von B_i längs eines geschlossenen Weges proportional der Summe der von diesem Weg umschlungenen Ströme ist. Da dies aber bei gewissen isotropen Körpern und bei anisotropen Körpern nicht zutrifft, wird man fordern, daß für den Vektor H_i stets

$$\oint H_i\, dx_i = \sum J \tag{51, 03}$$

gilt. In den isotropen Körpern setzt man

$$\boxed{B_i = \mu H_i,} \tag{51, 04}$$

in den anisotropen Körpern

$$B_i = \mu_{ij} H_j. \tag{51, 05}$$

Man nennt μ die Permeabilität. Durch (51, 03) ist H_i noch nicht eindeutig bestimmt, denn (51, 03) gibt nur Auskunft über den Rotor von H_i. Sind die Ströme räumlich verteilt mit einer Stromdichte γ_i, so tritt an die Stelle von ΣJ der Fluß der Stromdichte durch eine in die Kurve eingespannte Fläche, so daß

$$\oint H_i\, dx_i = \int \gamma_i\, df_i$$

ist. Aus dem Stokesschen Satz folgt dann

$$\boxed{\varepsilon_{ijk}\, \partial_j H_k = \gamma_i.} \tag{51, 06}$$

Der Rotor der magnetischen Erregung ist gleich der Stromdichte. Zur Festlegung des Vektors H_i geht man dann so vor, daß man für die verschiedenen Materialien durch Messung an einfachen Anordnungen μ bzw. μ_{ij} bestimmt und annimmt, daß die Materialien diese Werte beibehalten, wenn sie in anderen Anordnungen verwendet werden. Dabei ist zu beachten, daß die Permeabilität im allgemeinen nicht konstant ist, sondern vom Zustand der Materie, z. B. der Temperatur, aber gerade bei den technisch wichtigen ferromagnetischen Stoffen sehr stark vom magnetischen Feld selbst abhängt.

Unter der Voraussetzung, daß uns die erforderlichen Angaben über μ vorliegen und daß die Stromverteilung

$$\gamma_i = \gamma_i(x_1, x_2, x_3) \tag{51, 07}$$

gegeben ist, ist das magnetische Feld durch (51, 02), (51, 04) und (51, 06) vollständig bestimmt. B_i und H_i bilden ein quellenfreies Doppelfeld im Sinne des § 47. Dabei entspricht das Feld der magnetischen Feldstärke H_i dem A-Feld und das Feld der magnetischen Induktion B_i dem B-Feld. Die Permeabilität μ ist mit dem Feldfaktor λ identisch.

Wegen (51, 02) läßt sich B_i aus einem Vektorpotential Z_i herleiten, also

$$B_i = \varepsilon_{ijk}\, \partial_j Z_k. \tag{51, 08}$$

Ist

$$\bar{g} = \bar{g}(p_i, x_i) \tag{51, 09}$$

die Greensche Funktion für den unendlichen Raum bei einem Feldfaktor $\frac{1}{\mu}$, so ist nach (48, 29)

$$Z_i(p_k) = -\frac{1}{4\pi}\int \bar{g}\,\gamma_i\, dV. \tag{51, 10}$$

Den Einfluß der Materie führt man auch beim magnetischen Feld auf eine Polarisation oder, wie man hier sagt, auf die *Magnetisierung* der Materie zurück. Nach (48, 46) ist

$$Z_i = \frac{1}{4\pi}\int \frac{\gamma_i}{r}\, dV - \frac{1}{4\pi}\int \varepsilon_{ijk}\, B_k\left(1 - \frac{1}{\mu}\right) \partial_j \frac{1}{r}\, dV, \tag{51, 11}$$

so daß

$$M_k = B_k\left(1 - \frac{1}{\mu}\right) = H_k(\mu - 1) \tag{51, 12}$$

die Magnetisierung ist. Man deutet sie als das Moment der elementaren Wirbelfäden in der Volumseinheit, multipliziert mit der von jedem Wirbelfaden umspannten Fläche. Der Einfluß der Materie kommt dann dadurch zustande, daß das von der Wirbeldichte γ_i erzeugte Feld in der Materie zusätzliche Wirbel hervorruft, welche zusammen mit dem ursprünglichen Feld das resultierende Feld ergeben. Den Faktor $\mu - 1$ nennt man die *magnetische Suszeptibilität* der Materie. Man spricht hier auch von *magnetischer Influenz* und meint damit, daß in Körpern eine Magnetisierung entsteht, wenn sie in ein Magnetfeld gebracht werden, so daß sie sich dann selbst wie Magnete verhalten.

Verschwindet die Magnetisierung eines Körpers nicht zugleich mit dem äußeren Feld, so nennt man ihn einen *permanenten Magneten*. Zur Berechnung des durch ihn hervorgerufenen Feldes kann im allgemeinen nicht der letzte Ausdruck auf der rechten Seite von (51, 11) verwendet werden, weil gewöhnlich noch weitere magnetisierbare Materie im Feld vorhanden ist. Man muß daher an Stelle von $-\frac{1}{r}$ wieder die Greensche Funktion $\bar{g}$ für den mit Materie erfüllten Raum benutzen und erhält

$$Z_i(p_k) = \frac{1}{4\pi} \int \varepsilon_{ijk} M_k \, \partial_j \bar{g} \, dV. \tag{51, 13}$$

Natürlich läßt sich auch dieses Feld wieder in das Feld der permanenten Magnetisierung und einer durch das Feld hervorgerufenen zusätzlichen Magnetisierung in der Materie zerlegen.

2. Wirbelring und Doppelschicht. In jenen Bereichen des Raumes, in denen $\gamma_i = 0$ und keine permanente Magnetisierung vorhanden ist, verschwindet der Rotor von H_i. Daraus folgt, daß sich H_i in diesem Bereich als Gradient eines skalaren Potentials U darstellen läßt. Wegen des Verschwindens der Divergenz von B_i im ganzen Raum bilden H_i und B_i im wirbelfreien Gebiet von H_i ein quellen- und wirbelfreies Doppelfeld. Für das Potential U gilt dann nach (47, 09)

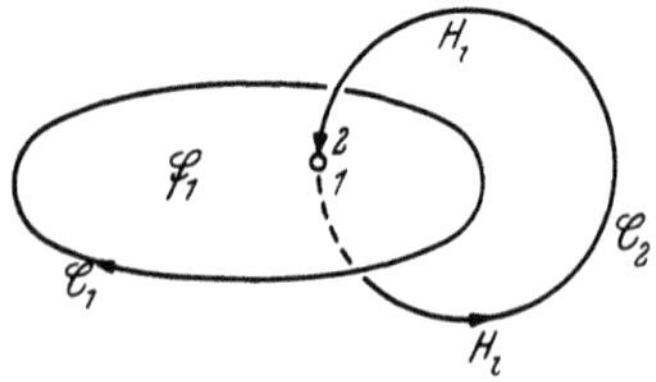

Abb. 19

$$\partial_i(\mu \, \partial_i U) = 0. \tag{51, 14}$$

Wir haben bereits in § 29 für den Fall des einfachen Wirbelfeldes gezeigt, daß sich ein Wirbelfaden durch eine in ihn eingespannte Doppelschicht von Quellen ersetzen läßt. Wir zeigen jetzt, daß dies auch im Falle des Doppelfeldes gilt. Wir denken uns einen Wirbelfaden entlang der Kurve $\mathfrak{C}_1$ mit einem Moment η gegeben und legen durch ihn eine Fläche $\mathfrak{F}_1$ (Abb. 19). Bilden wir das Linienintegral von H_i längs einer Kurve $\mathfrak{C}_2$, die von der einen Seite von $\mathfrak{F}_1$ bis zum entsprechenden Punkt auf der anderen Seite von $\mathfrak{F}_1$ verläuft und ist $\mathfrak{F}_2$ eine in die Kurve $\mathfrak{C}_2$ eingespannte Fläche, so finden wir

$$\int_1^2 H_\iota\, dx_\iota = \oint H_\iota\, dx_\iota = \int_{\mathfrak{F}_2} \varepsilon_{\iota\jmath k}\, \partial_\jmath H_k\, df_\iota = \eta = U_2 - U_1, \qquad (51, 15)$$

wenn U_2 und U_1 die entsprechenden Werte des Potentials von H_ι sind. Das Potential von H_ι erleidet also in der Fläche $\mathfrak{F}_1$ einen Sprung, dessen Betrag gleich dem Moment η des Wirbelfadens ist. Um nun das Potential im ganzen wirbelfreien Raum aus diesem Potentialsprung zu berechnen, umgeben wir $\mathfrak{F}_1$ mit einer Hülle, bestehend aus zwei sich dicht an $\mathfrak{F}_1$ anschmiegenden Flächen $\mathfrak{H}_1$ und $\mathfrak{H}_2$ und außerdem das ganze Gebilde mit einer äußeren Hülle $\mathfrak{F}$. Im ganzen Raum außerhalb der Hüllen $\mathfrak{H}_1$ und $\mathfrak{H}_2$ ist das Feld quellen- und wirbelfrei und daher auch in dem Raum zwischen $\mathfrak{F}$ und $\mathfrak{H}_1$ und $\mathfrak{H}_2$. Wir gehen von (47, 31) aus, wobei jetzt $\mathfrak{F}$ durch $\mathfrak{F} + \mathfrak{H}_1 + \mathfrak{H}_2$ zu ersetzen ist; lassen wir $\mathfrak{F}$ ins Unendliche rücken, so verschwindet das Integral über $\mathfrak{F}$ und es bleibt

$$4\pi U(p_k) = \oint_{\mathfrak{H}_1 + \mathfrak{H}_2} \mu(x_k)\,(U\,\partial_i g - g\,\partial_i U)\, df_\iota. \qquad (51, 16)$$

Wegen der verschiedenen Orientierung der Flächennormalen auf $\mathfrak{H}_1$ und $\mathfrak{H}_2$ ist weiter

$$4\pi U(p_k) = \int_{\mathfrak{F}_1} \mu(x_k)\,(U_2 - U_1)\partial_i g\, df_i - {}$$

$$- \int_{\mathfrak{F}_1} \mu(x_k)\, g(\overset{2}{H}_\iota - \overset{1}{H}_\iota)\, df_\iota. \qquad (51, 17)$$

Dabei sind $\overset{1}{H}_\iota$ und $\overset{2}{H}_\iota$ die Werte von $H_i = \partial_i U$ auf den beiden Hüllen $\mathfrak{H}_1$ und $\mathfrak{H}_2$.

Nun ist aber H_ι stetig, also $\overset{2}{H}_\iota = \overset{1}{H}_\iota$, und daher verschwindet das zweite Integral auf der rechten Seite von (51, 17). Es bleibt

$$U(p_k) = \frac{1}{4\pi} \int \mu(x_k)\,\eta\,\partial_\iota g\, df_\iota, \qquad (51, 18)$$

also tatsächlich das Potential einer Doppelschicht mit der Belegung $\mu(x_k)\,\eta$. Die Größe dieser Belegung ist wohl proportional dem Moment des ersetzten Wirbelfadens, aber nicht mehr konstant, sondern hängt wegen des Faktors μ von der Fläche ab, die wir durch den Wirbelfaden gelegt haben. Aber nicht nur auf verschiedenen Flächen, sondern selbst an verschiedenen Stellen einer solchen Fläche müssen verschiedene Belegungen angebracht werden. Es ist daher vorteilhafter, nicht von einem Ersatz des Wirbelfadens durch eine Doppelquellenschicht, sondern von einem Ersatz durch einen Potentialsprung zu sprechen. Man macht von dieser Vorstellung bei den technischen Anwendungen vielfach Gebrauch, indem man die Summe der Momente der einen Eisenkern umschließenden Wirbelfäden, die gleich ist der Summe der Ampèrewindungen, als eingeprägte magnetische Spannung auffaßt.

Wir bemerken noch, daß die Greensche Funktion g in (51, 18) nicht identisch ist mit der oben in (51, 10) verwendeten Greenschen Funktion $\bar{g}$. g ist ja eine Lösung der Differentialgleichung

$$\partial_i(\mu\, \partial_i\, g) = 0, \tag{51, 19}$$

während für $\bar{g}$

$$\partial_i \left(\frac{1}{\mu}\, \partial_i\, \bar{g}\right) = 0 \tag{51, 20}$$

gilt. (51, 18) erlaubt uns nun, einen interessanten Zusammenhang zwischen diesen beiden Funktionen zu gewinnen, in dem wir noch die magnetische Feldstärke des Wirbelringes aus seinem durch (48, 32) gegebenen Vektorpotential

$$Z_i(p_k) = -\frac{\eta}{4\pi}\int_{\mathfrak{C}} \bar{g}\, dx_i \tag{51, 21}$$

berechnen. Es ist dann

$$B_i = -\frac{\eta}{4\pi}\,\varepsilon_{ijk}\,\frac{\partial}{\partial p_j}\int_{\mathfrak{C}} \bar{g}\, dx_k$$

und nach dem Stokesschen Satz

$$B_i = -\frac{\eta}{4\pi}\,\varepsilon_{ijk}\,\frac{\partial}{\partial p_j}\int_{\mathfrak{F}} \varepsilon_{lhk}\,\frac{\partial \bar{g}}{\partial x_h}\, df_l =$$

$$= -\frac{\eta}{4\pi}\left[\int_{\mathfrak{F}} \frac{\partial^2 \bar{g}}{\partial p_j\, \partial x_j}\, df_i - \int_{\mathfrak{F}} \frac{\partial^2 \bar{g}}{\partial p_j\, \partial x_i}\, df_j\right],$$

bzw.

$$H_i = -\frac{1}{\mu(p_h)}\frac{\eta}{4\pi}\int\limits_{\mathfrak{F}}\left[\frac{\partial^2\bar{g}}{\partial p_j\,\partial x_j}\delta_{ik} - \frac{\partial^2\bar{g}}{\partial p_k\,\partial x_i}\right]df_k.$$

Wir nehmen jetzt den Wirbelring so klein an, daß der Ausdruck unter dem Integralzeichen auf $\mathfrak{F}$ als konstant angesehen werden kann und setzen

$$\eta\int\limits_{\mathfrak{F}} df_k = \eta_k, \tag{51, 22}$$

dann bleibt

$$4\pi H_i = -\frac{1}{\mu(p_h)}\left[\frac{\partial^2\bar{g}}{\partial p_j\,\partial x_j}\delta_{ik} - \frac{\partial^2\bar{g}}{\partial p_k\,\partial x_i}\right]\eta_k. \tag{51, 23}$$

Aus (51, 18) folgt anderseits unter den gleichen Voraussetzungen

$$4\pi H_i = \mu(x_h)\frac{\partial^2 g}{\partial p_i\,\partial x_k}\eta_k. \tag{51, 24}$$

Da (51, 23) und (51, 24) stets dasselbe Feld beschreiben, gleichgültig wie die Lage des Wirbelringes gewählt wird, so gilt ganz allgemein

$$-\mu(x_h)\,\mu(p_h)\frac{\partial^2 g}{\partial p_i\,\partial x_k} = \frac{\partial^2\bar{g}}{\partial p_j\,\partial x_j}\delta_{ik} - \frac{\partial^2\bar{g}}{\partial p_k\,\partial x_i}. \tag{51, 25}$$

Überschiebt man mit δ_{ik}, so folgt der bemerkenswerte Zusammenhang zwischen den Greenschen Funktionen zweier reziproker Feldfaktoren mit

$$\boxed{-\mu(x_h)\,\mu(p_h)\frac{\partial^2 g}{\partial p_i\,\partial x_i} = 2\,\frac{\partial^2\bar{g}}{\partial p_i\,\partial x_i}.} \tag{51, 26}$$

(51, 25) und (51, 26) müssen natürlich auch im Fall $\mu =$ konst. erfüllt sein. Für g und $\bar{g}$ findet man dann z. B. wie in § 47, S. 123,

$$g = -\frac{1}{\mu\,|p_i - x_i|}, \qquad \bar{g} = -\frac{\mu}{|p_i - x_i|}$$

und überzeugt sich leicht, daß diese beiden Funktionen den Gleichungen (51, 25) und (51, 26) genügen.

Wir können jetzt zeigen, daß jeder von einer Wirbeldichte γ_i erfüllte Bereich $\mathfrak{B}$ in seiner Wirkung auf den übrigen wirbelfreien Bereich $\mathfrak{B}'$ durch einen Dipolraum ersetzt werden kann. Im ganzen Raum gilt nach (51, 10) und (51, 08)

$$B_i = -\frac{1}{4\pi}\varepsilon_{ijk}\frac{\partial}{\partial p_j}\int \bar{g}\,\gamma_k\,dV. \qquad (51, 27)$$

Wir setzen nun

$$\bar{g}\,\gamma_k = \eta\int\limits_{\mathfrak{C}} \bar{g}\,dx_k = \eta\int\limits_{\mathfrak{F}} \varepsilon_{ijk}\frac{\partial \bar{g}}{\partial x_j}\,df_i, \qquad (51, 28)$$

d. h. wir denken uns das Volumselement mit elementaren Wirbelringen mit dem Moment η erfüllt. Es ist immer möglich, diesen Ersatz durchzuführen, denn wenn nur $\mathfrak{F}$ genügend klein ist, so gilt wegen (51, 22)

$$\bar{g}\,\gamma_k = \eta_i\,\varepsilon_{ijk}\frac{\partial \bar{g}}{\partial x_j}. \qquad (51, 29)$$

Sind $\bar{g}$ und γ_k gegeben, so lassen sich aus den Gleichungen (51, 29) stets passende Werte für η_k ermitteln. Es ist demnach

$$B_i = \frac{1}{4\pi}\varepsilon_{ijk}\frac{\partial}{\partial p_j}\int\limits_{\mathfrak{B}} \varepsilon_{khl}\frac{\partial \bar{g}}{\partial x_h}\,\eta_l\,dV$$

oder

$$B_i = -\frac{1}{4\pi}\int\limits_{\mathfrak{B}}\left(\frac{\partial^2 \bar{g}}{\partial p_j\,\partial x_j}\,\delta_{ik} - \frac{\partial^2 \bar{g}}{\partial p_k\,\partial x_i}\right)\eta_k\,dV. \qquad (51, 30)$$

Wegen (51, 25) gilt im wirbelfreien Bereich $\mathfrak{B}'$

$$H_i = \frac{1}{4\pi}\int\limits_{\mathfrak{B}} \mu(x_h)\frac{\partial^2 g}{\partial p_i\,\partial x_k}\,\eta_k\,dV =$$

$$= \frac{1}{4\pi}\frac{\partial}{\partial p_i}\int\limits_{\mathfrak{B}} \mu(x_h)\,\frac{\partial g}{\partial x_k}\,\eta_k\,dV, \qquad (51, 31)$$

so daß

$$U(p_i) = \frac{1}{4\pi}\int\limits_{\mathfrak{B}} \mu(x_k)\,\eta_k\,\frac{\partial g}{\partial x_k}\,dV \qquad (51, 32)$$

wird. Dieses Potential gilt aber nur im wirbelfreien Bereich $\mathfrak{B}'$, denn bei der Herleitung von (51, 25) war p_i stets von x_i verschieden; da x_i die Integrationsvariable des Raumintegrals (51, 32) ist, so gilt diese Gleichung nur für Punkte p_i, die außerhalb von $\mathfrak{B}$ liegen. In den Außenraum wirkt also der mit Wirbeln erfüllte Raum so, als ob er mit Dipolen der Dichte $\mu(x_h)\,\eta_k$ erfüllt wäre. Sind μ und η in $\mathfrak{B}$ konstant, so bleibt für die Wirkung nach außen nur eine Belegung mit Quellen an der Oberfläche, wie wir dies für einen Dipolraum bereits in § 28 gezeigt haben. Man kann also in seiner Wirkung nach außen, auch wenn sich dort Materie befindet, einen permanenten Magneten als Anhäufung von magnetischen Quellen auffassen. Wie jedoch (51, 32) zeigt, treten diese magnetischen Quellen stets paarweise in Form von Dipolen auf. Das Potentialfeld im Außenraum eines permanenten Magneten ist also kein Nachweis für die Existenz von magnetischen Quellen, da sich eben alle diese Erscheinungen auch auf das Bestehen elementarer Wirbelfäden, d. h. also elementarer oder molekularer Ströme zurückführen lassen.

Im wirbelfreien Gebiet kann man auch den Begriff der magnetischen Leitfähigkeit gemäß der Definition (47, 49) verwenden, genau so wie den Begriff des magnetischen Widerstandes nach (47, 51), wenn die geometrische Form des Feldes dies zuläßt. Diese Begriffe sind besonders dann gebräuchlich, wenn man die Wirkungen der Ströme nach (51, 15) durch eine *magnetische Spannung* V ersetzt. Längs jeder geschlossenen Linie gilt dann

$$V = \int \frac{1}{\mu} B_i\,dx_i. \tag{51, 33}$$

3. Die Energie des magnetischen Feldes. Wir wenden uns nun der Berechnung der Energie des magnetischen Feldes zu. Die Kraft auf ein mit der Wirbeldichte γ_i erfülltes Volumselement dV ist nach (51, 01)

$$dK_i = \varepsilon_{ijk}\,\gamma_j\,B_k\,dV. \tag{51, 34}$$

Wird unter dem Einfluß dieser Kraft der Weg dx_i zurückgelegt, so wird eine Arbeit

$$dA = \varepsilon_{ijk}\,\gamma_j\,B_k\,dx_i\,dV$$

geleistet. Wird das Volumselement aus dem Unendlichen in das Feld an die Stelle x_i gebracht, so ist die zu leistende Arbeit

$$dA = dV \int_{\infty}^{x_i} \varepsilon_{ijk} \gamma_j B_k \, dx_i = dV \int_{\infty}^{x_i} \varepsilon_{ijk} \gamma_j \varepsilon_{kpq} \partial_p Z_q \, dx_i =$$

$$= dV \int_{\infty}^{x_i} \gamma_j (\partial_i Z_j - \partial_j Z_i) \, dx_i. \qquad (51, 35)$$

Die gesamte Energie des Feldes ist dann

$$A = \int dV \int_{\infty}^{x_i} \gamma_j \partial_i Z_j \, dx_i - \int dV \int_{\infty}^{x_i} \gamma_j \partial_j Z_i \, dx_i. \quad (51, 36)$$

Wir zeigen zunächst, daß das zweite Integral rechts verschwindet. Es ist

$$\gamma_j \partial_j Z_i = \partial_j (\gamma_j Z_i) - Z_i \partial_j \gamma_j; \qquad (51, 37)$$

hier verschwindet der zweite Ausdruck rechts, weil γ_i quellenfrei ist. Es bleibt daher

$$\int dV \int_{\infty}^{x_i} \partial_j (\gamma_j Z_i) \, dx_i = \int_{\infty}^{x_i} dx_i \int \partial_j (\gamma_j Z_i) \, dV,$$

denn es ist gleichgültig, ob wir die einzelnen Wirbel nacheinander in das Feld bringen und dann über den ganzen Raum summieren oder ob wir alle Wirbel gleichzeitig hineinschaffen. Mit Hilfe des Gaußschen Satzes erhalten wir

$$\int \partial_j (\gamma_j Z_i) \, dV = \int \gamma_j Z_i \, df_j = 0,$$

denn Z_i verschwindet ebenso wie γ_i im Unendlichen. Bei der Integration des verbleibenden Teiles von (51, 36) müssen wir noch beachten, daß Z_i selbst erst allmählich mit dem Hineinbringen der γ_i entsteht. Mit einer ähnlichen Überlegung wie im Falle des elektrostatischen Feldes erhalten wir also

$$A = \frac{1}{2} \int \gamma_i Z_i \, dV. \qquad (51, 38)$$

Nun ist wegen (51, 06)

$$A = \frac{1}{2} \int \varepsilon_{ijk} Z_i \, \partial_j H_k \, dV =$$

$$= \frac{1}{2} \int \varepsilon_{ijk} \, \partial_j (Z_i H_k) \, dV - \frac{1}{2} \int \varepsilon_{ijk} H_k \, \partial_j Z_i \, dV =$$

$$= \frac{1}{2} \int \varepsilon_{ijk} H_k Z_i \, df_j - \frac{1}{2} \int \varepsilon_{ijk} H_k \, \partial_j Z_i \, dV. \qquad (51,\ 39)$$

Das Flächenintegral verschwindet, weil im Unendlichen $Z_i = 0$ ist. Es bleibt daher

$$\boxed{A = \frac{1}{2} \int H_k B_k \, dV} \qquad (51,\ 40)$$

für die Energie des Feldes. Man kann nun analog zu dem entsprechenden Ausdruck für das elektrostatische Feld jedem Punkt eine Energiedichte

$$\boxed{w = \frac{1}{2} H_k B_k} \qquad (51,\ 41)$$

zuschreiben.

4. Induktivität und Gegeninduktivität. Wir wollen noch die Energie eines magnetischen Feldes berechnen, dessen Wirbel in einer Anzahl geschlossener Wirbelfäden konzentriert sind. Dieser Fall liegt in guter Näherung bei vielen Anwendungen vor, wenn nämlich das magnetische Feld durch elektrische Ströme erzeugt wird, die in Drähten fließen, deren Querschnitte klein sind im Vergleich zu ihrer Länge.

Wir beginnen mit der Bestimmung der Energie des Feldes eines einzelnen Wirbelfadens vom Querschnitt q, über den eine Stromdichte γ_i verteilt ist. Der Gesamtstrom in diesem Faden ist

$$J = \int_q \gamma_i \, df_i. \qquad (51,\ 42)$$

Wir dürfen den Querschnitt q nicht verschwindend klein wählen, weil dann H_i und B_i in der Umgebung des Wirbelfadens über alle Grenzen wachsen würden und damit die Feldenergie unendlich würde. Wir denken uns nun den Raum in zwei Räume zerlegt. Unter dem Außenraum wollen wir jenen verstehen, der alle Feldlinien enthält, welche an keiner Stelle den Wirbelfaden selbst durchsetzen. Für jede Feldlinie des Außenraumes gilt dann nach (51, 03)

$$\oint H_i\, dx_i = J. \tag{51, 43}$$

Die Feldlinien des Innenraumes durchsetzen den Wirbelfaden oder liegen ganz in seinem Inneren. An die Stelle von (51, 43) tritt

$$\oint H_i\, dx_i = \int_{q'} \gamma_i\, df_i, \tag{51, 44}$$

wobei q' den von der Feldlinie umschlossenen Teil des Querschnittes des Wirbelfadens darstellt. Der Betrag der rechten Seite von (51, 44) wird im allgemeinen kleiner sein als $|J|$ und es wird sich dann eine im Wirbelfaden verlaufende Linie $\mathfrak{C}$ finden lassen, auf der $H_i = 0$ gilt. Diese Linie wollen wir die Mittellinie des Wirbelfadens nennen.

Für die Energie A^a des Außenraumes gilt (51, 40). Wir denken uns in den Wirbelfaden, genauer in seine Mittellinie $\mathfrak{C}$, eine Fläche $\mathfrak{F}$ eingespannt und führen die Integration in (51, 40) für den Außenraum so durch, daß wir zunächst das Integral über die einzelnen für H_i und B_i gebildeten Kraftröhren bilden und dann über die Fläche $\mathfrak{F}$ integrieren. Es ist dann

$$2\, A^a = \int\!\!\int B_i\, H_i\, df_p\, dx_p. \tag{51, 45}$$

Ist T_i der Tangentenvektor der Feldlinie, so ist

$$dx_p = T_p\, ds$$

und

$$B_i = B\, T_i$$

und daher

$$2\, A^a = \int\!\!\int B\, T_i\, df_p\, H_i\, T_p\, ds = \int\!\!\int B_p\, df_p\, H_i\, dx_i.$$

Da nun wegen (51, 02) $B_p\, df_p$ längs jeder Feldröhre konstant ist, so folgt

$$2\, A^a = \int B_p\, df_p \cdot \oint H_i\, dx_i$$

oder

$$A^a = \frac{1}{2}\, \Phi^a\, J. \tag{51, 46}$$

Dabei ist Φ^a der Außenfluß des Wirbelfadens.

Die Energie A^i des inneren Feldes können wir nicht auf diese allgemeine Weise berechnen, da wegen (51, 44) die Verteilung von γ_i dazu bekannt sein muß. Wir können aber einen vom wirklichen Fluß im Innenraum abweichenden Fluß Φ^i dadurch definieren, daß wir

$$A^i = \frac{1}{2}\, \Phi^i\, J \tag{51, 47}$$

setzen. Dann ist die gesamte Energie des Feldes

$$\boxed{A = \frac{1}{2}\,(\Phi^a + \Phi^i)\, J = \frac{1}{2}\, \Phi\, J.} \tag{51, 48}$$

Ist nun die Permeabilität im ganzen Raum unabhängig von H_i, dann sind H_i und B_i an jeder Stelle proportional zu J und damit ist es auch Φ. Wir setzen dann

$$\boxed{\Phi = L\, J;} \tag{51, 49}$$

dabei ist L der *Selbstinduktionskoeffizient* oder die *Induktivität* des Wirbelringes. Er zerfällt in zwei Teile, L^a für den Außenraum und L^i für den Innenraum, die so wie die Energien getrennt zu berechnen sind. Für die gesamte Energie ergibt sich dann der Ausdruck

$$A = \frac{1}{2}\, L\, J^2. \tag{51, 50}$$

Sind zwei Wirbelfäden $\mathfrak{C}_1$ und $\mathfrak{C}_2$ mit den Strömen J_1 und J_2 vorhanden, dann gilt unter der Voraussetzung, daß μ von der Feldstärke unabhängig ist, das Superpositionsgesetz und es ist

$$2A = \int (\overset{1}{B}_\iota + \overset{2}{B}_\iota)(\overset{1}{H}_\iota + \overset{2}{H}_\iota)\,dV =$$

$$= \int \overset{1}{B}_\iota \overset{1}{H}_\iota\,dV +$$

$$+ \int \overset{1}{B}_\iota \overset{2}{H}_\iota\,dV + \int \overset{2}{B}_\iota \overset{1}{H}_\iota\,dV + \int \overset{2}{B}_\iota \overset{2}{H}_\iota\,dV, \qquad (51, 51)$$

wobei $\overset{1}{B}_\iota$ und $\overset{1}{H}_\iota$ vom Strom J_1 und $\overset{2}{B}_\iota$ und $\overset{2}{H}_\iota$ vom Strom J_2 stammen. Das erste und das letzte Integral stellen die von jedem Strom allein stammenden Energien dar. Zur Berechnung des zweiten Integrals denken wir uns eine zu den Feldlinien von $\overset{2}{H}_\iota$ orthogonale Fläche in den Wirbelfaden $\mathfrak{C}_2$ eingespannt. Es ist dann

$$A_{12} = \int\int \overset{1}{B}_\iota \overset{2}{H}_\iota\,df_p\,dx_p$$

und mit

$$\overset{2}{H}_\iota = \overset{2}{H}\,T_\iota, \qquad df_p = T_p\,df$$

wird

$$A_{12} = \int\int \overset{1}{B}_\iota \overset{2}{H}\,T_\iota\,T_p\,df\,dx_p = \int \overset{1}{B}_\iota\,df_\iota \int \overset{2}{H}_p\,dx_p.$$

Nun ist $\int \overset{2}{H}_p\,dx_p = J_2$ für alle Flächenelemente gleich und

$$\int\limits_{\mathfrak{F}_2} \overset{1}{B}_\iota\,df_\iota = \Phi_{12}$$

ist der vom Strom J_1 stammende, die Fläche $\mathfrak{F}_2$ des Wirbelfadens $\mathfrak{C}_2$ durchsetzende Fluß. Wir erhalten also

$$A_{12} = \Phi_{12}\,J_2. \qquad (51, 52)$$

Bezeichnen wir mit Φ_{ab} den vom Wirbelfaden a stammenden, die Fläche des Fadens b durchsetzenden Fluß, dann können wir

$$A = \frac{1}{2}\Phi_{11}\,J_1 + \frac{1}{2}\Phi_{12}\,J_2 + \frac{1}{2}\Phi_{21}\,J_1 + \frac{1}{2}\Phi_{22}\,J_2 \qquad (51, 53)$$

schreiben. Wir haben in § 48 schon allgemein den Fluß eines Wirbelfadens durch die Fläche eines anderen berechnet. Dieser ist, wenn wir den Ausdruck (48, 33), also die Gegeninduktivität nunmehr mit L_{12} bezeichnen,

$$\Phi_{12} = L_{12} J_1.$$

Wir haben ferner festgestellt, daß $L_{12} = L_{21}$ ist. Somit finden wir jetzt für die Energie des Feldes zweier Wirbelfäden

$$A = \frac{1}{2} (L_{11} J_1^2 + 2 L_{12} J_1 J_2 + L_{22} J_2^2). \qquad (51, 54)$$

Bei n Wirbelfäden erhalten wir

$$A = \frac{1}{2} \sum_{\alpha, \beta} L_{\alpha\beta} J_\alpha J_\beta, \qquad (51, 55)$$

d. h. die Energie des Feldes ist eine *quadratische Form der Ströme.*

Es ist naheliegend, das magnetische Feld mit dem elektrostatischen Feld zu vergleichen und für beide Felder einen analogen Aufbau zu versuchen. Da das elektrostatische Feld ein Quellenfeld, das magnetische Feld jedoch ein Wirbelfeld ist, so ergibt sich für die Entsprechung von Quellen und Wirbeln folgende Gegenüberstellung:

Elektrostatisches Feld	*Magnetisches Feld*
Quelldichte γ	Wirbeldichte γ_i
Elektrische Verschiebung	Magnetische Feldstärke
$\partial_i D_i = \gamma$	$\varepsilon_{ijk} \partial_j H_k = \gamma_i$
Elektrische Feldstärke	Magnetische Induktion
$E_i = \frac{1}{\varepsilon} D_i$	$B_i = \mu H_i$
Keine Wirbel	Keine Quellen
$\varepsilon_{ijk} \partial_j E_k = 0$	$\partial_i B_i = 0$
Elektrostatisches Potential U	Magnetisches Vektorpotential Z_i
$E_i = - \partial_i U$	$B_i = \varepsilon_{ijk} \partial_j Z_k$

Nur in Bereichen, wo beide Felder quellen- und wirbelfrei sind, ist auch eine andere Gegenüberstellung möglich, nämlich

Elektrostatisches Feld	*Magnetisches Feld*
Elektrische Verschiebung D_ι	Magnetische Induktion B_ι
Elektrische Feldstärke E_ι	Magnetische Feldstärke H_ι
Dielektrizitätskonstante ε	Permeabilität μ
Elektrostatisches Potential U	Magnetisches Potential U
$E_\iota = -\partial_\iota U$	$H_\iota = \partial_\iota U$

§ 52. Das elektrische Feld

1. Strom und Spannung. Unter elektrischen Feldern versteht man die Felder der elektrischen Ströme. Ein elektrischer Strom entsteht durch Bewegung elektrischer Ladungen. Bezeichnen wir jetzt die Dichte des Stromes mit S_ι, so ist der durch eine geschlossene Fläche nach außen fließende Strom gleich der zeitlichen Abnahme der Ladungsdichte γ in dem von der Fläche umschlossenen Raum, also

$$\oint S_\iota \, df_\iota = -\frac{\partial}{\partial t}\int \gamma \, dV \tag{52, 01}$$

oder, da wir auf der rechten Seite die Differentiation und Integration vertauschen dürfen, und unter Anwendung des Gaußschen Satzes

$$\partial_\iota S_\iota = -\frac{\partial \gamma}{\partial t}. \tag{52, 02}$$

Man spricht von einem *stationären* elektrischen Feld, wenn die Ströme und Ladungen zeitlich konstant sind, also wenn

$$\partial_\iota S_\iota = 0 \tag{52, 03}$$

ist. Konstante Ströme, die nicht innerhalb des Feldes in sich zurückfließen, können nur von Null verschieden sein, wenn an der Begrenzung des Feldes Ladungen zu- und abgeführt werden.

Elektrische Ladungen bewegen sich unter dem Einfluß der Kräfte eines elektrostatischen Feldes E_ι; je nach der Art der das Feld erfüllenden Materie ergeben sich verschiedene Zusammenhänge zwischen der in einem Punkt herrschenden Feldstärke E_ι und der dort anzutreffenden Stromdichte S_ι. In vielen Fällen, z. B. in Metallen, aber auch in Flüssigkeiten, ist dieser Zusammenhang sehr einfach, nämlich

$$\boxed{S_\iota = \sigma E_\iota.} \tag{52, 04}$$

Man nennt σ die *Leitfähigkeit* der Materie und nennt (52, 04) das (differentielle) *Ohmsche Gesetz.* Im stationären elektrischen Feld wird die Feldstärke gewöhnlich durch die festgehaltenen Potentiale der Begrenzungsflächen des Feldes geliefert. E_ι muß dann auch die Bedingungen

$$\varepsilon_{\iota\jmath k}\, \partial_\jmath\, E_k = 0 \tag{52, 05}$$

des elektrostatischen Feldes erfüllen. Die Gleichungen (52, 03) bis (52, 05) bestimmen nach § 47 ein quellen- und wirbelfreies Doppelfeld, wobei E_ι das A-Feld, S_ι das B-Feld und σ der Feldfaktor ist.

Wir bemerken noch, daß man gewöhnlich den Einfluß der Raumladung auf die Ausbildung des Feldes vernachlässigt, obwohl die obigen Beziehungen auch bei Berücksichtigung der Raumladung gültig bleiben. Erfahrungsgemäß spielt die Raumladung aber nur in Sonderfällen eine Rolle.

In vielen Fällen ist nicht sosehr die tatsächliche Form des Feldes von Bedeutung, sondern nur der Zusammenhang zwischen der Potentialdifferenz der das Feld begrenzenden Flächen, die man *elektrische Spannung* nennt, und der gesamten Stromstärke. Diese ist der Fluß der Stromdichte durch diese Flächen. Man verwendet dann den Begriff der elektrischen Leitfähigkeit, wie wir ihn in (47, 49) eingeführt haben, oder den des elektrischen Widerstandes nach (47, 51) bzw. (47, 52). Ist das Feld durch Flächen verschiedenen Potentials begrenzt, so muß durch außerhalb des Feldes wirksame Mittel dafür gesorgt werden, daß diese Potentiale ständig erhalten und die Ströme stationär bleiben, d. h. es muß den begrenzenden Flächen von außen so viel an Ladung zugeführt werden wie durch die Ströme abfließt.

2. Sprungflächen des Potentials. Erfahrungsgemäß gibt es auch Fälle, bei denen die stationäre Strömung durch eine Sprungfläche des Potentials im Inneren des Feldes bewirkt wird. Solche Sprungflächen des Potentials treten bei einer Berührung von Körpern aus verschiedenem Material sowie durch chemische und durch thermische Wirkungen auf.

Für die Berechnung der durch eine solche Sprungfläche $\mathfrak{F}$ hervorgerufenen Strömung können wir (48, 08) heranziehen. Wir denken uns dabei die Sprungfläche durch zwei dicht anschließende Flächen $\mathfrak{F}_1$ und $\mathfrak{F}_2$ aus dem Feld ausgeschlossen. Nach (48, 08) ist, wenn im ganzen betrachteten Raum keine Quellen vorhanden sind,

$$4\pi U(p_k) = \int_{\mathfrak{F}_1+\mathfrak{F}_2} \sigma(U\,\partial_\iota G - G\,\partial_\iota U)\,df_\iota =$$

$$= \int_{\mathfrak{F}} (\sigma_2 \overset{2}{U}\,\partial_\iota \overset{2}{G} - \sigma_1 \overset{1}{U}\,\partial_\iota \overset{1}{G})\,df_\iota - \int_{\mathfrak{F}} (\sigma_2 \overset{2}{G}\,\partial_\iota \overset{2}{U} - \sigma_1 \overset{1}{G}\,\partial_\iota \overset{1}{U})\,df_\iota,$$

wobei die Normalen von $\mathfrak{F}_1$ und $\mathfrak{F}_2$ gegen $\mathfrak{F}$ gerichtet sind und die Normale von $\mathfrak{F}$ in die Richtung $2 \to 1$ weist. Das zweite Integral auf der rechten Seite verschwindet, weil $\overset{1}{G} = \overset{2}{G} = 0$ ist auf $\mathfrak{F}$. G erfüllt aber auch die Potentialgleichung (47, 09); d. h. die Divergenz von $\sigma\,\partial_\iota G$ verschwindet und der Vektor $\sigma\,\partial_\iota G$ durchsetzt die Sprungfläche mit stetiger Normalprojektion, so daß

$$\sigma_2\,\partial_\iota \overset{2}{G}\,df_\iota = \sigma_1\,\partial_\iota \overset{1}{G}\,df_\iota = \sigma\,\partial_\iota G\,df_\iota \tag{52, 06}$$

ist. Da $\overset{2}{U}$ auf $\mathfrak{F}_2$ und $\overset{1}{U}$ auf $\mathfrak{F}_1$ konstant ist, können wir bei Berücksichtigung der Orientierung der Flächennormalen

$$4\pi U(p_k) = (\overset{2}{U} - \overset{1}{U}) \int_{\mathfrak{F}} \sigma\,\partial_\iota G\,df_\iota \tag{52, 07}$$

schreiben.

Ein solcher Potentialsprung im Feld verdient noch eine nähere Betrachtung. Erfahrungsgemäß gilt (52, 03) auch auf einer Sprungfläche, d. h. der Strom durchsetzt die Sprungfläche. Während er aber im übrigen Feld die gleiche Orientierung wie die Feldstärke hat, also wegen $E_\iota = -\partial_\iota U$ von Punkten höheren Potentials zu solchen niedrigeren Potentials fließt, durchsetzt er die Sprungfläche von der Seite des niedrigen Potentials zu der des höheren. Die Ladungen bewegen sich also an dieser Stelle entgegengesetzt zur Orientierung der im Grenzfall einer wirklichen Sprungfläche sogar unendlich großen Feldstärke. Um die Verhältnisse klarzulegen, wollen wir von der Abstraktion der Sprungfläche jetzt absehen und an ihre Stelle zwei Flächen konstanten Potentials in geringem Abstand setzen. Verfolgen wir den Verlauf des Potentials und der Feldstärke längs einer das Flächenpaar durchsetzenden Stromlinie, so können wir uns einen Verlauf dieser Größen, wie in Abb. 20 gezeigt, vorstellen. Innerhalb des Raumes zwischen $\mathfrak{F}_1$ und $\mathfrak{F}_2$ besteht eine Potentialschwelle und die Potentialdifferenz $\overset{2}{U} - \overset{1}{U}$ wird dadurch auf-

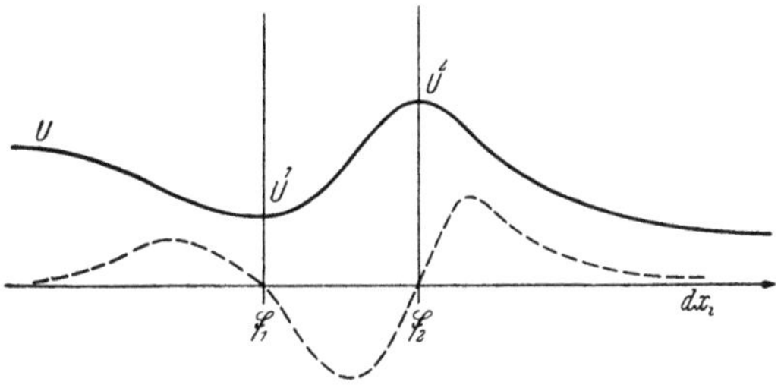

Abb 20

rechterhalten, daß die auf $\mathfrak{F}_1$ ankommenden Ladungen durch irgendwelche (äußeren) Kräfte entgegen der Wirkung von E_i über diese Potentialschwelle gehoben werden. Solche äußeren

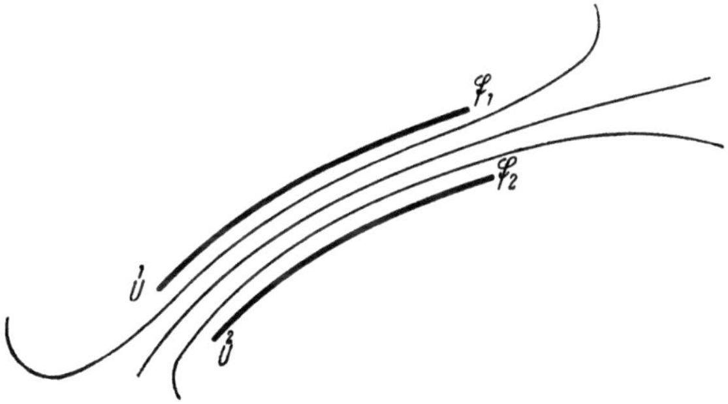

Abb. 21

Kräfte können z. B. durch die Wärmebewegung der Moleküle oder durch chemische Vorgänge zustande kommen.

In Abb. 21 sind die Niveauflächen des Potentials U in einem Schnitt durch das Feld einer solchen „Sprungfläche“ angedeutet. An jeder Stelle ist ein eindeutiges Potential vorhanden und das Feld ist überall wirbelfrei.

3. Der Verschiebungsstrom. Ein ganz ähnliches Bild erhalten wir, wenn wir $\mathfrak{F}_1$ und $\mathfrak{F}_2$ als die Beläge eines geladenen Kondensators auffassen, wobei der Raum zwischen den Belägen nicht leitend ($\sigma = 0$) ist, während im Außenraum $\sigma \neq 0$ ist. Wir können den Strom im Außenraum allerdings nicht konstant halten, weil die Spannung zwischen den Belägen infolge der abnehmenden Ladung sinkt. Man kann aber ein stationäres Feld wenigstens angenähert herstellen, wenn σ im Außenraum genügend klein ist. Um den allgemeinen Fall nicht stationärer Ströme zu untersuchen, gehen wir von (52, 01) bzw. (52, 02) aus. Da die Ladungsdichte die Divergenz der dielektrischen Verschiebung D_ι ist, so gilt

$$\partial_\iota S_\iota = -\frac{\partial}{\partial t}\partial_\iota D_\iota \tag{52, 08}$$

oder

$$\partial_\iota S_\iota = -\partial_\iota \frac{\partial D_\iota}{\partial t}. \tag{52, 09}$$

Die Vertauschung der Differentiationen nach Zeit und Ort ist zulässig, wenn sich keine Materie bewegt, wenn also vor allem

$$\frac{\partial \varepsilon}{\partial t} = 0 \tag{52, 10}$$

ist. Man nennt

$$\dot{D}_\iota = \frac{\partial D_\iota}{\partial t} \tag{52, 11}$$

den *Verschiebungsstrom* und die Summe aus ihm und dem Leitungsstrom S_ι den *Summenstrom*

$$C_\iota = S_\iota + \dot{D}_\iota. \tag{52, 12}$$

Für ihn gilt immer

$$\partial_\iota C_\iota = 0. \tag{52, 13}$$

Führen wir beide Stromanteile auf die elektrische Feldstärke zurück, so erhalten wir

$$C_\iota = \sigma E_\iota + \varepsilon \dot{E}_\iota. \tag{52, 14}$$

Die Bedeutung der beiden Teilströme erkennen wir, wenn wir C_ι an der Grenze von zwei Bereichen betrachten, von denen der eine mit Materie guter Leitfähigkeit, aber niedriger Dielektrizitätskonstante, also einem Leiter erfüllt ist, während in dem anderen Bereich σ verschwindend klein angenommen ist, also ein Nichtleiter oder Isolator vorliegt (Abb. 22).

Im ersten Bereich ist der Strom praktisch ein reiner Leitungsstrom, im zweiten ein reiner Verschiebungsstrom. Wegen (52, 13) müssen die Ströme an der Grenzfläche stetig ineinander übergehen, d. h. der Verschiebungsstrom ist die Fortsetzung des Leitungsstromes. Wir haben den Verschiebungsstrom zunächst aus rein formalen Gründen eingeführt, damit auch für nichtstationäre Ströme die Divergenz des Stromes verschwindet. Viel zwingender ist aber die Erfahrungstatsache, daß sich auch der Verschiebungsstrom mit einem magnetischen Feld umgibt, genau so wie der Leitungsstrom, d. h. *der Summenstrom ist die Wirbeldichte der magnetischen Feldstärke*

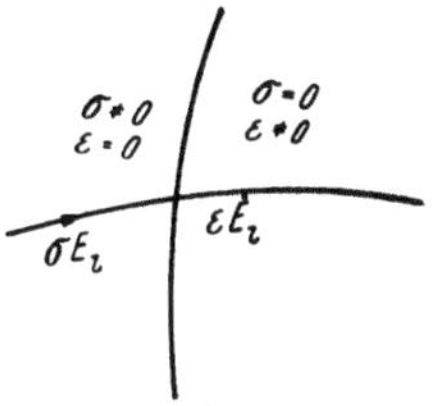

Abb. 22

$$\boxed{\varepsilon_{ijk}\,\partial_j H_k = \sigma E_i + \dot{D}_i.} \qquad (52, 15)$$

Mit Hilfe des Verschiebungsstromes können wir auch die von einem Strom im elektrischen Feld geleistete Arbeit berechnen. Wir betrachten dazu ein Feld mit den Anfangswerten $\overset{1}{U}$, $\overset{1}{E}_i$ und $\overset{1}{D}_i$ zum Zeitpunkt $t = 0$ und mit den Werten $\overset{2}{U}$, $\overset{2}{E}_i$ und $\overset{2}{D}_i$ zur Zeit t. Dabei nehmen wir an, daß dem Feld keine Energie von außen zugeführt wird, so daß die ganze durch die elektrischen Ströme verbrauchte Energie aus der Energie des elektrostatischen Feldes gedeckt werden muß. Wir setzen ferner voraus, daß ε und σ unabhängig von der Zeit sind, also $\dot{\varepsilon} = \dot{\sigma} = 0$ ist. Wir bilden nun das Integral des Produktes $E_i\,S_i$ über den ganzen Raum und berechnen die gesamte Änderung dieses Integrals während der Zeit t. Zunächst gilt in jedem Zeitpunkt

$$-\int E_i\,S_i\,dV = \int S_i\,\partial_i\,U\,dV = \int \partial_i(U\,S_i)\,dV - \int U\,\partial_i\,S_i\,dV.$$

Aus dem Gaußschen Satz folgt, daß das erste Integral rechts verschwindet, weil im Unendlichen $U = 0$ ist.

Wegen (52, 09) folgt weiter

$$-\int E_i\,S_i\,dV = \int U\,\partial_i\,\dot{D}_i\,dV = \int \partial_i(U\,\dot{D}_i)\,dV - \int \dot{D}_i\,\partial_i\,U\,dV.$$

Das erste Integral verschwindet ähnlich wie oben und es bleibt

$$\int E_i S_i \, dV = -\int E_i \dot{D}_i \, dV = -\int \varepsilon E_i \dot{E}_i \, dV. \quad (52, 16)$$

Die gesamte Änderung während der Zeit t ist

$$\int_0^t dt \int E_i S_i \, dV = -\int_0^t dt \int \varepsilon E_i \dot{E}_i \, dV.$$

Wegen $\dot{\varepsilon} = 0$ dürfen wir die Reihenfolge der Integrationen vertauschen und erhalten

$$\int_0^t dt \int E_i S_i \, dV = -\int \varepsilon \, dV \int_0^t E_i \dot{E}_i \, dt = -\frac{1}{2} \int (E_i D_i)_0^t \, dV$$

und daher für die von den Strömen verbrauchte Energie

$$A = -\frac{1}{2} \int (\overset{2}{E}_i \overset{2}{D}_i - \overset{1}{E}_i \overset{1}{D}_i) \, dV. \quad (52, 17)$$

Diese Beziehung gilt allerdings nur mit der Einschränkung, die wir schon oben machten, daß die Ströme während der Zeit t angenähert als konstant betrachtet werden können, da wir bei der Herleitung von (52, 17) die magnetische Energie außer Betracht gelassen haben. Im Feld veränderlicher Ströme ist (52, 05) nicht erfüllt.

Aus den Gleichungen

$$\gamma = \partial_i D_i = \partial_i (\varepsilon E_i) \quad (52, 18)$$

und

$$\dot{\gamma} = -\partial_i S_i = -\partial_i (\sigma E_i) \quad (52, 19)$$

kann man unter der Voraussetzung räumlicher konstanter Werte von ε und σ berechnen, wie eine in einem Körper anfänglich vorhandene Ladung der Dichte γ_0 infolge des Leitungsstromes allmählich zerfließt. Es ist

$$\dot{\gamma} = -\frac{\sigma}{\varepsilon} \gamma \quad (52, 20)$$

und daher

$$\gamma = \gamma_0 e^{-t/T}. \quad (52, 21)$$

Die Zeit

$$T = \frac{\varepsilon}{\sigma} \tag{52, 22}$$

nennt man die *Relaxationszeit.*

§ 53. Das elektromagnetische Feld

1. Das Induktionsgesetz. In (52, 15) haben wir eine Verknüpfung zwischen dem magnetischen und elektrischen Feld kennengelernt, bei der die zeitliche Veränderung des elektrischen Feldes mitbestimmend für die Größe des magnetischen Feldes ist. Das *Induktionsgesetz* stellt eine ähnliche Verbindung zwischen der zeitlichen Änderung des magnetischen Feldes mit dem elektrischen Feld her. Es lautet in der Integralform

$$\boxed{\oint E_i \, dx_i = -\frac{d}{dt} \int B_i \, df_i} \tag{53, 01}$$

und besagt, daß das Linienintegral der elektrischen Feldstärke längs einer geschlossenen Linie proportional ist der Änderung des magnetischen Flusses durch eine in diese Linie eingespannte Fläche. Bei entsprechender Wahl der Einheiten von E_i und B_i ist der Proportionalitätsfaktor gleich eins. Die Vorzeichen sind so gewählt, daß der Umlaufsinn auf der Randkurve mit der Flächennormale eine Rechtsschraubung ergibt. (53, 01) *gilt allgemein auch für den Fall, daß die Randkurve selbst zeitlichen Veränderungen unterworfen ist.* Ist das nicht der Fall, dann kann man die Reihenfolge von Differentiation und Integration auf der rechten Seite von (53, 01) vertauschen und erhält

$$\oint E_i \, dx_i = -\int \frac{\partial B_i}{\partial t} \, df_i \tag{53, 02}$$

oder nach Anwendung des Stokesschen Satzes

$$\boxed{\varepsilon_{ijk} \, \partial_j E_k = -\frac{\partial B_i}{\partial t}.} \tag{53, 03}$$

Das ist das Induktionsgesetz in differentieller Form; es gilt *nur für ruhende Körper.*

Das Induktionsgesetz liefert nur eine Aussage über die Wirbeldichte des elektrischen Feldes, nicht aber über die Verteilung der Feldstärke selbst. Diese hängt nicht nur von eventuell noch vorhandenen Quellen und Senken der Feldstärke im betrachteten Bereich oder den Randwerten der Normalprojektionen, sondern auch noch von der Dielektrizitätskonstante und der Leitfähigkeit ab. Man erhält die Verteilung der elektrischen Feldstärke erst nach Integration der Differentialgleichungen (53, 03) und (50, 07) zusammen mit (50, 09), (51, 04) und (52, 15). Wir zeigen den Einfluß der Materialeigenschaften an einigen einfachen Beispielen.

a) Das Feld der magnetischen Induktion erfülle einen unendlich langen Kreiszylinder so, daß die Feldlinien achsenparallel verlaufen. Der Fluß durch einen Schnitt senkrecht zur Achse sei Φ. Gesucht ist das elektrische Feld außerhalb des Zylinders, wenn sich Φ zeitlich nach einem vorgeschriebenen Gesetz ändert. Der ganze Raum sei frei von Quellen und außerhalb des Zylinders mit einem homogenen Material erfüllt. Wegen der Rotationssymmetrie hängt $E = |E_i|$ nur vom Abstand r von der Achse des Zylinders ab. Legen wir um den Zylinder einen konzentrischen Zylinder, so darf wegen des Fehlens von Quellen dieser Zylinder von keinem Fluß von E_i durchsetzt werden, d. h. die Feldlinien von E_i müssen tangential zu jedem Kreis um die Achse verlaufen. (53, 01) ergibt dann

$$2 \pi r E = -\dot{\Phi}$$

oder

$$E(r) = -\frac{1}{2 \pi r} \dot{\Phi}.$$

Die Äquipotentialflächen sind die Meridianebenen. In Abb. 23 a ist ein zur Zylinderachse senkrechter Schnitt durch das Feld gezeigt. Die Potentialflächen sind mit 0 bis 11 bezeichnet. Bei einem vollständigen Umlauf von 0 bis 0 nimmt das Potential um $\dot{\Phi}$ zu.

b) Wir setzen das gleiche Magnetfeld voraus wie unter a, legen aber jetzt in eine zur Achse senkrechte Ebene einen kreisförmigen Leiter konstanten Querschnittes mit dem spezifischen Widerstand ϱ, so daß sein Mittelpunkt in die Zylinderachse fällt. In diesem Leiter gilt dann

$$E_i = \varrho S_i$$

und wegen der Rotationssymmetrie

$$2 \pi r \varrho S = -\Phi$$

oder

$$S = -\frac{1}{2 \pi r \varrho} \dot{\Phi}$$

Wir erhalten also die gleiche Verteilung von S_i wie im Falle a für E_i. Die eben behandelte Anordnung dient oft zum Nachweis des Induktionsgesetzes, da sich die Wirkungen eines Stromes leichter nachweisen lassen als die einer elektrischen Feldstärke. Es ist aber zu beachten, daß die bei diesem Versuch festgestellte Verteilung der elektrischen Feldstärke nur bei vollständiger Symmetrie der Anordnung auftritt und keinesfalls auf andere Fälle übertragen werden darf. Zu beachten ist ferner, daß der in dem Leiter fließende Strom selbst wieder ein Magnetfeld erzeugt, und daß Φ das resultierende Feld darstellt.

c) Wir behalten die Form des Magnetfeldes wie unter a bei. Der Raum außerhalb des Zylinders sei mit leitender Materie erfüllt, und zwar so, daß der spezifische Widerstand innerhalb zweier Meridianhalbebenen, die

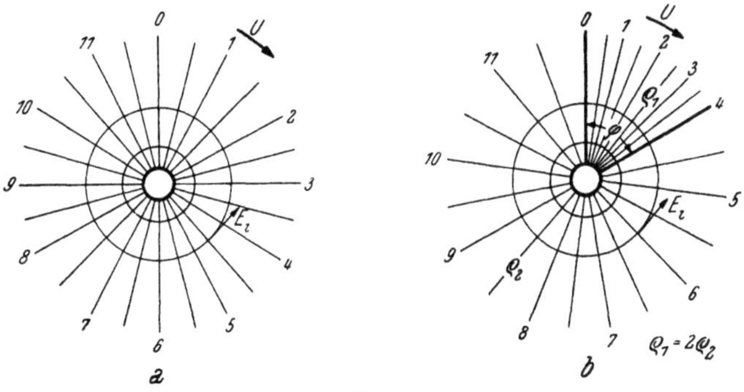

Abb. 23

den Winkel φ einschließen, gleich ϱ_1, im übrigen Raum ϱ_2 sei. Auch in diesem Fall sind die Feldlinien von E_i und S_i konzentrische Kreise um die Zylinderachse. In den Bereichen $\varrho_1 =$ konst. und $\varrho_2 =$ konst. gilt die Laplacesche Differentialgleichung. Wir haben bereits in § 27 das Feld behandelt, bei dem das Potential in jeder Meridian-Ebene konstant ist. Diese Lösung gilt auch im vorliegenden Fall, nur erhält man in den beiden Bereichen verschiedene Proportionalitätsfaktoren. Wenn die Feldlinien konzentrische Kreise sind, dann muß der Betrag der Stromdichte wegen des Kontinuitätsgesetzes längs jeder Feldlinie konstant sein. Wir finden daher für das Linienintegral der Feldstärke

$$S\, r\, [\varphi\, \varrho_1 + (2\,\pi - \varphi)\, \varrho_2] = -\dot{\Phi}.$$

Der Betrag der Feldstärke innerhalb des Winkels φ ist dann

$$\overset{1}{E} = -\frac{1}{r}\,\frac{\varrho_1}{\varphi\,\varrho_1 + (2\,\pi - \varphi)\,\varrho_2}\,\dot{\Phi}$$

und im Bereich des Winkels $2\,\pi - \varphi$

$$\overset{2}{E} = -\frac{1}{r}\,\frac{\varrho_2}{\varphi\,\varrho_1 + (2\,\pi - \varphi)\,\varrho_2}\,\dot{\Phi}.$$

Die Richtung der Feldstärke stimmt zwar überall mit der der Tangente an die koaxialen Kreise überein, der Betrag der Feldstärke ist aber in den beiden Teilbereichen verschieden. Abb. 23 b zeigt einen Schnitt durch das Feld für den Fall $\varrho_1 = 2\,\varrho_2$. Man erkennt, daß die Äquipotentialflächen im Bereich ϱ_1 dichter gedrängt verlaufen, wie das der größeren Feldstärke entspricht. Das gleiche Ergebnis erhalten wir, wenn wir, statt den ganzen Raum mit leitender Materie zu erfüllen, einen kreisförmigen Leiter verschiedenen spezifischen Widerstandes um den Zylinder legen. Wir müssen allerdings dann noch voraussetzen, daß $\dot{\Phi}$ konstant ist, so daß außerhalb des Leiters kein Verschiebungsstrom fließen kann.

d) Bei der gleichen Anordnung des magnetischen Feldes sei der Raum des Winkels φ von einem Nichtleiter mit der Dielektrizitätskonstanten ε, der Raum des Winkels $2\,\pi - \varphi$ von einem Leiter mit dem Widerstand ϱ erfüllt. Innerhalb von φ ist dann

$$\varepsilon\, E_i = D_i$$

und innerhalb von $2\,\pi - \varphi$ gilt

$$E_i = \varrho\, S_i.$$

Aus den gleichen Überlegungen wie im Fall c folgt, daß auch hier die Feldlinien konzentrische Kreise sind. Daher ist

$$\oint E_i\, dx_i = r\,\varrho\, S(2\,\pi - \varphi) + \frac{1}{\varepsilon}\, D\, r\, \varphi.$$

Nun gilt auf den Meridianebenen, welche die beiden Teilgebiete trennen, wegen (52, 13)

$$S = \dot{D}$$

und wir erhalten die Differentialgleichung

$$\varrho\, r(2\,\pi - \varphi)\, \dot{D} + \frac{1}{\varepsilon}\, r\, \varphi\, D = -\, \dot{\Phi}.$$

Wir nehmen an, daß $\dot{\Phi} = -\,K$ konstant ist und setzen

$$\varrho\,\varepsilon\, \frac{2\,\pi - \varphi}{\varphi} = T,$$

dann ist

$$D = A \exp\left(-\,\frac{t}{T}\right) + \frac{\varepsilon\, K}{r\,\varphi}$$

eine Lösung der Differentialgleichung. War im Zeitpunkt $t = 0$ kein elektrisches Feld vorhanden, so bestimmt sich die Integrationskonstante so, daß

$$E = \frac{K}{r\,\varphi}\left[1 - \exp\left(-\,\frac{t}{T}\right)\right].$$

Nach einer Zeit, die groß ist im Vergleich zur Zeitkonstanten T, gilt

$$E_\infty = \frac{K}{r\,\varphi}$$

und der negative Anteil des Linienintegrals der Feldstärke im Bereich von φ, das ist also die Spannung, die zwischen den beiden Meridianebenen herrscht, wird dann

$$U = -\int E_i\,dx_i = \dot{\Phi},$$

während längs des Leiters die Spannung verschwindet. Das behandelte Beispiel entspricht weitgehend dem Fall der offenen Sekundärwicklung eines Transformators Auch bei diesem tritt praktisch die ganze induzierte

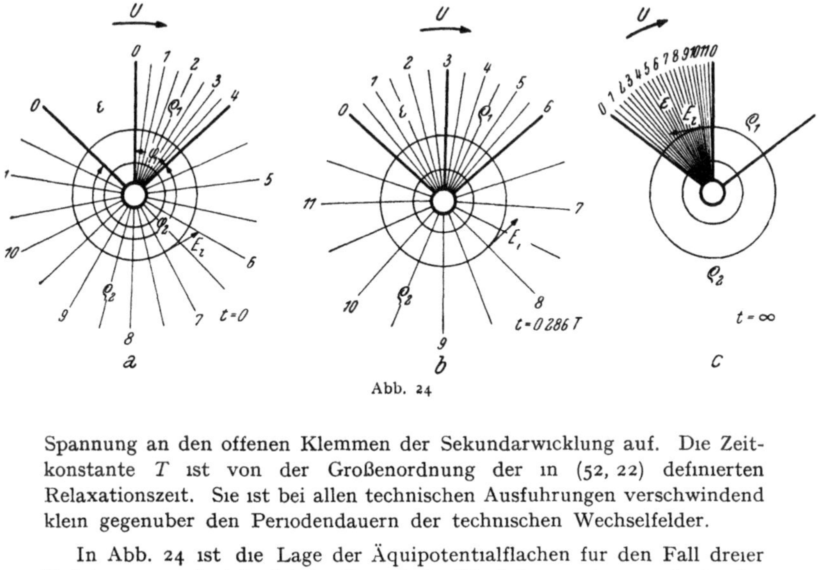

Abb. 24

Spannung an den offenen Klemmen der Sekundärwicklung auf. Die Zeitkonstante T ist von der Größenordnung der in (52, 22) definierten Relaxationszeit. Sie ist bei allen technischen Ausführungen verschwindend klein gegenüber den Periodendauern der technischen Wechselfelder.

In Abb. 24 ist die Lage der Äquipotentialflächen für den Fall dreier Teilräume angedeutet. Ist der Bereich des Winkels φ_1 mit einem Leiter des spezifischen Widerstands ϱ_1, der Winkel φ_2 mit einem solchen des spezifischen Widerstands ϱ_2 und der verbleibende Teil mit einem Isolator mit der Dielektrizitätskonstanten ε erfüllt, so erhält man in ähnlicher Weise wie oben

$$r\,[\varphi_1 \overset{1}{E} + \varphi_2 \overset{2}{E} + (2\,\pi - \varphi_1 - \varphi_2)\,\overset{3}{E}] = -\dot{\Phi},$$

wobei $\overset{1}{E}, \overset{2}{E}, \overset{3}{E}$ die Beträge der Feldstärken in den Teilbereichen sind. Man gelangt schließlich zu

$$\overset{1}{E} = -\frac{\dot{\Phi}}{r}\frac{\varrho_1}{\varphi_1\varrho_1+\varphi_2\varrho_2}\exp\left(-\frac{t}{T}\right),$$

$$\overset{2}{E} = -\frac{\dot{\Phi}}{r}\frac{\varrho_2}{\varphi_1\varrho_1+\varphi_2\varrho_2}\exp\left(-\frac{t}{T}\right)$$

und

$$\overset{3}{E} = -\frac{\dot{\Phi}}{r}\frac{1}{2\pi-\varphi_1-\varphi_2}\left[1-\exp\left(-\frac{t}{T}\right)\right],$$

wobei

$$T = \frac{\varepsilon(\varphi_1\varrho_1+\varphi_2\varrho_2)}{2\pi-\varphi_1-\varphi_2}$$

die Zeitkonstante ist. Die Abbildung zeigt nun fur $\varrho_1 = 2\varrho_2$, wie zur Zeit $t = 0$ der Nichtleiter feldfrei ist und wie sich die Potentialverteilung allmahlich verandert, bis im Endzustand die ganze Potentialdifferenz an dem Isolator liegt, wahrend beide Leiter feldfrei sind.

Unsere bisherigen Betrachtungen bezogen sich auf ruhende Körper. Um die (53, 03) entsprechende Form für bewegte Körper — also für zeitliche Veränderungen der Randkurve — aus (53, 01) herzuleiten, bestimmen wir die zeitliche Änderung eines Flächenintegrals

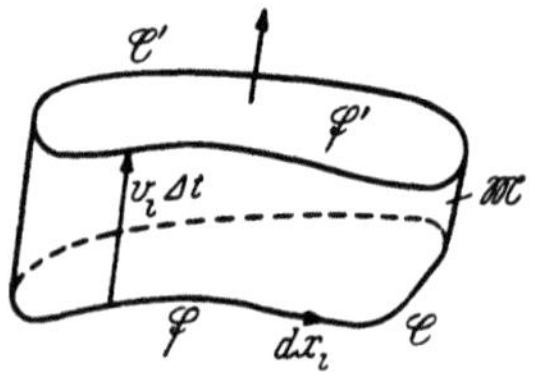

Abb 25

$$\Phi = \int_{\mathfrak{F}} A_\iota\, df_\iota, \qquad (53, 04)$$

wenn sich die Punkte der Randkurve $\mathfrak{C}$ von $\mathfrak{F}$ mit Geschwindigkeiten v_ι bewegen. Nach einer Zeit Δt hat jeder Punkt der Randkurve und damit auch der eingespannten Fläche eine Strecke $v_\iota\,\Delta t$ zurückgelegt und die Kurve ist in die Kurve $\mathfrak{C}'$, die Fläche in die Fläche $\mathfrak{F}'$ übergegangen (Abb. 25). Hat sich A_ι während der Zeit ebenfalls geändert, so ist

$$\Phi' = \Phi + \Delta\Phi = \int_{\mathfrak{F}'} A_\iota(t+\Delta t)\, df_\iota \qquad (53, 05)$$

Die Fläche hat dabei einen Bereich überstrichen, der von den Flächen $\mathfrak{F}$ und $\mathfrak{F}'$ und von einer Mantelfläche $\mathfrak{M}$ begrenzt wird. Zeigt die Flächennormale auf $\mathfrak{M}$ ebenso wie die von $\mathfrak{F}'$ nach außen, so ist

$$\oint A_i\, df_i = \int\limits_{\mathfrak{F}'} A_i\, df_i + \int\limits_{\mathfrak{M}} A_i\, df_i - \int\limits_{\mathfrak{F}} A_i\, df_i = \int \partial_i A_i\, dV. \tag{53, 06}$$

Das Integral über $\mathfrak{M}$ läßt sich auf ein Linienintegral über $\mathfrak{C}$ zurückführen. Auf $\mathfrak{M}$ gilt bei kleinem Δt

$$df_i = \varepsilon_{ijk}\, dx_j\, v_k\, \Delta t$$

und, wenn A_i ein passend gewählter Mittelwert auf $v_i\, \Delta t$ ist,

$$\int\limits_{\mathfrak{M}} A_i\, df_i = \Delta t \int\limits_{\mathfrak{C}} A_i\, \varepsilon_{ijk}\, v_k\, dx_j. \tag{53, 07}$$

Für die Änderung $\Delta\Phi$ finden wir

$$\Delta\Phi = \int\limits_{\mathfrak{F}'} \left(A_i + \frac{\partial A_i}{\partial t}\, \Delta t\right) df_i - \int\limits_{\mathfrak{F}} A_i\, df_i$$

und wegen (53, 06), (53, 07) und $dV = v_j\, df_j\, \Delta t$

$$\Delta\Phi = -\Delta t \int\limits_{\mathfrak{C}} A_i\, \varepsilon_{ijk}\, v_k\, dx_j + \Delta t \int\limits_{\mathfrak{F}'} \frac{\partial A_i}{\partial t}\, df_i + \Delta t \int\limits_{\mathfrak{F}} \partial_i A_i\, df_j\, v_j;$$

daher ist

$$\frac{d\Phi}{dt} = \lim_{\Delta t \to 0} \frac{\Delta\Phi}{\Delta t} = \int\limits_{\mathfrak{F}} \frac{\partial A_i}{\partial t}\, df_i + \int\limits_{\mathfrak{C}} \varepsilon_{ijk}\, A_i\, v_j\, dx_k + \int\limits_{\mathfrak{F}} \partial_i A_i\, df_j\, v_j. \tag{53, 08}$$

Wir verwandeln das zweite Integral rechts in ein Flächenintegral. Es ist

$$\int\limits_{\mathfrak{C}} \varepsilon_{ijk}\, A_i\, v_j\, dx_k = \int\limits_{\mathfrak{F}} \varepsilon_{pqk}\, \varepsilon_{ijk}\, \partial_q (A_i\, v_j)\, df_p,$$

und daher

$$\frac{d\Phi}{dt} = \int\limits_{\mathfrak{F}} \left[\frac{\partial A_i}{\partial t} + \varepsilon_{ijk}\, \varepsilon_{pqk}\, \partial_j (A_p\, v_q) + v_i\, \partial_j A_j\right] df_i. \tag{53, 09}$$

Ist A_i der Vektor der magnetischen Induktion B_i, so verschwindet das letzte Glied rechts und es bleibt

$$\oint E_i\, dx_i = -\int\limits_{\mathfrak{F}} \left[\frac{\partial B_i}{\partial t} + \varepsilon_{ijk}\,\varepsilon_{kpq}\,\partial_j(B_p\, v_q)\right] df_i \qquad (53,\ 10)$$

oder in differentieller Form, auch für bewegte Körper gültig

$$\boxed{\varepsilon_{ijk}\,\partial_j\, E_k = -\frac{\partial B_i}{\partial t} - \varepsilon_{ijk}\,\varepsilon_{kpq}\,\partial_j(B_p\, v_q).} \qquad (53,\ 11)$$

Zu dem von der zeitlichen Änderung des Feldes stammenden Anteil kommt noch ein geschwindigkeitsabhängiger Anteil hinzu.

Wir wenden noch die gleiche Betrachtung auf den in § 52 behandelten Zusammenhang zwischen magnetischen und elektrischen Feldern an, indem wir jetzt die durch (52, 10) gemachte Einschränkung auf ruhende Körper fallen lassen. Es gilt dann

$$\oint H_i\, dx_i = \frac{d}{dt}\int D_i\, df_i + \int S_i\, df_i; \qquad (53,\ 12)$$

wir formen das erste Integral rechts gemäß (53, 09) um und erhalten

$$\oint H_i\, dx_i = \int \left[\frac{\partial D_i}{\partial t} + \varepsilon_{ijk}\,\varepsilon_{kpq}\,\partial_j(D_p\, v_q) + v_i\,\partial_j\, D_j + S_i\right] df_i \qquad (53,\ 13)$$

oder an Stelle von (52, 15)

$$\boxed{\varepsilon_{ijk}\,\partial_j\, H_k = \frac{\partial D_i}{\partial t} + \varepsilon_{ijk}\,\varepsilon_{kpq}\,\partial_j(D_p\, v_q) + v_i\,\partial_j D_j + S_i.} \qquad (53,\ 14)$$

Die ersten beiden Ausdrücke stellen die Wirkungen des Verschiebungsstromes dar, und zwar der erste den Anteil der zeitlichen Änderung des elektrischen Feldes und der zweite den Einfluß der Bewegung. Der vorletzte Ausdruck kommt durch die Bewegung der Fläche relativ zu den Ladungen zustande. Der letzte Ausdruck S_i ist der Leitungsstrom, gemessen in bezug auf die bewegte Fläche Die Bewegung geladener Materie wirkt genau so wie ein Leitungsstrom. Man nennt diesen Anteil den *Konvektionsstrom* oder nach seinem Entdecker den *Röntgenstrom.*

2. Die Maxwellschen Gleichungen. Wir verfügen jetzt über alle Beziehungen zur Beschreibung des elektromagnetischen Feldes In ihrer Gesamtheit werden sie gewöhnlich als die *Maxwellschen*

Gleichungen bezeichnet. Wir stellen sie noch einmal in der allgemeinen Integralform zusammen[1].

$$\text{I:} \quad \oint H_i\,dx_i = \frac{d}{dt}\int D_i\,df_i + \int S_i\,df_i, \tag{53, 15}$$

$$\text{II:} \quad \oint E_i\,dx_i = -\frac{d}{dt}\int B_i\,df_i, \tag{53, 16}$$

$$\text{III:} \quad \oint D_i\,df_i = \int \gamma\,dV, \tag{53, 17}$$

$$\text{IV:} \quad \oint B_i\,df_i = 0, \tag{53, 18}$$

$$\text{V:} \quad S_i = \sigma E_i, \tag{53, 19}$$

$$\text{VI:} \quad D_i = \varepsilon E_i, \tag{53, 20}$$

$$\text{VII:} \quad B_i = \mu H_i. \tag{53, 21}$$

Die ersten vier Gleichungen gelten immer. Die weiteren zeigen den Einfluß der Materie und gelten in der angegebenen Form nur für isotrope Medien. Für bewegte Körper ist die differentielle Form von I und II durch (53, 14) und (53, 11) gegeben. Für ruhende Körper gehen sie wegen $v_i = 0$ in

$$\text{I}': \quad \varepsilon_{ijk}\,\partial_j H_k = \frac{\partial D_i}{\partial t} + S_i \tag{53, 22}$$

und

$$\text{II}': \quad \varepsilon_{ijk}\,\partial_j E_k = -\frac{\partial B_i}{\partial t} \tag{53, 23}$$

über.

Die Gleichungen (53, 22) und (53, 23) gestatten uns, eine allgemeine Energiebeziehung für das elektromagnetische Feld ruhender Körper aufzustellen. Überschieben wir die erste Gleichung mit E_i, die zweite mit H_i, so folgt

$$\varepsilon_{ijk}\,E_i\,\partial_j H_k = E_i\,S_i + E_i\,\frac{\partial D_i}{\partial t}$$

[1] Vgl. der Reihe nach (53, 12), (53, 01), (50, 06), (51, 02), (52, 04), (50, 09) und (51, 04).

und

$$\varepsilon_{ijk} H_i \partial_j E_k = - H_i \frac{\partial B_i}{\partial t} .$$

Vertauschen wir in der zweiten Gleichung links i und k und subtrahieren wir sie dann von der ersten, so ergibt sich

$$\varepsilon_{ijk} \partial_j (E_i H_k) = E_i S_i + E_i \frac{\partial D_i}{\partial t} + H_i \frac{\partial B_i}{\partial t} . \tag{53, 24}$$

Wir integrieren über einen Bereich $\mathfrak{B}$ und wenden auf der linken Seite den Gaußschen Satz an, wobei wir ausnahmsweise die Flächennormale nach innen orientieren. Es folgt

$$\int \varepsilon_{ijk} E_j H_k df_i = \int E_i S_i dV + \int E_i \frac{\partial D_i}{\partial t} dV + \int H_i \frac{\partial B_i}{\partial t} dV . \tag{53, 25}$$

Sind ε und μ zeitlich konstant, so ist

$$E_i \frac{\partial D_i}{\partial t} = \frac{1}{2} \varepsilon \frac{\partial (E_i E_i)}{\partial t} = \frac{1}{2} \frac{\partial (E_i D_i)}{\partial t}$$

und

$$H_i \frac{\partial B_i}{\partial t} = \frac{1}{2} \mu \frac{\partial (H_i H_i)}{\partial t} = \frac{1}{2} \frac{\partial (H_i B_i)}{\partial t} .$$

Ist der Rand $\mathfrak{F}$ von $\mathfrak{B}$ fest, so dürfen wir die Differentiation nach t mit der Integration vertauschen und erhalten

$$\left.\begin{aligned} \int \varepsilon_{ijk} E_j H_k df_i = \int E_i S_i dV + \frac{1}{2} \frac{\partial}{\partial t} \int E_i D_i dV + \\ + \frac{1}{2} \frac{\partial}{\partial t} \int H_i B_i dV . \end{aligned}\right\} \tag{53, 26}$$

Wir erkennen rechts im ersten Integral die von den Strömen verbrauchte Energie, die sogenannte *Joulesche Arbeit*, die in Wärme umgesetzt wird, im zweiten Integral die Zunahme der elektrischen und im dritten die Zunahme der magnetischen Energie. Die rechte Seite von (53, 26) stellt also die Summe der in $\mathfrak{B}$ verbrauchten bzw. gespeicherten Energie dar. Man kann daher die linke Seite als Energiefluß durch die Oberfläche deuten und nennt

$$\boxed{P_i = \varepsilon_{ijk} E_j H_k} \tag{53, 27}$$

den Vektor der Energieströmung, auch *Poyntingschen Vektor.* Aus (53, 26) folgt

$$-\partial_i P_i = E_i S_i + \frac{1}{2} \frac{\partial}{\partial t} (E_i D_i) + \frac{1}{2} \frac{\partial}{\partial t} (H_i B_i). \qquad (53, 28)$$

Der Vektor P_i bildet ein Quellenfeld, dessen Senken und Quellen sich an jenen Stellen befinden, wo dem Feld Energie zugeführt oder entnommen wird. P_i ist durch (53, 28) bis auf einen quellenfreien Anteil bestimmt. Ergibt (53, 27) einen solchen quellenfreien Anteil von P_i, so ist dieser für die Energieströmung belanglos. Dieser Fall tritt z. B. ein, wenn in einem Raum ein elektrostatisches und ein magnetostatisches wirbelfreies Feld gleichzeitig bestehen. Es ist dann wohl im allgemeinen $P_i \neq 0$, aber überall

$$\partial_i P_i = H_k \varepsilon_{ijk} \partial_i E_j + E_j \varepsilon_{ijk} \partial_i H_k = 0. \qquad (53, 29)$$

3. Bewegte Körper. Die Formeln (53, 11) und (53, 14) für bewegte Körper verlangen noch eine besondere Betrachtung. Wir haben bei der Herleitung der ihnen zugrunde liegenden Formel (53, 09) die Geschwindigkeit relativ zum Koordinatensystem eingeführt und bei den partiellen Differentialquotienten nach der Zeit eben dieses System als konstant angesehen. Wegen des Tensorcharakters aller in den Gleichungen vorkommenden Größen sind keine Schwierigkeiten zu erwarten, wenn wir zu einem anderen Koordinatensystem übergehen, welches gegenüber dem ersten System ruht. Anders wird dies aber, wenn wir die Frage nach der Transformation von (53, 11) und (53, 14) in ein System stellen, welches gegenüber dem ursprünglichen beliebig bewegt ist. Wir beschränken uns zunächst auf die Behandlung der einfacher gebauten Formel (53, 11), also auf das Induktionsgesetz. Um die dabei notwendigen Gedankengänge übersichtlicher zu gestalten, betrachten wir zuerst die Transformation in ein Koordinatensystem $\bar{x}_i$, welches sich gegenüber dem System x_i in einer geradlinigen Translationsbewegung befindet. Es gilt dann

$$x_i = \bar{x}_i + b_i(t). \qquad (53, 30)$$

Mit

$$\frac{db_i}{dt} = u_i \qquad (53, 31)$$

folgt dann aus (53, 30)

$$v_i = \bar{v}_i + u_i; \qquad (53, 32)$$

$\bar{v}_i$ ist dabei die Geschwindigkeit eines Punktes gegenüber dem System $\bar{x}_i$. Aus

$$B_i(x_p, t) = \bar{B}_i(\bar{x}_p, t)$$

erhalten wir durch partielle Differentiation nach t

$$\frac{\partial B_i}{\partial t} = \frac{\partial \bar{B}_i}{\partial t} + \bar{\partial}_k \bar{B}_i \frac{\partial \bar{x}_k}{\partial t},$$

wo $\bar{\partial}_k = \frac{\partial}{\partial \bar{x}_k}$ bedeutet. Aus (53, 30) folgt

$$\frac{\partial x_i}{\partial t} = 0 = \frac{\partial \bar{x}_i}{\partial t} + u_i$$

und daher

$$\frac{\partial B_i}{\partial t} = \frac{\partial \bar{B}_i}{\partial t} - u_k \bar{\partial}_k \bar{B}_i. \tag{53, 33}$$

$\frac{\partial B_i}{\partial t}$ (bei konstantem x_i) und $\frac{\partial \bar{B}_i}{\partial t}$ (bei konstantem $\bar{x}_i$) sind zwei wesentlich verschiedene Vektoren; man kann sich den Unterschied leicht deutlich machen, wenn man den Fall betrachtet, daß B_i im System x_i zeitlich, aber nicht räumlich konstant ist; $\frac{\partial B_i}{\partial t}$ verschwindet dann in diesem System. Bei der Bewegung des Systems $\bar{x}_i$ läuft ein Punkt mit festem $\bar{x}_i$ über Stellen verschiedener Werte von $\bar{B}_i$ hinweg und $\frac{\partial \bar{B}_i}{\partial t}$ verschwindet *nicht*. Unter den zeitlichen Differentialquotienten der Induktion sind im folgenden immer die durch (53, 33) verbundenen Größen zu verstehen.

Bei der Transformation (53, 30) ist jedenfalls

$$\varepsilon_{ijk} \partial_j E_k = \varepsilon_{ijk} \bar{\partial}_j \bar{E}_k; \tag{53, 34}$$

Aus (53, 11) folgt daher

$$\left.\begin{aligned} \varepsilon_{ijk} \bar{\partial}_j \bar{E}_k &= -\frac{\partial \bar{B}_i}{\partial t} + u_k \bar{\partial}_k \bar{B}_i - \varepsilon_{ijk} \varepsilon_{kpq} \bar{\partial}_j [\bar{B}_p(\bar{v}_q + u_q)] = \\ &= -\frac{\partial \bar{B}_i}{\partial t} - \varepsilon_{ijk} \varepsilon_{kpq} \bar{\partial}_j(\bar{B}_p \bar{v}_q) + u_k \bar{\partial}_k \bar{B}_i - \\ &\quad - \varepsilon_{ijk} \varepsilon_{kpq} \bar{\partial}_j(\bar{B}_p u_q). \end{aligned}\right\} \tag{53, 35}$$

Der letzte Ausdruck rechts ist

$$\varepsilon_{ijk}\,\varepsilon_{kpq}\,\bar{\partial}_j(\bar{B}_p\,u_q) = \bar{\partial}_j(\bar{B}_i\,u_j) - \bar{\partial}_j(\bar{B}_j\,u_i) =$$
$$= u_j\,\bar{\partial}_j\,\bar{B}_i - u_i\,\bar{\partial}_j\,\bar{B}_j,$$

weil u_i nur von der Zeit, aber nicht vom Ort abhängt. Wegen $\partial_i\,B_i = \bar{\partial}_i\,\bar{B}_i = 0$ folgt aus (53, 35)

$$\varepsilon_{ijk}\,\bar{\partial}_j\,\bar{E}_k = -\frac{\partial \bar{B}_i}{\partial t} - \varepsilon_{ijk}\,\varepsilon_{kpq}\,\bar{\partial}_j(\bar{B}_p\,\bar{v}_q), \tag{53, 36}$$

was formal mit (53, 11) vollständig identisch ist, obwohl die beiden Ausdrücke rechts in den beiden Formeln verschiedene Vektoren darstellen. Hat es sich bei (53, 11) z. B. um die geradlinige Bewegung eines starren Körpers gehandelt (was wir aber dort keineswegs voraussetzten), so können wir das quergestrichene System mit diesem Körper starr verbinden. Dann verschwindet $\bar{v}_q$ und mit ihm der zweite Ausdruck in (53, 36), d. h. die Aufteilung der Wirbeldichte des elektrischen Feldes auf die zeitliche Veränderung der Induktion und auf die Bewegung hängen ganz von der Wahl des Bezugssystems ab. In allen Fällen ergibt sich aber dieselbe Wirbeldichte.

Es ist noch zu zeigen, daß diese Invarianz des Induktionsgesetzes nicht nur für geradlinige, sondern für beliebige Bewegungen des Koordinatensystems gilt. Wir legen also die allgemeine Transformation

$$x_i = a_{ij}\,\bar{x}_j + b_i \tag{53, 37}$$

zugrunde, wobei jetzt die a_{ij} und b_i Funktionen von t sind. Für den Rotor der elektrischen Feldstärke gilt

$$\varepsilon_{ijk}\,\partial_j\,E_k = a_{ih}\,\varepsilon_{hpq}\,\bar{\partial}_p\,\bar{E}_q, \tag{53, 38}$$

ebenso ist

$$\varepsilon_{ijk}\,\varepsilon_{kpq}\,\partial_j\,B_p = a_{ih}\,a_{ql}\,\varepsilon_{hjk}\,\varepsilon_{kpl}\,\bar{\partial}_j\,\bar{B}_p; \tag{53, 39}$$

diese beiden Relationen sind die wohlbekannten Transformationsgesetze für Vektoren und Tensoren zweiter Stufe. Für die Geschwindigkeit gilt jedoch

$$v_i = a_{ij}\,\bar{v}_j + \frac{\partial a_{ij}}{\partial t}\,\bar{x}_j + u_i$$

oder, wenn wir

$$\frac{\partial a_{ij}}{\partial t} = A_{ij} \tag{53, 40}$$

setzen,

$$v_i = a_{ij} \bar{v}_j + A_{ij} \bar{x}_j + u_i. \tag{53, 41}$$

Wegen

$$B_i(x_p, t) = a_{ij}(t) \bar{B}_j(\bar{x}_p, t)$$

ist der zeitliche Differentialquotient der Induktion

$$\frac{\partial B_i}{\partial t} = A_{ij} \bar{B}_j + a_{ij} \frac{\partial \bar{B}_j}{\partial t} + a_{ij} \frac{\partial \bar{x}_k}{\partial t} \bar{\partial}_k \bar{B}_j. \tag{53, 42}$$

Aus (53, 37) folgt

$$\frac{\partial x_i}{\partial t} = 0 = A_{ij} \bar{x}_j + u_i + a_{ij} \frac{\partial \bar{x}_j}{\partial t} \tag{53, 43}$$

oder

$$\frac{\partial \bar{x}_k}{\partial t} = - a_{hk}(A_{hl} \bar{x}_l + u_h). \tag{53, 44}$$

Damit erhalten wir

$$\frac{\partial B_i}{\partial t} = a_{ij} \frac{\partial \bar{B}_j}{\partial t} + A_{ij} \bar{B}_j - a_{ij} a_{hk}(A_{hl} \bar{x}_l + u_h) \bar{\partial}_k \bar{B}_j; \tag{53, 45}$$

diese Gleichung tritt jetzt an Stelle von (53, 33). Wir haben noch den Rotor des Vektorproduktes, also das letzte Glied auf der rechten Seite von (53, 11) umzuformen. Wegen (53, 39) und (53, 41) erhalten wir

$$\begin{aligned}
\varepsilon_{ijk} \varepsilon_{kpq} \partial_j(B_p v_q) &= \\
&= a_{ir} a_{qs} \varepsilon_{rjk} \varepsilon_{kps} \bar{\partial}_j [\bar{B}_p(a_{qh} \bar{v}_h + A_{qh} \bar{x}_h + u_q)] = \\
&= a_{ir} \varepsilon_{rjk} \varepsilon_{kph} \bar{\partial}_j(\bar{B}_p \bar{v}_h) + \\
&\quad + a_{ir} a_{qs} \varepsilon_{rjk} \varepsilon_{kps} [(A_{qh} \bar{x}_h + u_q) \bar{\partial}_j \bar{B}_p + A_{qj} \bar{B}_p] = \\
&= a_{ir} \varepsilon_{rjk} \varepsilon_{kph} \bar{\partial}_j(\bar{B}_p \bar{v}_h) + a_{ip} a_{qj}(A_{qh} \bar{x}_h + u_q) \bar{\partial}_j \bar{B}_p + \\
&\quad + a_{ip} a_{qj} A_{qj} \bar{B}_p - A_{ij} \bar{B}_j.
\end{aligned}$$

Wegen $a_{qj} a_{qj} = 3$ ist $a_{qj} A_{qj} = 0$ und es bleibt

$$\begin{aligned}
\varepsilon_{ijk} \varepsilon_{kpq} \partial_i(B_p v_q) &= a_{ir} \varepsilon_{rjk} \varepsilon_{kph} \bar{\partial}_j(\bar{B}_p \bar{v}_h) + \\
&\quad + a_{ij} a_{hk}(A_{hl} \bar{x}_l + u_h) \bar{\partial}_k \bar{B}_j - A_{ij} \bar{B}_j.
\end{aligned}$$

Addieren wir das zu (53, 45), so heben sich die beiden letzten Glieder auf den rechten Seiten fort und wir erhalten schließlich als Ergebnis der Umformung von (53, 11)

$$\varepsilon_{rst}\,\bar{\partial}_s\,\bar{E}_t = -\frac{\partial \bar{B}_r}{\partial t} - \varepsilon_{rjk}\,\varepsilon_{kpq}\,\bar{\partial}_j(\bar{B}_p\,\bar{v}_q). \qquad (53,46)$$

Damit ist gezeigt, daß das Induktionsgesetz auch gegen eine beliebige Bewegung des Koordinatensystems invariant ist. Auch (53, 14) behält seine Form beim Übergang zu einem beliebig bewegten Koordinatensystem, aber nur, wenn die Stromdichte S_i durch die Bewegung von Ladungen der Dichte γ zustande kommt. Dann ist

$$S_i = q_i\,\gamma = q_i\,\partial_j\,D_j \qquad (53,47)$$

und wenn wir

$$v_i + q_i = w_i \qquad (53,48)$$

setzen, nimmt (53, 14) die Gestalt

$$\varepsilon_{ijk}\,\partial_j\,H_k = \frac{\partial D_i}{\partial t} + \varepsilon_{ijk}\,\varepsilon_{kpq}\,\partial_j(D_p\,v_q) + w_i\,\partial_j\,D_j \qquad (53,49)$$

an. w_i transformiert sich in gleicher Weise wie v_i, also nach (53, 41) und daher ist

$$w_i\,\partial_j\,D_j = a_{ij}\,\bar{w}_j\,\bar{\partial}_k\,\bar{D}_k + (A_{ij}\,\bar{x}_j + u_i)\,\bar{\partial}_k\,\bar{D}_k. \qquad (53,50)$$

Die ersten beiden Glieder auf der rechten Seite von (53, 49) transformieren sich in gleicher Weise wie die entsprechenden Glieder von (53, 11), wobei aber zu berücksichtigen ist, daß $\partial_i\,D_i$ nicht verschwindet. Wir erhalten daher

$$\begin{aligned}\varepsilon_{ijk}\,\partial_j\,H_k &= a_{ir}\,\varepsilon_{rjk}\,\bar{\partial}_j\,\bar{H}_k = \\ &= a_{ir}\frac{\partial \bar{D}_r}{\partial t} + a_{ir}\,\varepsilon_{rjk}\,\varepsilon_{kpq}\,\bar{\partial}_j(\bar{D}_p\,\bar{v}_q) - \\ &\quad - (A_{is}\,\bar{x}_s + u_i)\,\bar{\partial}_k\,\bar{D}_k + a_{ir}\,\bar{w}_r\,\bar{\partial}_k\,\bar{D}_k + \\ &\quad + (A_{ij}\,\bar{x}_j + u_i)\,\bar{\partial}_k\,\bar{D}_k\end{aligned}$$

und daher

$$\varepsilon_{ijk}\,\bar{\partial}_j\,\bar{H}_k = \frac{\partial \bar{D}_i}{\partial t} + \varepsilon_{ijk}\,\varepsilon_{kpq}\,\bar{\partial}_j(\bar{D}_p\,\bar{v}_q) + \bar{w}_i\,\bar{\partial}_k\,\bar{D}_k, \qquad (53,51)$$

also dasselbe wie (53, 49). Im allgemeinen gilt aber (53, 49) nicht, da die Stromdichte aus der Bewegung von positiven und negativen Ladungen resultiert, die sich ganz oder teilweise aufheben können. Dann ist (53, 14) nicht mehr invariant gegen eine Bewegung des Koordinatensystems.

§ 54. Quasistationäre elektromagnetische Vorgänge

1. Widerstände, Kondensatoren, Drosselspulen. Das Wort „quasistationär" bedeutet hier einen Hinweis auf gewisse, in der praktischen Elektrotechnik übliche Methoden der Behandlung elektromagnetischer Vorgänge, bei denen es sich um Näherungen handelt, die durch die spezielle Ausbildung der elektrischen Einrichtungen nahegelegt werden und oft von erstaunlicher Genauigkeit sind. Die Bezeichnung quasistationär stammt von der — im Grund natürlich unzutreffenden — Vorstellung, daß die Ausbreitungsgeschwindigkeit der elektromagnetischen Zustände in den betrachteten Räumen unendlich groß ist, so daß man so vorgehen kann, als ob „in jedem Zeitpunkt" stationäre Felder vorlägen. Dabei werden die Wirkungen der zeitlichen Änderungen keineswegs vernachlässigt; man berechnet nach diesen Verfahren auch echte Ausbreitungsvorgänge, wie z. B. die Wanderwellen-Vorgänge auf Leitungen und ähnliches. Die verwendeten Näherungen bestehen vielmehr darin, daß man je nach den untersuchten Anordnungen bestimmte Annahmen über die Materialkonstanten trifft, und zwar in der Weise, daß man einen Teil der Materialkonstanten ε, μ und σ entweder gleich Null oder gleich Unendlich setzt. Es führt dies dazu, daß man sich den unendlichen Raum in einzelne Teilräume zerlegt denkt, in jedem einzelnen von ihnen gewisse Materialkonstanten und damit die durch sie verursachten Auswirkungen vernachlässigt und schließlich annimmt, daß die in den Teilräumen wirksamen Felder in den Nachbarräumen ganz oder zum Teil unwirksam sind. Man geht dabei oft so weit, daß man die die Teilräume begrenzenden Flächen entweder so wählt, daß auf ihnen mit Ausnahme einer endlichen Anzahl von Punkten die Beträge der Normalprojektionen der Feldstärken verschwinden, oder daß man einfach festsetzt, daß dies auf den begrenzenden Flächen so sein soll. In den Ausnahmspunkten läßt man im allgemeinen nur Komponenten der elektrischen Feldstärke und der Stromdichte zu. An die Stelle der Punkte können auch genügend kleine Flächenstücke treten, auf denen die Normalprojektionen als konstant angesehen werden können. Ist die Zahl der Ausnahmspunkte gleich zwei, dann spricht man von einem Zweipol, im allgemeinen von einem n-Pol.

Typische Fälle solcher Zweipole sind Widerstände, Kondensatoren und Drosselspulen. Bei einem Widerstand ist σ in einem langgestreckten Zylinder mit gerader oder gekrümmter Achse und einem zur Länge der Achse kleinen Durchmesser endlich, während außerhalb des Zylinders $\sigma = 0$ gilt. Innerhalb und außerhalb des Zylinders verschwinden ε und μ, so daß wegen (53, 20) und (53, 21) B_i und D_i verschwinden und nur (53, 19) verbleibt. Mit Hilfe von (47, 51) ergibt sich dann die Beziehung

$$U = -\int_1^2 E_i \, dx_i = J\,R, \tag{54, 01}$$

wenn mit 1 und 2 die Endflächen des Widerstandes bezeichnet werden. Man nennt U die *Spannung*, die an dem Widerstand liegt.

Beim Kondensator betrachtet man das elektrostatische Feld zwischen zwei plattenförmigen Körpern, wobei zwischen diesen Platten $\varepsilon \neq 0$ ist, während im ganzen Raum $\mu = \sigma = 0$ gilt. Es gilt dann für den Raum zwischen den Platten nur (53, 20). In den Platten selbst nimmt man $\sigma = \infty$, es verschwindet also E_i in ihnen. Wie in § 52 auseinandergesetzt, gilt für die Stromdichte S_i innerhalb der leitenden Körper, unmittelbar an der Oberfläche,

$$S_i = \dot{D}_i$$

und mit Hilfe von (50, 33) ergibt sich der Zusammenhang

$$J = C\,\frac{dU}{dt} \tag{54, 02}$$

zwischen dem den Platten zufließenden Strom und der Spannung zwischen ihnen.

Bei einer Drossel liegt ein Leiter ähnlicher Form vor wie bei dem Widerstand, doch wird im Leiter $\sigma = \infty$ gesetzt; im ganzen Raum ist $\varepsilon = 0$, während in einem zumindest den ganzen Leiter umfassenden, einfach zusammenhängenden Bereich $\mu \neq 0$ gelten soll (Abb. 26). Zur Anwendung von (53, 16) ergänzt man die Mittellinie des Leiters der Drosselspule durch einen außerhalb der Drossel befindlichen Weg des Stromes zu einem geschlossenen Weg. Wegen $E_i = 0$ im Leiter der Drossel liefert nur der Außenweg einen Beitrag zu dem Linienintegral.

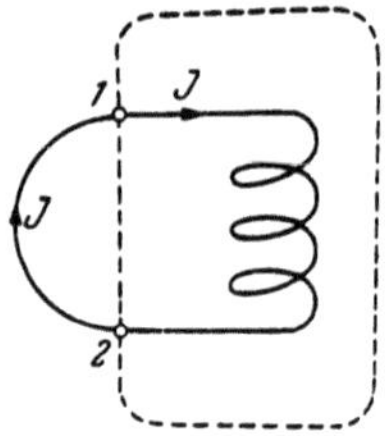

Abb. 26

Es ist dann

$$U_{21} = \int E_i \, dx_i = -\frac{d}{dt} \int B_i \, df_i.$$

Benutzen wir die Definition (51, 49) des Gesamtflusses, so können wir schreiben

$$U_{21} = -L \frac{dJ}{dt}, \tag{54, 03}$$

U_{21} ist das Linienintegral über den Weg des Stromes außerhalb der Drosselspule. Nun haben wir oben bei Widerstand und Kapazität für die Festlegung der Spannung immer das negative Linienintegral der Feldstärke im betrachteten Element benutzt. Im vorliegenden Fall verschwindet dieses Linienintegral. Man hat es aber zweckmäßig gefunden, als Spannung U an der Drossel den negativen Wert von U_{21} zu verwenden, so daß

$$U = -U_{21} = L \frac{dJ}{dt} \tag{54, 04}$$

wird. Wenn nämlich, wie man immer annimmt, die Wirkung des magnetischen Feldes auf den Raum der Drossel beschränkt bleibt, dann muß im äußeren Raum das Linienintegral der Feldstärke längs jedes geschlossenen Weges verschwinden. Man kann diesen Satz auch auf einen Weg, der zwischen den Punkten 1 und 2 durch den Drosselraum hindurchführt, anwenden, wenn man voraussetzt, daß auf diesem Weg die Spannung U nach (54, 04) wirksam ist. Man nennt dann U die in der Drossel induzierte Spannung.

In ähnlicher Weise läßt sich die Spannung ausdrücken, die durch das Magnetfeld einer Drossel in einer benachbarten Wicklung einer Spule induziert wird. Man findet dann

$$U = L_{12} J_1, \tag{54, 05}$$

wenn L_{12} die durch (48, 33) definierte gegenseitige Induktivität ist.

2. Die Kirchhoffschen Regeln. Die bei den quasistationären Vorgängen angewendete Zerlegung des Gesamtbereiches in einzelne Teilbereiche mit begrenzter Wirkung eines Teilbereiches auf den anderen und die bei der Behandlung der Drossel erwähnte Einführung der induzierten Spannung ermöglicht es nun, einfache Regeln für die Verknüpfung der Teilräume aufzustellen.

Da die Teilräume aufeinander nur in einzelnen Punkten wirken, kann man jeden Teilraum mit zwei solchen Punkten (Zweipol) durch ein Linienstück zwischen diesen beiden Punkten ersetzen, wobei man diesem Linienstück einen bestimmten Zusammenhang zwischen Strom und Spannung, wie beispielsweise (54, 01), (54, 02), (54, 04) und gegebenenfalls auch mit dem Strom eines benachbarten Leiters nach (54, 05), zuschreiben kann. Diese Linienstücke sind nun mit ihren Endpunkten irgendwie miteinander verbunden, sie bilden ein sogenanntes Netz. Die Verbindungspunkte nennt man die *Knoten* des Netzes, während man jeden möglichen geschlossenen Weg durch eine Anzahl der Linienstücke als *Masche* bezeichnet. Da Ladungsdichten $\gamma \neq 0$ nur innerhalb der Teilräume, aber nicht an den Endpunkten der Linienstücke angenommen werden, so gilt für jeden Knotenpunkt

$$\partial_i D_i = 0$$

und wegen (52, 19) auch

$$\partial_i S_i = 0, \tag{54, 06}$$

d. h. die Summe der einem Knotenpunkt zu- und abfließenden Ströme muß verschwinden. Es ist also

$$\sum J = 0, \tag{54, 07}$$

die *erste Kirchhoffsche Regel.*

Da die Wirkung der magnetischen Felder auf die Teilräume beschränkt bleibt und sich nach den oben aufgestellten Richtlinien die Kraftlinien jedes magnetischen Feldes innerhalb des zugehörigen Teilraumes schließen, gilt für jede Masche

$$\oint E_i \, dx_i = 0 \tag{54, 08}$$

oder, wenn wir dieses Linienintegral aus den Teilspannungen der einzelnen Linienstücke zusammensetzen

$$\sum U = 0. \tag{54, 09}$$

Dabei ist zu beachten, daß für die Teilspannungen von Drosselspulen die induzierten Spannungen entsprechend (54, 04) oder gegebenenfalls (54, 05) einzusetzen sind. (54, 09) ist die *zweite Kirchhoffsche Regel.*

3. Die elektromotorische Kraft. Gelegentlich macht die Behandlung von Sprungflächen des Potentials, wie sie durch die Einwirkung nicht-elektrischer Kräfte entstehen, Schwierigkeiten. Aus den Überlegungen von § 52 (S. 176) geht hervor, daß (54, 08) auch in diesem Fall gilt, wenn man an der Definition der Spannung als negatives Linienintegral der Feldstärke festhält. Es entstehen jedoch Fehler, wenn man an Stelle des Linienintegrals der elektrischen Feldstärke das Linienintegral der entgegengesetzt orientierten „*eingeprägten Feldstärke*" heranzieht. Unter der eingeprägten Feldstärke versteht man dabei eine fiktive Feldstärke, deren negatives Linienintegral die Potentialdifferenz an der Sprungfläche liefert. Man bezeichnet diese Potentialdifferenz als die *eingeprägte Spannung* U^e und muß dann an Stelle von (54, 09)

$$\sum U = U^e \tag{54, 10}$$

schreiben.

Man kann jedoch auch durchaus mit Potentialdifferenzen statt mit eingeprägten Spannungen rechnen. Man führt zu diesem Zweck den Begriff der *elektromotorischen Kraft* (EMK) ein; sie ist — unter Beibehaltung der Zerlegung in Teilbereiche — die Differenz der Potentiale von Ein- und Austrittspunkt des Stromes in den bzw. aus dem Teilbereich, wobei diese Potentialdifferenz durch das positiv genommene Linienintegral der Feldstärke vom Austrittspunkt zum Eintrittspunkt entlang einer beliebigen, in der Grenzfläche des Teilraumes verlaufenden Linie zu bestimmen ist. Wie man leicht überprüft, ergibt sich dann in jedem Fall für die elektromotorische Kraft

$$K = -U \tag{54, 11}$$

und damit geht (54, 09) in

$$\sum K = 0 \tag{54, 12}$$

über. Im Fall des Potentialsprunges ist dann $K = U^e$.

Es ist noch zu erwähnen, daß man in all den Fällen, in denen eine so einfache Darstellung der Zusammenhänge innerhalb eines

Teilraumes, wie wir sie oben verwendeten, nicht möglich ist, versucht, den Teilraum durch die Reihen- oder Parallelschaltung von mehreren Teilräumen verschiedener Eigenschaften zu ersetzen. So wird beispielsweise der nicht vernachlässigbare Widerstand einer Drossel dadurch berücksichtigt, daß man eine widerstandslose Drossel in Reihe mit einem induktionsfreien Widerstand anordnet.

§ 55. Schnell veränderliche elektromagnetische Felder

1. Die retardierten Potentiale. Man spricht von schnell veränderlichen elektromagnetischen Feldern immer dann, wenn es wegen der Änderungsgeschwindigkeit der Feldgrößen D_i und B_i und wegen der vorliegenden besonderen Werte der Materialkonstanten ε und μ notwendig ist, Lösungen des ganzen Systems der Maxwellschen Gleichungen zu suchen. Wir beschränken uns bei diesen Betrachtungen auf den Fall ruhender Körper und werden auch gewisse Annahmen über die Werte von ε und μ einführen, um zu speziellen Lösungen vordringen zu können. Es gelten dann (53, 22) und (53, 23). Wegen (53, 18) läßt sich

$$B_i = \varepsilon_{ijk}\, \partial_j A_k \tag{55, 01}$$

als Rotor eines Vektorpotentials A_i darstellen. Da wir ein ruhendes System betrachten, dürfen wir die räumliche mit der zeitlichen Differentiation vertauschen, so daß

$$\dot{B}_i = \varepsilon_{ijk}\, \partial_j \dot{A}_k \tag{55, 02}$$

gilt und aus (53, 23)

$$\varepsilon_{ijk}\, \partial_j (E_k + \dot{A}_k) = 0 \tag{55, 03}$$

folgt, d. h. $E_k + \dot{A}_k$ läßt sich als Gradient eines skalaren Potentials Ψ darstellen, also

$$E_i + \dot{A}_i = -\,\partial_i \Psi. \tag{55, 04}$$

Bei konstantem ε, μ und σ folgt aus (53, 22) und (53, 21)

$$\partial_i\, \partial_j A_j - \partial_j\, \partial_j A_i = \mu \dot{D}_i + \mu S_i$$

oder wegen (53, 19), (53, 20) und (55, 04)

$$\partial_i\, \partial_j A_j - \partial_j\, \partial_j A_i =$$

$$= -\,\mu\,\varepsilon\, \partial_i \dot{\Psi} - \mu\,\varepsilon\, \ddot{A}_i - \mu\,\sigma\, \partial_i \Psi - \mu\,\sigma\, \dot{A}_i. \tag{55, 05}$$

Wie immer bei der Einführung eines Vektorpotentials haben wir noch die Möglichkeit, über die Divergenz des Vektorpotentials frei zu verfügen. Eine dieser Möglichkeiten besteht in der sogenannten Lorentzkonvention

$$\partial_i A_i = -\mu \varepsilon \dot{\Psi}. \tag{55, 06}$$

Damit erhalten wir aus (55, 05) die Gleichung

$$\partial_j \partial_j A_i - \mu \varepsilon \ddot{A}_i = -\mu S_i, \tag{55, 07}$$

wenn wir nach (55, 04) wieder

$$\sigma(\partial_i \Psi + \dot{A}_i) = \sigma E_i = S_i$$

setzen.

Aus (55, 04) folgt ferner

$$\partial_i E_i + \partial_i \dot{A}_i = -\partial_i \partial_i \Psi$$

oder wegen (55, 06)

$$\partial_i E_i - \mu \varepsilon \ddot{\Psi} = -\partial_i \partial_i \Psi.$$

Nach (53, 17) ist

$$\partial_i E_i = \frac{1}{\varepsilon} \partial_i D_i = \frac{\gamma}{\varepsilon}$$

so daß schließlich

$$\boxed{\partial_i \partial_i \Psi - \mu \varepsilon \ddot{\Psi} = -\frac{\gamma}{\varepsilon}.} \tag{55, 08}$$

(55, 07) und (55, 08) haben die gleiche Gestalt, nur bezieht sich (55, 07) auf einen Vektor, (55, 08) hingegen auf einen Skalar. Wir zeigen nun, daß die Potentiale

$$A_i(p_k, t) = \frac{\mu}{2\pi} \int \frac{1}{r} S_i\left(x_k, t - \frac{r}{v}\right) dV \tag{55, 09}$$

und

$$\Psi(p_k, t) = \frac{1}{4\pi\varepsilon} \int \frac{1}{r} \gamma\left(x_k, t - \frac{r}{v}\right) dV \tag{55, 10}$$

im Punkt p_k zur Zeit t Lösungen der Differentialgleichungen (55, 06) bis (55, 08) sind. Dabei ist

$$r^2 = (x_i - p_i)(x_i - p_i) \tag{55, 11}$$

und

$$v^2 = \frac{1}{\mu \varepsilon}, \tag{55, 12}$$

während

$$S_i = S_i(x_k, t) \tag{55, 13}$$

und

$$\gamma = \gamma(x_k, t) \tag{55, 14}$$

die vorgegebenen Verteilungen der Stromdichte und der Ladungsdichte in Abhängigkeit von der Zeit sind.

Wir beginnen mit dem Potential Ψ und berechnen zuerst

$$\frac{\partial}{\partial p_j}\frac{\partial}{\partial p_j}\frac{\gamma(x_k, t-(r/v))}{r}=\frac{\partial}{\partial p_j}\frac{\partial}{\partial p_j}\frac{\gamma}{r}.$$

Es ist

$$\frac{\partial}{\partial p_j}\frac{\gamma}{r}=\gamma\frac{\partial}{\partial p_j}\frac{1}{r}-\frac{\dot\gamma}{r\,v}\frac{\partial r}{\partial p_j}=\left(\gamma+\frac{r}{v}\dot\gamma\right)\frac{\partial}{\partial p_j}\frac{1}{r}$$

und

$$\frac{\partial}{\partial p_j}\frac{\partial}{\partial p_j}\frac{\gamma}{r}=\left(\gamma+\frac{r}{v}\dot\gamma\right)\frac{\partial}{\partial p_j}\frac{\partial}{\partial p_j}\frac{1}{r}-\frac{r}{v^2}\ddot\gamma\frac{\partial r}{\partial p_j}\frac{\partial}{\partial p_j}\frac{1}{r}.$$

Das erste Glied rechts verschwindet wegen

$$\frac{\partial}{\partial p_j}\frac{\partial}{\partial p_j}\frac{1}{r}=\Delta\frac{1}{r}=0,$$

es bleibt also

$$\Delta\frac{\gamma}{r}=\frac{1}{v^2}\frac{\ddot\gamma}{r} \tag{55, 15}$$

oder wegen (55, 12)

$$\Delta\frac{\gamma}{r}=\mu\,\varepsilon\frac{\partial^2}{\partial t^2}\frac{\gamma}{r}. \tag{55, 16}$$

Gehört der Punkt p_k dem Integrationsgebiet nicht an, so ist überall $r \neq 0$, wir können Integration und Differentiation vertauschen, so daß

$$\Delta\Psi=\frac{1}{4\pi\varepsilon}\int\Delta\frac{\gamma}{r}\,dV=\mu\,\varepsilon\frac{\partial^2\Psi}{\partial t^2}. \tag{55, 17}$$

Damit ist die Gleichung (55, 08) erfüllt für $\gamma = 0$, also außerhalb der Ladungen und Ströme.

Liegt der Punkt p_k aber im Integrationsgebiet, so werden die Integrale uneigentlich und Differentiation und Integration sind nicht mehr ohne weiteres vertauschbar. Wir setzen

$$\Psi=\Psi_1+\Psi_2 \tag{55, 18}$$

wobei

$$\Psi_1=\frac{1}{4\pi\varepsilon}\int\frac{\gamma(x_k, t)}{r}\,dV \tag{55, 19}$$

und

$$\Psi_2 = \frac{1}{4\pi\varepsilon}\int \frac{1}{r}\left[\gamma\left(x_k, t - \frac{r}{v}\right) - \gamma(x_k, t)\right] dV \tag{55, 20}$$

ist. Dann wird

$$\Delta\Psi = \Delta\Psi_1 + \Delta\Psi_2. \tag{55, 21}$$

In Ψ_1 können wir die Zeit t als Parameter ansehen und erhalten nach (48, 11) mit $a = \frac{\gamma}{\varepsilon}$

$$\Delta\Psi_1 = -\frac{\gamma}{\varepsilon}. \tag{55, 22}$$

Ψ_2 wird für $r = 0$ nicht mehr unendlich, wir können die Differentiation nach p_k und die Integration vertauschen und erhalten

$$\Delta\Psi_2 = \frac{1}{4\pi\varepsilon}\int\left[\Delta\frac{\gamma(x_k, t - (r/v))}{r} - \Delta\frac{\gamma(x_k, t)}{r}\right] dV.$$

Der zweite Ausdruck rechts verschwindet, denn bei der Differentiation nach p_i ist $\gamma(x_k, t)$ konstant und $\Delta\frac{1}{r} = 0$.

Wegen (55, 16) ist

$$\Delta\Psi_2 = \frac{1}{4\pi\varepsilon}\int\left|\Delta\frac{\gamma(x_k, t - (r/v))}{r}\right| dV =$$

$$= \frac{1}{4\pi\varepsilon}\int\frac{\partial^2}{\partial t^2}\frac{\gamma(x_k, t - (r/v))}{r} dV$$

oder, weil die Differentiation nach der Zeit mit der räumlichen Integration vertauscht werden kann, mit Hilfe von (55, 10)

$$\Delta\Psi_2 = \mu\,\varepsilon\frac{\partial^2\Psi}{\partial t^2}. \tag{55, 23}$$

Aus (55, 18), (55, 22) und (55, 23) folgt dann (55, 08).

Auf genau dieselbe Art kann man beweisen, daß (55, 09) eine Lösung von (55, 07) ist.

Um noch die Relation (55, 06) nachzuweisen, bilden wir

$$\frac{\partial A_i}{\partial p_i} = \frac{\mu}{4\pi}\int\frac{\partial}{\partial p_i}\frac{S_i(x_k, t - (r/v))}{r} dV. \tag{55, 24}$$

Man überlegt sofort, daß hier Integration und Differentiation vertauschbar sind. Wegen

$$\frac{\partial r}{\partial p_\iota} = -\frac{\partial r}{\partial x_\iota}$$

ist

$$\frac{\partial}{\partial p_i}\frac{S_\iota(x_k, t-(r/v))}{r} =$$

$$= -\frac{\partial}{\partial x_\iota}\frac{S_\iota(x_k, t-(r/v))}{r} + \frac{1}{r}\left(\frac{\partial S_\iota}{\partial x_\iota}\right)_{t-(r/v)=\text{konst.}} \qquad (55,25)$$

Wir setzen in (55, 24) ein und wenden auf den ersten Summanden den Gaußschen Satz an. Daß der Gaußsche Satz hier anwendbar ist, läßt sich zeigen, indem man die singuläre Stelle $r = 0$ durch eine Kugel aus dem Integrationsgebiet herausnimmt und dann die Kugel auf den Punkt p_ι zusammenschrumpfen läßt.

Wegen (52, 02), d. h.

$$\partial_\iota S_\iota = -\frac{\partial \gamma}{\partial t}$$

erhalten wir dann

$$\frac{\partial A_\iota}{\partial p_\iota} = -\frac{\mu}{4\pi}\oint \frac{S_\iota \, df_i}{r} - \frac{\mu}{4\pi}\int \frac{1}{r}\frac{\partial \gamma}{\partial t} dV. \qquad (55,26)$$

Das Flächenintegral ist dabei über eine das ganze Integrationsgebiet umschließende Fläche $\mathfrak{F}$ und über alle Leiteroberflächen zu erstrecken. Lassen wir $\mathfrak{F}$ genügend weit herausrücken, so treten keine Ströme mehr durch $\mathfrak{F}$ hindurch und das Flächenintegral über $\mathfrak{F}$ verschwindet. Ferner bedeutet wegen $S_\iota = \dot{D}_\iota$ und nach (50, 05) $S_\iota \, df_\iota$ die Elektrizitätsmenge, die in der Zeiteinheit auf das Flächenelement df_i strömt und ist daher gleich $\frac{\partial \sigma}{\partial t} df$. Dann folgt aber aus (55, 26) wegen (55, 10) sofort (55, 06).

Man nennt die Potentiale A_i und Ψ *retardiert*, weil die Größen S_ι und γ nicht auf den Zeitpunkt t, sondern auf einen früheren Zeitpunkt $t - \frac{r}{v}$ bezogen sind. Die zu den einzelnen Werten der Ladungs- und der Stromdichte gehörigen, aus der Poissonschen Gleichung folgenden Potentiale treten gewissermaßen in der Entfernung r erst um die Zeit $\frac{r}{v}$ verspätet auf. Die Auswirkungen irgendwelcher Änderungen von γ oder S_ι zeigen sich nicht an allen Stellen des Raumes sofort, sondern breiten sich mit der durch (55, 12) gegebenen endlichen Geschwindigkeit aus.

Sogenannte avancierte Potentiale, entsprechend der Funktion $f\left(t + \frac{r}{v}\right)$ sind ebenfalls Lösungen der Gleichungen (55, 07) und (55, 08). Sie können z. B. auftreten, wenn eine Kugelwelle an einer konzentrischen Kugelschale zum Ausgangspunkt reflektiert wird.

2. Eindeutigkeit. Es stellt sich noch die Frage, ob die Lösungen (55, 09) und (55, 10) auch eindeutig sind, wenn die Verteilungen der Ladungs- und der Stromdichte, die Anfangswerte der Felder für $t = 0$ und schließlich eine geeignete Randbedingung auf der Begrenzung des betrachteten Bereiches gegeben sind. Nehmen wir an, es gäbe zwei Feldergruppen $\overset{1}{E}_\iota, \overset{1}{D}_\iota, \overset{1}{H}_\iota, \overset{1}{B}_\iota$ und $\overset{2}{E}_\iota, \overset{2}{D}_\iota, \overset{2}{H}_\iota, \overset{2}{B}_\iota$, welche beide denselben oben genannten Voraussetzungen genügen, so genügen auch die Differenzfelder $\bar{E}_\iota, \bar{D}_\iota, \bar{H}_\iota, \bar{B}_\iota$ den Maxwellschen Gleichungen; die zugehörigen Ladungs- und Stromdichten, Anfangs- und Randwerte verschwinden jedoch. Stellen wir für diese Differenzfelder die Energiebeziehung (53, 26) auf, so verschwindet die linke Seite dieser Gleichungen und es bleibt

$$\frac{1}{2}\frac{\partial}{\partial t}\int (\bar{E}_\iota \bar{D}_\iota + \bar{H}_\iota \bar{B}_\iota)\, dV = -\int \bar{E}_\iota \bar{S}_\iota\, dV = 0, \qquad (55, 27)$$

da $\bar{S}_\iota = 0$ ist. Die gesamte elektromagnetische Energie

$$\bar{w} = \frac{1}{2}\int (\bar{E}_\iota \bar{D}_\iota + \bar{H}_\iota \bar{B}_\iota)\, dV$$

bleibt also konstant. Waren die Feldergruppen zur Zeit $t = 0$ identisch, dann war in diesem Zeitpunkt $\bar{w} = 0$. Wegen (55, 27) gilt dies auch für alle späteren Zeitpunkte. Da die Energiedichte nicht negativ ist, so folgt, daß die beiden Feldergruppen zu allen Zeiten identisch sind.

3. Der Hertzsche Vektor. Eine andere Möglichkeit, über die Divergenz des Vektorpotentials A_ι zu verfügen, besteht darin, daß wir

$$\partial_\iota A_\iota = -\mu\varepsilon\dot{\Psi} - \mu\sigma\Psi \qquad (55, 28)$$

setzen. Damit heben sich die Gradienten auf beiden Seiten von (55, 05) fort und es bleibt

$$\partial_j \partial_j A_i - \mu \varepsilon \ddot{A}_i - \mu \sigma \dot{A}_i = 0 \qquad (55, 29)$$

und aus (55, 28) erhalten wir wegen (55, 04) und (55, 17)

$$\boxed{\partial_j \partial_j \Psi - \mu \varepsilon \ddot{\Psi} - \mu \sigma \dot{\Psi} = -\frac{\gamma}{\varepsilon}.} \qquad (55, 30)$$

(55, 29) und (55, 30) gleichen sich in der Gestalt genau so wie (55, 07) und (55, 08) und auch jetzt bezieht sich die eine Gleichung auf einen Vektor und die andere auf einen Skalar. Im Falle $\gamma = 0$ ist (55, 30) die sogenannte Telegraphengleichung.

Die Bedingung (55, 28) ist erfüllt, wenn A_i und Ψ den Ansätzen

$$\Psi = -\partial_i Z_i \qquad (55, 31)$$

und

$$A_i = \mu \sigma Z_i + \mu \varepsilon \dot{Z}_i \qquad (55, 32)$$

genügen. Damit geht (55, 30) in

$$\partial_j \partial_j \partial_i Z_i - \mu \sigma \partial_i \dot{Z}_i - \mu \varepsilon \partial_i \ddot{Z}_i = \frac{\gamma}{\varepsilon}$$

über. Beschränken wir uns jetzt auf den Fall $\gamma = 0$, so ist

$$\partial_i (\partial_j \partial_j Z_i - \mu \sigma \dot{Z}_i - \mu \varepsilon \ddot{Z}_i) = 0$$

und diese Gleichung ist immer erfüllt, wenn

$$\partial_j \partial_j Z_i - \mu \varepsilon \ddot{Z}_i - \mu \sigma \dot{Z}_i = 0 \qquad (55, 33)$$

ist, also wenn Z_i selbst der Telegraphengleichung genügt. Die weitere Auswahl spezieller Lösungen wird durch Rand- oder Symmetriebedingungen getroffen. Beschränken wir uns weiter auf Nichtleiter ($\sigma = 0$), so bleibt die Gleichung

$$\boxed{\partial_j \partial_j Z_i = \mu \varepsilon \ddot{Z}_i,} \qquad (55, 34)$$

die als *Wellengleichung* bezeichnet wird. Man überzeugt sich leicht, daß

$$Z_i = \frac{P_i}{r} f\left(t - \frac{r}{v}\right) \qquad (55, 35)$$

eine Lösung von (55, 34) ist, wobei P_ι ein konstanter Vektor, r der Abstand des betrachteten Punktes vom Ursprung des Koordinatensystems, nach (55, 12)

$$v^2 = \frac{1}{\mu \varepsilon}$$

und f eine beliebige Funktion von $t - \frac{r}{v}$ ist. Z_ι heißt *Hertzscher Vektor.* Wir betrachten die Gesamtheit der Vektoren $r Z_\iota$ zu einem bestimmten Zeitpunkt t, ihre Anfangspunkte verlegen wir auf die Kugelfläche mit dem Radius r. Im Zeitpunkt $t + \Delta t$ wird man wegen (55, 35) einen gleichen Vektor auf demselben Radiusvektor, aber in der Entfernung $r + v\,\Delta t$ vom Mittelpunkt vorfinden, so daß man sagen kann, daß der Vektor $r Z_\iota$ um das Stück $v\,\Delta t$ nach außen gewandert ist. Da dies für alle Vektoren auf der ganzen Kugelfläche gilt, hat sich die Kugel auf den Radius $r + v\,\Delta t$ vergrößert und dabei die angehefteten Vektoren mitgenommen. Die Gesamtheit der Vektoren $r Z_\iota$ bildet also eine Kugelwelle, die sich mit der Geschwindigkeit v vom Ursprung entfernt. Aus (55, 35) folgt dann das Potential

$$\Psi = -\partial_\iota Z_\iota = -\frac{\partial Z_\iota}{\partial r}\,\partial_\iota r, \tag{55, 36}$$

$\partial_\iota r = \frac{x_\iota}{r} = \eta_\iota$ ist der Einsvektor vom Ursprung zum Aufpunkt x_ι. Setzen wir noch

$$\frac{1}{r} f\left(t - \frac{r}{v}\right) = F, \tag{55, 37}$$

so folgt

$$\Psi = -P_\iota \eta_\iota \frac{\partial F}{\partial r}. \tag{55, 38}$$

Ferner ist nach (55, 32) wegen $\sigma = 0$

$$A_\iota = \frac{1}{v^2}\dot{Z}_\iota = \frac{1}{v^2} P_\iota \dot{F} \tag{55, 39}$$

und daher

$$B_\iota = \frac{1}{v^2} P_k \varepsilon_{\iota\jmath k}\,\partial_\jmath \dot{F} = \frac{1}{v^2} P_k \varepsilon_{\iota\jmath k} \frac{\partial \dot{F}}{\partial r}\,\partial_\jmath r$$

oder

$$B_i = \frac{1}{v^2} \frac{\partial \dot{F}}{\partial r} \varepsilon_{ijk} \eta_j P_k, \tag{55, 40}$$

d. h. B_i hat die Richtung der Tangente an den Kreis, der durch den betrachteten Punkt geht, dessen Mittelpunkt auf der in der Richtung von P_i durch den Ursprung gehenden Geraden liegt und dessen Ebene senkrecht zu dieser Geraden ist.

Für die elektrische Feldstärke erhalten wir nach (55, 04)

$$E_i = P_j \partial_i \left(\eta_j \frac{\partial F}{\partial r} \right) - \frac{1}{v^2} P_i \ddot{F}$$

oder

$$E_i = P_i \left(\frac{1}{r} \frac{\partial F}{\partial r} - \frac{\ddot{F}}{v^2} \right) + \eta_i \eta_j P_j \left(\frac{\partial^2 F}{\partial r^2} - \frac{1}{r} \frac{\partial F}{\partial r} \right). \tag{55, 41}$$

Die elektrische Feldstärke liegt also in der durch P_i und η_i bestimmten Ebene durch den Ursprung. Aus (55, 40) und (55, 41) folgt, daß das dargestellte Feld rotationssymmetrisch ist mit der durch den Ursprung in der Richtung von P_i verlaufenden Geraden als Achse. Die elektrische Feldstärke liegt in der Meridian-Ebene, der Vektor der magnetischen Induktion berührt die Parallelkreise. E_i und B_i stehen aufeinander senkrecht.

4. Der Hertzsche Dipol. Wir knüpfen wieder an die Gleichung (55, 34) und den Hertzschen Vektor (55, 35) an. Aus (55, 01), (55, 04), (55, 31), (55, 32) mit $\sigma = 0$ und (55, 12) folgt bei konstantem μ und ε

$$\frac{1}{\varepsilon} H_i = \varepsilon_{ijk} \partial_j \dot{Z}_k, \qquad E_i = \partial_i \partial_j Z_j - \frac{1}{v^2} \ddot{Z}_i. \tag{55, 42}$$

Stellt Z_i einen harmonischen Schwingungsvorgang dar, so können wir mit Benutzung der komplexen Darstellung in (55, 35)

$$f(t) = \exp j \omega t \tag{55, 43}$$

setzen. Dann wird

$$Z_i = \frac{P_i}{r} \exp j \omega \left(t - \frac{r}{v} \right) = \frac{P_i}{r} \exp j (\omega t - k r), \tag{55, 44}$$

wo $k = \frac{\omega}{v}$ ist. Der Vektor Z_i stellt dann den sogenannten *Hertzschen Dipol* dar[1]. Es folgt

$$\partial_j Z_k = -\eta_j P_k \left(\frac{1}{r^2} + j\,\frac{k}{r}\right) \exp j\,(\omega t - k r);$$

η_i ist dabei der Einsvektor in der Richtung von r_i. Für die magnetische Feldstärke folgt aus (55, 42)

$$H_i = -j\,\varepsilon\,\omega\,\varepsilon_{ijk}\,\eta_j P_k \left(\frac{1}{r^2} + j\,\frac{k}{r}\right) \exp j\,(\omega t - k r). \qquad (55,45)$$

H_i steht also senkrecht auf η_j und P_k. Ferner ist

$$\partial_i \partial_j Z_j = -P_j \left[\left(\frac{1}{r^2} + j\,\frac{k}{r}\right) \partial_i \eta_j - \left(\frac{2}{r^3} + j\,\frac{k}{r^2}\right) \eta_i \eta_j - j\,k \left(\frac{1}{r^2} + j\,\frac{k}{r}\right) \eta_i \eta_j\right] \exp j\,(\omega t - k r);$$

wegen

$$\partial_i \eta_j = \frac{1}{r}\,(\delta_{ij} - \eta_i \eta_j)$$

folgt weiter

$$\partial_i \partial_j Z_j = \left[\eta_i \eta_j P_j \left(\frac{3}{r^3} + 3\,j\,\frac{k}{r^2} - \frac{k^2}{r}\right) - P_i \left(\frac{1}{r^3} + j\,\frac{k}{r^2}\right)\right] \exp j\,(\omega t - k r)$$

und somit

$$E_i = \left[\eta_i \eta_j P_j \left(\frac{3}{r^3} + 3\,j\,\frac{k}{r^2} - \frac{k^2}{r}\right) - P_i \left(\frac{1}{r^3} + j\,\frac{k}{r^2} - \frac{k^2}{r}\right)\right] \exp j\,(\omega t - k r). \qquad (55,46)$$

E_i liegt in der durch P_i und η_i bestimmten Ebene und steht senkrecht auf H_i. Ferner ist

[1] Es handelt sich hier um einen Dipol, dessen Enden Aufladungen der Form $C \exp j\,\omega t$ haben.

$$k = \frac{\omega}{v} = \frac{2\pi}{\lambda}, \tag{55, 47}$$

wenn wir mit

$$\lambda = \frac{2\pi v}{\omega}$$

die Wellenlänge bezeichnen.

In (55, 45) überwiegt das Glied mit r^{-2} bzw. $j k r^{-1}$, je nachdem, ob $k r \ll 1$ bzw. $k r \gg 1$ ist, d. h. nach (55, 47) je nachdem, ob $r \ll \lambda$ bzw. $r \gg \lambda$ ist. Man pflegt eine *Nahzone* $r \ll \lambda$ und eine *Fernzone* $r \gg \lambda$ zu unterscheiden. Für die Nahzone vernachlässigt man in (55, 45) das Glied mit r^{-1} gegenüber dem Glied mit r^{-2} und in (55, 46) die Glieder mit r^{-2} und r^{-1} gegenüber dem Glied mit r^{-3}. In der Fernzone kann man die Glieder mit r^{-3} und r^{-2} gegen die mit r^{-1} vernachlässigen. Es ist dann in der Fernzone

$$H_i = \frac{\varepsilon \omega k}{r} \varepsilon_{ijk} \eta_j P_k \exp j(\omega t - k r)$$

und

$$E_i = -\frac{k^2}{r} (\eta_i \eta_j - \delta_{ij}) P_j \exp j(\omega t - k r).$$

Hier steht E_i auch senkrecht auf η_i. Elektrische und magnetische Feldstärke sind in Phase. Ist $P = |P_i|$ und ϑ der Winkel zwischen P_i und η_i, so sind die Amplituden der Feldstärken

$$|H_i| = \frac{\varepsilon \omega k}{r} P \sin \vartheta$$

und

$$|E_i| = \frac{k^2}{r} P \sin \vartheta,$$

d. h. es ist

$$\frac{|H_i|}{|E_i|} = \varepsilon v = \sqrt{\frac{\varepsilon}{\mu}}. \tag{55, 48}$$

Wir kehren nun nochmals zur Telegraphengleichung (55, 33) zurück, wollen also jetzt auch die endliche Leitfähigkeit $\sigma \neq 0$ berücksichtigen. Die Integration von (55, 33) läßt sich nicht allgemein durchführen. Wir suchen eine periodische Lösung, indem wir

$$Z_i = P_i \exp j \omega t \tag{55, 49}$$

setzen, wobei P_i unabhängig von der Zeit sein soll. Aus (55, 33) folgt dann

$$\partial_j \partial_j P_i + \mu \varepsilon \omega^2 P_i - j \mu \sigma \omega P_i = 0$$

oder, wenn wir

$$k^2 = \mu \varepsilon \omega^2 - j \mu \sigma \omega \tag{55, 50}$$

setzen,

$$\partial_j \partial_j P_i + k^2 P_i = 0. \tag{55, 51}$$

Für eine zentrisch-symmetrische Lösung $P_i = P_i(r)$ erhalten wir daraus

$$\frac{d^2}{dr^2}(r P_i) + k^2(r P_i) = 0,$$

also

$$r P_i = A_i \exp(-j k r) + B_i \exp j k r. \tag{55, 52}$$

Ist k die Wurzel aus (55, 50) mit negativem Imaginärteil, so liefert das erste Glied rechts eine physikalisch sinnvolle Lösung (andernfalls das zweite). Wir können somit

$$Z_i = \frac{A_i}{r} \exp j (\omega t - k r) \tag{55, 53}$$

setzen. Diese Lösung ist analog zu (55, 44), nur mit dem Unterschied, daß k jetzt komplex ist.

5. Zylindrische Felder, Hohlleiter. Bei der Herleitung von (55, 44) und (55, 53) haben wir die zentrische Symmetrie vorgeschrieben und erhielten durch die Einführung einer zeitlichen Periodizität entsprechende Wellenfelder. Von besonderem Interesse sind die Wellenfelder zylindrischer Symmetrie, bei denen die Fortpflanzung in einer bevorzugten Richtung stattfindet. Diese Richtung ist durch die Verteilung der Materialkonstanten vorgeschrieben, beispielsweise durch die Anordnung eines zylindrischen Drahtes. In solchen Fällen empfiehlt es sich, der speziellen geometrischen Anordnung durch Einführung eines passenden

Koordinatensystems Rechnung zu tragen und die Abhängigkeit der verschiedenen Größen in der Richtung der Zylinderachse und in den dazu orthogonalen Flächen voneinander zu trennen. Wir stellen dazu die Maxwellschen Gleichungen in krummlinigen Koordinaten (§ 33) auf und spezialisieren sie dann für den Fall der Zylindersymmetrie[1].

An die Stelle von (53, 22) tritt nach (38, 12) die Gleichung

$$\varepsilon_{ijk}\, g^{jp}\, \mathfrak{d}_p H^k = \dot{D}_i + S_i \tag{55, 54}$$

und an die Stelle von (53, 23)

$$\varepsilon_{ijk}\, g^{jp}\, \mathfrak{d}_p E^k = -\dot{B}_i. \tag{55, 55}$$

Für (53, 18) schreiben wir in Differentialform

$$\mathfrak{d}_i B^i = 0, \tag{55, 56}$$

was wir durch den Ansatz

$$B_i = \varepsilon_{ijk}\, g^{jp}\, \mathfrak{d}_p A^k \tag{55, 57}$$

befriedigen können. Aus (55, 57) und (55, 55) folgt

$$\varepsilon_{ijk}\, g^{jp}\, \mathfrak{d}_p (E^k + \dot{A}^k) = 0$$

und aus (55, 04)

$$E^k = -g^{kp}\, \mathfrak{d}_p \Psi - \dot{A}^k. \tag{55, 58}$$

An die Stelle von (55, 29) und (55, 30) treten die Gleichungen

$$g^{ij}\, \mathfrak{d}_i \mathfrak{d}_j A^k - \mu\varepsilon \ddot{A}^k - \mu\sigma \dot{A}^k = 0 \tag{55, 59}$$

und

$$g^{ij}\, \mathfrak{d}_i \mathfrak{d}_j \Psi - \mu\varepsilon \ddot{\Psi} - \mu\sigma \dot{\Psi} = -\frac{\gamma}{\varepsilon}. \tag{55, 60}$$

Wir gehen nunmehr zu den zylindrischen Feldern über. Wir verwenden orthogonale Koordinaten, für die (38, 01) gilt, und nehmen an, daß die Flächen $x_3 =$ konst. parallele Ebenen, die Flächen $x_1 =$ konst. und $x_2 =$ konst. orthogonale Zylinderflächen sind, deren Erzeugende auf den Ebenen $x_3 =$ konst. senkrecht stehen[2]. Dann ist

$$g_{23} = g_{31} = g_{12} = 0, \qquad g_{33} = 1. \tag{55, 61}$$

---

[1] Für die folgende Rechnung sei insbesondere auf die Formeln (38, 08) und (38, 11) sowie auf den Satz von Ricci (35, 26) und (35, 28) verwiesen.

[2] D. h. daß die Koordinaten in den Ebenen $x_3 =$ konst. allgemeine orthogonale Koordinaten, also nicht notwendig ebene Polarkoordinaten sind.

Wenn wir noch wie in § 31 vereinbaren, daß griechische Indizes Repräsentanten der Zahlen 1 und 2 sein sollen, so können wir an Stelle von (55, 60)

$$g^{\alpha\beta}\,\mathfrak{d}_\alpha\,\mathfrak{d}_\beta\,\Psi + \partial_3\,\partial_3\,\Psi - \mu\,\varepsilon\,\ddot{\Psi} - \mu\,\sigma\,\dot{\Psi} = -\frac{\gamma}{\varepsilon} \qquad (55, 62)$$

schreiben. Daß sich der Wellenvorgang allein in der x_3-Richtung fortpflanzt, drücken wir dadurch aus, daß wir

$$\Psi = \Phi\,(x_1, x_2)\exp j\,(\omega\,t - h\,x_3) \qquad (55, 63)$$

setzen. Wir nehmen an, daß keine Ladungen vorhanden sind, also $\gamma = 0$ ist und finden

$$g^{\alpha\beta}\,\mathfrak{d}_\alpha\,\mathfrak{d}_\beta\,\Phi - h^2\,\Phi + \mu\,\varepsilon\,\omega^2\,\Phi - j\,\mu\,\sigma\,\omega\,\Phi = 0. \qquad (55, 64)$$

Mit der schon durch (55, 50) eingeführten Konstanten k^2 erhalten wir weiter

$$g^{\alpha\beta}\,\mathfrak{d}_\alpha\,\mathfrak{d}_\beta\,\Phi + (k^2 - h^2)\,\Phi = 0 \qquad (55, 65)$$

als Differentialgleichung für die allein von x_1 und x_2 abhängige Funktion Φ. In ganz analoger Weise können wir mit (55, 59) verfahren, so daß wir zu einer Darstellung

$$A_i = \Omega_i\,(x_1, x_2)\exp j\,(\omega\,t - h\,x_3) \qquad (55, 66)$$

des Vektorpotentials gelangen. Aus (55, 57) und (55, 58) ergibt sich eine entsprechende Darstellung der Feldstärke und der Induktion

$$E_i = \bar{E}_i\,(x_1, x_2)\exp j\,(\omega\,t - h\,x_3), \qquad (55, 67)$$

bzw.

$$B_i = \bar{B}_i\,(x_1, x_2)\exp j\,(\omega\,t - h\,x_3). \qquad (55, 68)$$

Aus (55, 55) folgt damit

$$-\,j\,\omega\,\bar{B}_i\exp j\,(\omega\,t - h\,x_3) = \varepsilon_{ijk}\,g^{jp}\,\mathfrak{d}_p\,E^k.$$

Wir entwickeln jetzt den auf der rechten Seite stehenden Rotor nach den Koordinaten x_α und x_3. Wegen $\varepsilon_{\alpha\beta\gamma} = 0$ (es sind mindestens zwei Indizes gleich!), $g^{33} = g_{33} = 1$ und (55, 61) folgt

$$R_\alpha = \varepsilon_{\alpha\beta}\,g^{\beta\gamma}\,\mathfrak{d}_\gamma\,E^3 - \varepsilon_{\alpha\gamma}\,\mathfrak{d}_3\,E^\gamma, \qquad (55, 69)$$

wo $\varepsilon_{\alpha\beta} = \varepsilon_{\alpha\beta 3}$ ist, und

$$R_3 = \varepsilon_{\alpha\beta}\,g^{\alpha\gamma}\,\mathfrak{d}_\gamma\,E^\beta. \qquad (55, 70)$$

Ersetzen wir E_ι durch (55, 67) und lassen wir im Ergebnis den durch die Exponentialfunktion ausgedrückten Phasenfaktor weg, so finden wir

$$-j\,\omega\,\bar{B}_\alpha = \varepsilon_{\alpha\beta}\,g^{\beta\gamma}\,\mathfrak{d}_\gamma\,\bar{E}^3 + j\,h\,\varepsilon_{\alpha\gamma}\,\bar{E}^\gamma \qquad (55, 71)$$

und

$$-j\,\omega\,\bar{B}_3 = \varepsilon_{\alpha\beta}\,g^{\alpha\gamma}\,\mathfrak{d}_\gamma\,\bar{E}^\beta. \qquad (55, 72)$$

In (55, 48) ersetzen wir $\dot{D}_\iota$ durch $\varepsilon\,\dot{E}_\iota = j\,\omega\,\varepsilon\,\bar{E}_\iota \exp j\,(\omega\,t - h\,x_3)$ und S_ι durch $\sigma\,E_\iota$, so daß

$$\dot{D}_\iota + S_i = \bar{E}_\iota\,(j\,\omega\,\varepsilon + \sigma)\exp j\,(\omega\,t - h\,x_3) =$$

$$= j\,\omega\,\bar{E}_\iota\left(\varepsilon + \frac{\sigma}{j\,\omega}\right)\exp j\,(\omega\,t - h\,x_3) =$$

$$= j\,\omega\,\varepsilon'\,\bar{E}_\iota \exp j\,(\omega\,t - h\,x_3)$$

wird, wobei

$$\varepsilon' = \varepsilon + \frac{\sigma}{j\,\omega} \qquad (55, 73)$$

eine komplexe Dielektrizitätskonstante ist. Wir erhalten

$$j\,\omega\,\varepsilon'\,\bar{E}_\alpha = \varepsilon_{\alpha\beta}\,g^{\beta\gamma}\,\mathfrak{d}_\gamma\,\bar{H}^3 + j\,h\,\varepsilon_{\alpha\gamma}\,\bar{H}^\gamma \qquad (55, 74)$$

und

$$j\,\omega\,\varepsilon'\,\bar{E}_3 = \varepsilon_{\alpha\beta}\,g^{\alpha\gamma}\,\mathfrak{d}_\gamma\,\bar{H}^\beta. \qquad (55, 75)$$

(55, 71) und (55, 74) gestatten uns nun, die transversalen Komponenten $\bar{E}_\alpha$ und $\bar{H}_\alpha$ durch die longitudinalen $\bar{E}_3$ und $\bar{H}_3$ auszudrücken. Ersetzen wir beispielsweise in (55, 71) $\bar{B}_\alpha$ durch $\mu\,\bar{H}_\alpha$ und drücken wir $\bar{E}^\gamma$ gemäß (55, 72) aus, so gelangen wir zu

$$-j\,\omega^2\,\mu\,\varepsilon'\,\bar{H}_\alpha = \omega\,\varepsilon'\,\varepsilon_{\alpha\beta}\,g^{\beta\gamma}\,\mathfrak{d}_\gamma\,\bar{E}^3 + h\,\varepsilon_{\alpha\gamma}\,\varepsilon^{\gamma\sigma}\,\mathfrak{d}_\sigma\,\bar{H}^3 +$$

$$+ j\,h^2\,\varepsilon_{\alpha\gamma}\,\varepsilon^{\gamma}_{\cdot\beta}\,\bar{H}^\beta. \qquad (55, 76)$$

Nun lautet (31, 22) im Riemannschen R_2

$$\varepsilon_{\alpha\beta}\,\varepsilon_{\gamma\delta} = g_{\alpha\gamma}\,g_{\beta\delta} - g_{\alpha\delta}\,g_{\beta\gamma};$$

Überschiebung mit $g^{\beta\gamma}$ gibt wegen $g_{\beta\gamma}\,g^{\beta\gamma} = 2$

$$\varepsilon_{\alpha\beta}\,\varepsilon^{\beta}_{\cdot\delta} = -\,g_{\alpha\delta}$$

und nochmalige Überschiebung mit $g^{\delta\sigma}$

$$\varepsilon_{\alpha\beta}\,\varepsilon^{\beta\sigma} = -\,\delta_\alpha^{\ \sigma}.$$

Somit wird aus (55, 76) schließlich

$$j\,(k^2 - h^2)\,\bar{H}_\alpha = -\,\omega\,\varepsilon'\,\varepsilon_{\alpha\beta}\,g^{\beta\gamma}\,\mathfrak{d}_\gamma\,\bar{E}^3 + h\,\mathfrak{d}_\alpha\,\bar{H}^3 \tag{55, 77}$$

und ganz ähnlich

$$j\,(k^2 - h^2)\,\bar{E}_\alpha = \omega\,\mu\,\varepsilon_{\alpha\beta}\,g^{\beta\gamma}\,\mathfrak{d}_\gamma\,\bar{H}^3 + h\,\mathfrak{d}_\alpha\,\bar{E}^3. \tag{55, 78}$$

Je nach dem vorgegebenen Problem kann man dann für die Erfüllung der Randbedingungen geeignete Koordinaten x_1 und x_2 wählen. Es genügt, einen passenden Ansatz für $\bar{E}^3$ und $\bar{H}^3$ zu finden, um die anderen Koordinaten der Feldgrößen zu bestimmen. Ein einfaches Beispiel ist das des zylindrischen Hohlleiters. Die Wellenausbreitung geschieht dabei in einem zylindrischen Dielektrikum, das von einem vollkommenen Leiter umgeben ist. Für die Koordinaten x_1 und x_2 wählen wir zweckmäßigerweise die Polarkoordinaten ϱ und φ in der zur Achse senkrechten Ebene. Da Φ und jede Koordinate Ω_i der Gleichung (55, 65) genügen, so gilt dies auch für $\bar{E}^i$ und insbesondere für $\bar{E}^3$. Nach (38, 28) ist mit $E = \bar{E}^3$

$$g^{\alpha\beta}\,\mathfrak{d}_\alpha\,\mathfrak{d}_\beta\,E = \frac{1}{\varrho}\,\frac{\partial}{\partial\varrho}\left(\varrho\,\frac{\partial E}{\partial\varrho}\right) + \frac{1}{\varrho^2}\,\frac{\partial^2 E}{\partial\varphi^2}\,.$$

Wir untersuchen zunächst den Fall der symmetrischen elektrischen Welle, bei dem E eine Funktion von ϱ allein ist und $H = \bar{H}^3$ verschwindet. Aus (55, 65) folgt dann

$$\frac{1}{\varrho}\,\frac{\partial}{\partial\varrho}\left(\varrho\,\frac{\partial E}{\partial\varrho}\right) + (k^2 - h^2)\,E = 0; \tag{55, 79}$$

die Substitution

$$r = \sqrt{k^2 - h^2}\,\varrho \tag{55, 80}$$

gibt die Besselsche Differentialgleichung

$$\frac{1}{r}\,\frac{d}{dr}\left(r\,\frac{dE}{dr}\right) + E = 0 \tag{55, 81}$$

mit der für $r = 0$ stetigen Lösung

$$E = C\,I_0(r). \tag{55, 82}$$

Ist R der Radius des zylindrischen Hohlleiters, so muß wegen der Stetigkeit $E = 0$ sein für $\varrho = R$. Wir haben daher

$$I_0\,(\sqrt{k^2 - h^2}\,R) = 0 \tag{55, 83}$$

zu setzen und finden aus den Wurzeln dieser Gleichung die zu einer gegebenen Frequenz ω gehörige Fortpflanzungsgeschwindigkeit. Aus (55, 77) erhalten wir die Koordinaten von $\bar{H}_\alpha$ mit

$$-j\,(k^2 - h^2)\,\bar{H}_1 = \omega\,\varepsilon\,\varepsilon_{12}\,g^{22}\,\mathfrak{d}_2\,E = 0$$

und

$$-j\,(k^2 - h^2)\,\bar{H}_2 = \omega\,\varepsilon\,\varepsilon_{21}\,g^{11}\,\mathfrak{d}_1\,E.$$

Nach (38, 11) ist

$$\varepsilon_{12} = -\,\varepsilon_{21} = \sqrt{g}$$

und $g = \varrho^2$ nach (38, 26). Ferner ist $g_{11} = 1$, so daß

$$j(k^2 - h^2)\,\bar{H}_2 = \omega\,\varepsilon\,\varrho\,\frac{dE}{d\varrho} = \omega\,\varepsilon\,\varrho\,J_0'(r)\,\sqrt{k^2 - h^2}$$

und

$$\bar{H}_2 = -\,\frac{j\,\omega\,\varepsilon\,r\,J_0'(r)}{k^2 - h^2} \tag{55, 84}$$

bleibt. Die magnetischen Feldlinien sind Kreise um die Achse. In ähnlicher Weise findet man

$$\bar{E}_1 = -j\,\frac{h}{\sqrt{h^2 - k^2}}\,J_0'(r), \tag{55, 85}$$

während $\bar{E}_2$ verschwindet.

Setzt man $\bar{E}_3 = 0$ und $\bar{H}_3 = H(\varrho)$, so erhält man in ganz analoger Weise die symmetrische magnetische Welle. $\bar{E}_3 = E(\varrho, \varphi)$ und $\bar{H}_3 = 0$ liefert die unsymmetrischen elektrischen, $\bar{H}_3 = H(\varrho, \varphi)$ und $\bar{E}_3 = 0$ die unsymmetrischen magnetischen Wellen.

§ 56. Spezielle Relativitätstheorie I

1. Die Lorentztransformation. Wir betrachten zwei physikalische Systeme S und $\bar{S}$, die sich gegeneinander mit einer konstanten Geschwindigkeit v bewegen. Unter einem physikalischen System wollen wir dabei irgendeinen starren Körper verstehen, den wir am einfachsten durch ein Cartesisches Koordinatensystem darstellen; in jedem System befinde sich ein Beobachter, der mit Meßinstrumenten, vor allem mit Maßstäben und Uhren ausgestattet ist. Wenn wir noch annehmen, daß die entsprechenden Achsen der beiden Koordinatensysteme S und $\bar{S}$ parallel sind und daß der Vektor

$$v_i = v\,e_i, \qquad v > 0, \qquad e_i\,e_i = 1 \tag{56, 01}$$

die Geschwindigkeit von $\bar{S}$ relativ zu S ist, so gelten für die Koordinaten eines Punktes in bezug auf die beiden Systeme die Relationen

$$\boxed{\bar{x}_i = x_i - v_i\,t, \qquad \bar{t} = t.} \tag{56, 02}$$

Zur Zeit $t = 0$ fallen die beiden Koordinatensysteme S und $\bar{S}$ zusammen. Man bezeichnet (56, 02) als *Galileitransformation*. Sie entspricht der Auffassung der klassischen Physik über die Begriffe Raum und Zeit, insbesondere bringt die letzte Gleichung $\bar{t} = t$ die Existenz einer absoluten, vom Bewegungszustand des Systems unabhängigen Zeitmessung zum Ausdruck.

In § 39 haben wir gezeigt, daß das Newtonsche Grundgesetz und damit auch die übrigen Gesetze der Mechanik invariant gegenüber den Transformationen (56, 02) sind, mit anderen Worten, daß alle mechanischen Experimente in den beiden Systemen S und $\bar{S}$ in durchaus gleicher Weise verlaufen. Keiner der beiden Beobachter ist imstande, aus dem Ablauf der Versuche innerhalb seines Systems irgend etwas über den Bewegungszustand seines Systems auszusagen, natürlich immer unter Beschränkung auf geradlinige gleichförmige Translationsbewegungen; diese Tatsache bringt das sogenannte *Galileische Relativitätsprinzip* zum Ausdruck.

Der Ausgangspunkt der speziellen Relativitätstheorie ist eine Verallgemeinerung des Galileischen Relativitätsprinzips, das jetzt *für alle physikalischen Vorgänge gelten soll*, also nicht nur für die mechanischen, sondern insbesondere auch für elektromagnetische Vorgänge. Man pflegt diese Verallgemeinerung als *Einsteinsches Relativitätsprinzip* zu bezeichnen; ihre Einführung geschieht natürlich nicht willkürlich, sondern mit guten Gründen: Eine ganze Reihe von Experimenten hat gezeigt, daß elektromagnetische Vorgänge in den beiden Systemen S und $\bar{S}$ genau wie die mechanischen Vorgänge in völlig gleicher Weise verlaufen. Allerdings sind die elektromagnetischen Gesetze, also die Maxwellschen Gleichungen gegenüber der Galileitransformation (56, 02) nicht invariant. Man muß, um diese Invarianz herzustellen, die Transformationen (56, 02) in einer ganz bestimmten Weise modifizieren. Diese modifizierten Transformationen werden nach einem Vorschlag EINSTEINS als *Lorentztransformationen* bezeichnet. Wie EINSTEIN gezeigt hat, genügt es, das Ergebnis der Versuche von MICHELSON und MORLEY zu verwenden, um die Lorentztransformation herzuleiten, womit der entscheidende Schritt für den Aufbau der speziellen Relativitätstheorie getan ist. Diese Experimente betreffen eine allen Menschen wohlvertraute elektromagnetische Erscheinung, nämlich die Ausbreitung des Lichtes; sie haben einwandfrei ergeben, daß die Ausbreitungsgeschwindigkeit im leeren Raum, die man in der Regel mit c bezeichnet und die rund $3 \cdot 10^5$ km sec^{-1} beträgt, *sowohl vom Bewegungszustand des Beobachters als auch von dem der Lichtquelle völlig unabhängig ist*, natürlich immer unter Beschränkung auf geradlinige gleichförmige Translationsbewegungen.

Man sieht leicht ein, daß diese Konstanz der Lichtgeschwindigkeit mit der Galileitransformation (56, 02) nicht verträglich ist. Der wesentlichste Unterschied der Lorentztransformation besteht nun darin, daß nicht mehr $\bar{t} = t$ ist, sondern daß $\bar{t}$ auch von den Punktkoordinaten x_i abhängt, wodurch die Zeitmessung vom Bewegungszustand des Beobachters abhängig wird. Eine verhältnismäßig einfache geometrische Deutung der Lorentztransformation bekommt man, wenn man nach MINKOWSKI die Zeitkoordinate t gleichberechtigt neben die Raumkoordinaten x_i stellt, also einen vierdimensionalen Raum, die *Raum-Zeit-Welt*, wie man zu sagen pflegt, für die Beschreibung der physikalischen Vorgänge verwendet. Wir bezeichnen diese Minkowskische Welt im folgenden mit W_4. Die „Punkte" der W_4 sind „Ereignisse", die eben durch drei Raumkoordinaten und eine Zeitkoordinate festgelegt sind. Die Systeme S und $\bar{S}$ ergänzen wir demgemäß durch Hinzufügen je einer Zeitachse zu vierdimensionalen Systemen Σ und $\bar{\Sigma}$.

Die Lorentztransformationen bilden eine Gruppe von Koordinatentransformationen in der W_4. Auf Grund des Relativitätsprinzips sind alle, in entsprechender Weise in der W_4 definierten physikalischen Größen Invarianten dieser Gruppe[1], so daß wir im

[1] Das muß also keineswegs für die uns geläufigen, in euklidischen R_3 definierten Größen der klassischen Physik zutreffen; so sind zum Beispiel Zeit und Masse keine Invarianten in der relativistischen Physik.

folgenden an geläufige Begriffe anknüpfen können. Wir bemerken noch, daß sich die Lorentztransformationen für kleine Geschwindigkeiten — klein im Vergleich zur Lichtgeschwindigkeit c — nur sehr wenig von den Transformationen (56, 02) unterscheiden werden, bei größeren Geschwindigkeiten aber ganz erheblich davon abweichen.

Bei der Herleitung der Lorentztransformation wollen wir uns die Rechnung möglichst einfach machen, indem wir spezielle Koordinatensysteme wählen. Da uns die Invarianz physikalischer Größen gegenüber Bewegungen des Koordinatensystems im R_3 geläufig ist, halten wir an der Parallelität der beiden Koordinatensysteme S und $\bar{S}$ fest; irgendeine Verdrehung des einen Systems gegenüber dem anderen würde nichts Neues bringen. Wir vereinfachen uns die Rechnung aber zunächst noch weiter, indem wir die Koordinatensysteme so wählen, daß die Bewegungsrichtung in die 1-Richtung fällt, d. h. daß der Einsvektor e_i, der die Bewegungsrichtung festlegt, die Richtung der 1-Achse hat, so daß

$$e_i = \delta_{1i}$$

wird. Wir denken uns die Drehung des Koordinatensystems, die das bewirkt, durchgeführt; wir kommen später noch darauf zurück.

Ein Lichtsignal, das im Ursprung (also zur Zeit $t = \bar{t} = 0$ im Punkt $x_i = \bar{x}_i = 0$) gegeben wird, befinde sich zu der im System S gemessenen Zeit t im Punkt x_i. Dann ist

$$c^2 t^2 - x_i x_i = 0$$

und diese Gleichung muß invarianten Charakter haben, d. h. für die neuen Koordinaten $\bar{t}$, $\bar{x}_i$ wegen $\bar{c} = c$ (Konstanz der Lichtgeschwindigkeit) in

$$c^2 \bar{t}^2 - \bar{x}_i \bar{x}_i = 0$$

übergehen (das gilt noch ganz allgemein für eine beliebige Bewegungsrichtung e_i). Man sieht sofort, daß das für die Transformationen (56, 02) nur im Fall $v_i = 0$ zutrifft, in Widerspruch zum Relativitätsprinzip. Da sich alle sinnvollen physikalischen Gesetze mathematisch durch das Verschwinden von Tensoren (Vektoren, Invarianten) ausdrücken, muß für die neue Transformation der Ausdruck

$$\sigma^2 = c^2 t^2 - x_i x_i = c^2 t^2 - s^2 \qquad (56, 03)$$

eine Invariante sein. Wir nennen σ den „Abstand" eines Weltpunktes oder Ereignisses mit den Koordinaten (t, x_ι) vom Ursprung $t = x_\iota = 0$; s ist der „räumliche" Abstand (im euklidischen R_3) des Punktes x_ι vom Ursprung $x_\iota = 0$. An Stelle von (56, 03) schreiben wir auch allgemeiner

$$\sigma^2 = c^2 (\tau - t)^2 - (\xi_\iota - x_\iota)(\xi_\iota - x_\iota) = c^2 (\tau - t)^2 - s^2, \qquad (56, 04)$$

wobei σ der raumzeitliche und s der räumliche Abstand zweier beliebiger Ereignisse (t, x_ι) und (τ, ξ_ι) ist, oder einfacher mit Differentialen

$$d\sigma^2 = c^2 dt^2 - dx_\iota dx_\iota = c^2 dt^2 - ds^2, \qquad (56, 05)$$

was besonders für den Übergang zu allgemeineren Koordinaten zweckmäßig ist. Zur Vereinfachung der Schreibweise führen wir durch

$$x_0 = c\,t \qquad (56, 06)$$

an Stelle der üblichen eine neue Zeitmessung ein, indem wir statt der Zeit t den Weg x_0 angeben, den das Licht in dieser Zeit zurücklegt. Da sowohl die Invariante (56, 03) wie auch die Transformationen (56, 02) homogen in den Veränderlichen t und x_ι sind, liegt es nahe, die neue Transformation ebenfalls homogen und linear

$$\bar{x}_\alpha = \sum_{\beta=0}^{3} a_{\alpha\beta}\, x_\beta, \qquad \alpha = 0, 1, 2, 3 \qquad (56, 07)$$

anzusetzen. Die Koeffizienten $a_{\alpha\beta}$ versuchen wir nun ähnlich wie am Schluß von § 9 aus der Invarianz des Ausdrucks

$$\sigma^2 = x_0{}^2 - x_\iota x_\iota \qquad (56, 08)$$

zu ermitteln, der jetzt wegen (56, 06) an Stelle von (56, 03) tritt.

Wie schon angekündigt, nehmen wir zunächst an, daß die durch (56, 07) dargestellte Bewegung in der Richtung der 1-Achse vor sich geht, so daß jedenfalls $x_2 = \bar{x}_2$, $x_3 = \bar{x}_3$ ist. Wir können von den Koordinaten x_2 und x_3 also ganz absehen, d. h. die weitere Überlegung allein in der 0,1-Ebene deuten. Die beiden Systeme S und $\bar{S}$ bestehen jetzt nur mehr aus den beiden 1-Achsen, die auf ein- und derselben Geraden liegen und sich gegeneinander mit der Geschwindigkeit v bewegen. Σ und $\bar{\Sigma}$ sind Ebenen, deren Achsensysteme einen gemeinsamen Ursprung haben. Aus (56, 07) wird jetzt

$$\bar{x}_0 = a_{00}\, x_0 + a_{01}\, x_1, \qquad \bar{x}_1 = a_{10}\, x_0 + a_{11}\, x_1 \tag{56, 09}$$

mit der Bedingung

$$\bar{x}_0^{\,2} - \bar{x}_1^{\,2} = x_0^{\,2} - x_1^{\,2};$$

setzt man für $\bar{x}_0$ und $\bar{x}_1$ ein, so folgt

$$(a_{00}^{\,2} - a_{10}^{\,2})\, x_0^{\,2} + 2\,(a_{00}\, a_{01} - a_{10}\, a_{11})\, x_0\, x_1 + (a_{01}^{\,2} - a_{11}^{\,2})\, x_1^{\,2} = \\ = x_0^{\,2} - x_1^{\,2},$$

was dann und nur dann eine Identität ist, wenn

$$a_{00}^{\,2} - a_{10}^{\,2} = 1, \qquad a_{00}\, a_{01} - a_{10}\, a_{11} = 0, \qquad a_{01}^{\,2} - a_{11}^{\,2} = -1$$

ist. Die erste Gleichung können wir durch[1]

$$a_{00} = \operatorname{ch} u, \qquad a_{10} = \operatorname{sh} u$$

erfüllen. Aus der zweiten folgt

$$\frac{a_{10}}{a_{00}} = \frac{a_{01}}{a_{11}} = \operatorname{th} u,$$

also

$$a_{01} = \varrho \operatorname{sh} u, \qquad a_{11} = \varrho \operatorname{ch} u$$

und daraus wegen der dritten Gleichung $\varrho^2 = 1$, also $\varrho = \pm 1$. Wir wählen[2] $\varrho = 1$, so daß (56, 09) in

$$\bar{x}_0 = x_0 \operatorname{ch} u + x_1 \operatorname{sh} u, \qquad \bar{x}_1 = x_0 \operatorname{sh} u + x_1 \operatorname{ch} u \tag{56, 10}$$

übergeht. Man zeigt nun sofort, daß diese Transformationen eine Gruppe bilden. Sie enthalten für $u = 0$ die identische Transformation $\bar{x}_0 = x_0$, $\bar{x}_1 = x_1$; zu jeder Transformation existiert die inverse (Auflösung nach x_0, x_1); um zu zeigen, daß zwei Transformationen zusammengesetzt wieder eine Transformation der Gestalt (56, 10) geben, sei

---

[1] $\operatorname{ch} u = \frac{1}{2}(e^u + e^{-u}), \qquad \operatorname{sh} u = \frac{1}{2}(e^u - e^{-u}), \qquad \operatorname{th} u = \frac{e^u - e^{-u}}{e^u + e^{-u}}$ sind die Hyperbelfunktionen.

[2] Die Transformationen mit $\varrho = -1$ stehen zu jenen mit $\varrho = +1$ in einer ähnlichen Beziehung, wie die Umlegungen zu den Bewegungen im euklidischen Raum

$$\bar{\bar{x}}_0 = \bar{x}_0 \operatorname{ch} v + \bar{x}_1 \operatorname{sh} v, \qquad \bar{\bar{x}}_1 = \bar{x}_0 \operatorname{sh} v + \bar{x}_1 \operatorname{ch} v$$

eine zweite Transformation; eine einfache Rechnung gibt dann die zusammengesetzte Transformation

$$\bar{\bar{x}}_0 = x_0 \operatorname{ch}(u + v) + x_1 \operatorname{sh}(u + v),$$
$$\bar{\bar{x}}_1 = x_0 \operatorname{sh}(u + v) + x_1 \operatorname{ch}(u + v),$$

die wieder von der Gestalt (56, 10) ist, nur mit $u + v$ statt u.

Die Geometrie in der 0,1-Ebene, die zu dieser Transformationsgruppe gehört, wird als *pseudoeuklidische Geometrie* bezeichnet. Das Quadrat des Abstands zweier Punkte (x_0, x_1) und (y_0, y_1) ist durch

$$\sigma^2 = (x_0 - y_0)^2 - (x_1 - y_1)^2$$

gegeben, das Quadrat des Abstands des Punktes (x_0, x_1) vom Ursprung insbesondere durch

$$\sigma^2 = x_0{}^2 - x_1{}^2. \tag{56, 11}$$

Alle Punkte der beiden Geraden $x_0 = \pm x_1$ haben vom Ursprung den Abstand Null. Man nennt sie die *isotropen Geraden* durch den Ursprung[1]. Die Bewegung eines Punktes längs der 1-Achse von S ist durch eine Gleichung $x_1 = \varphi(x_0)$ gegeben. Die Kurve in der 0,1-Ebene mit dieser Gleichung heißt die *Weltlinie* des bewegten Punktes. Bewegt sich der Punkt gleichförmig, ist also

$$x_1 = \beta\, x_0,$$

so ist $\sigma^2 > 0$, solange $|\beta| < 1$, d. h., wie wir im folgenden zeigen werden, solange die Geschwindigkeit des Punktes kleiner ist als die Lichtgeschwindigkeit, und da diese eine Grenzgeschwindigkeit darstellt, wie wir später noch des näheren zeigen werden, verlaufen alle physikalisch möglichen Bewegungen in dem von den Geraden $x_1 = \pm x_0$ begrenzten und die 0-Achse enthaltenden Winkelraum. Die Weltlinien der Lichtstrahlen sind die beiden isotropen Geraden $x_1 = \pm x_0$.

[1] Wir werden dementsprechend später auch isotrope Vektoren betrachten, das sind Vektoren mit der Länge Null, die aber keine Nullvektoren sind, d. h. deren Koordinaten nicht alle verschwinden. Die Bezeichnung Nullvektoren (und analog Nulltensoren) sollte man ausschließlich für solche Vektoren und Tensoren vorbehalten, deren Koordinaten alle Null sind. In der euklidischen Geometrie gibt es, solange man sich auf die Betrachtung reeller Gebilde beschränkt, weder isotrope Geraden noch isotrope Vektoren, so daß jeder Vektor der Länge Null ein Nullvektor ist.

Die Gleichung (56, 11) stellt eine Hyperbelschar dar, wenn wir σ als variablen Parameter ansehen. Die Hyperbel mit $\sigma = 1$ wird gelegentlich auch als *Maßhyperbel* bezeichnet; sie übernimmt die Rolle des Einheitskreises der euklidischen Geometrie.

Da x_0 die Zeit und x_1 eine Raumkoordinate ist, handelt es sich bei den Gleichungen (56, 10) um eine Bewegung, die längs der 1-Achse (Raumachse) vor sich geht. Setzen wir $\bar{x}_1 = 0$, so folgt aus der zweiten Gleichung (56, 10)

$$\frac{x_1}{x_0} = \frac{x_1}{c\,t} = -\operatorname{th} u = \beta, \qquad |\beta| < 1; \tag{56, 12}$$

da

$$v = \frac{x_1}{t} \tag{56, 13}$$

die im System S gemessene Geschwindigkeit des Ursprungs von $\bar{S}$ ist, folgt aus (56, 12)

$$\beta = \frac{v}{c}. \tag{56, 14}$$

Anderseits ist

$$\operatorname{ch} u = \frac{1}{\sqrt{1 - \operatorname{th}^2 u}} = \frac{1}{\sqrt{1 - \beta^2}} = \lambda,$$

$$\operatorname{sh} u = \frac{\operatorname{th} u}{\sqrt{1 - \operatorname{th}^2 u}} = \frac{-\beta}{\sqrt{1 - \beta^2}} = -\beta\,\lambda,$$

wo

$$\lambda = (1 - \beta^2)^{-(1/2)} = \frac{1}{\sqrt{1 - \frac{v^2}{c^2}}} \tag{56, 15}$$

gesetzt ist und alle Wurzeln positiv zu nehmen sind, so daß wir die Transformation (56, 10) auch in der Gestalt

$$\bar{x}_0 = \lambda\,(x_0 - \beta\,x_1), \quad \bar{x}_1 = \lambda\,(-\beta\,x_0 + x_1), \quad \bar{x}_2 = x_2, \quad \bar{x}_3 = x_3 \tag{56, 16}$$

oder ausführlich, wenn wir wieder zu den alten Bezeichnungen zurückkehren, in der Gestalt

$$\bar{t} = \frac{t - \frac{v}{c^2} x_1}{\sqrt{1 - \frac{v^2}{c^2}}}, \qquad \bar{x}_1 = \frac{-v t + x_1}{\sqrt{1 - \frac{v^2}{c^2}}}, \qquad \bar{x}_2 = x_2, \qquad \bar{x}_3 = x_3 \tag{56,17}$$

erhalten. Diese Gleichungen sind die *Lorentztransformation* in der einfachsten Form. Gilt $v \ll c$, so daß der Quotient $\frac{v}{c}$ vernachlässigt werden kann (oder genauer[1]: im Grenzfall $c \to \infty$), so geht (56, 17) über in

$$\bar{t} = t, \qquad \bar{x}_1 = -v t + x_1, \qquad \bar{x}_2 = x_2, \qquad \bar{x}_3 = x_3$$

oder einfach

$$\bar{x}_1 = x_1 - v t, \qquad \bar{x}_2 = x_2, \qquad \bar{x}_3 = x_3,$$

also in die Galileitransformation (56, 02) mit $e_i = \delta_{1i}$.

Die Gleichungen (56, 16) oder (56, 17) zeigen auch den Charakter von c als *Grenzgeschwindigkeit*; für $v \to c$ werden λ, $\bar{x}_0$ und $\bar{x}_1$ unendlich und für $v > c$ ist λ und damit auch die Transformation imaginär.

2. Vierdimensionale Tensorrechnung. Wir kommen zur allgemeinen Lorentztransformation (56, 07). Schreibt man (56, 08) in der Gestalt

$$\sigma^2 = \sum_{\alpha, \beta = 0}^{3} g_{\alpha\beta} \, x_\alpha \, x_\beta,$$

so ist die Matrix des Maßtensors

$$g_{\alpha\beta} = \begin{pmatrix} 1 & 0 & 0 & 0 \\ 0 & -1 & 0 & 0 \\ 0 & 0 & -1 & 0 \\ 0 & 0 & 0 & -1 \end{pmatrix}.$$

Damit läßt sich zwar die elementare Tensorrechnung dem vierdimensionalen pseudoeuklidischen Raum ohne besondere

[1] Der Grenzübergang $c \to \infty$ ist natürlich physikalisch sinnlos, ist aber sehr gut geeignet, den Tatbestand $v \ll c$ mathematisch exakt auszudrücken.

Schwierigkeiten anpassen, wir ziehen es aber vor, jetzt an Stelle von (56, 06) die rein imaginäre Koordinate

$$x_4 = j\,c\,t = j\,x_0 \tag{56, 18}$$

einzuführen. Verwenden wir jetzt griechische Indizes als Repräsentanten der Zahlen 1, 2, 3, 4 und lassen wir für sie ebenfalls das Summationsübereinkommen gelten, so kommen wir *formal* zu genau denselben Formeln und Beziehungen, die in einem vierdimensionalen euklidischen Raum gelten; *inhaltlich* bleibt der Raum natürlich wegen der imaginären Koordinate x_4 ein pseudoeuklidischer mit einer indefiniten Maßbestimmung. An Stelle von (56, 08) gilt jetzt

$$-\sigma^2 = x_\alpha\, x_\alpha = \delta_{\alpha\beta}\, x_\alpha\, x_\beta \tag{56, 19}$$

mit dem euklidischen Maßtensor

$$\delta_{\alpha\beta} = \begin{pmatrix} 1 & 0 & 0 & 0 \\ 0 & 1 & 0 & 0 \\ 0 & 0 & 1 & 0 \\ 0 & 0 & 0 & 1 \end{pmatrix}. \tag{56, 20}$$

Die allgemeine Lorentztransformation wird

$$\bar{x}_\alpha = a_{\alpha\beta}\, x_\beta, \tag{56, 21}$$

mit

$$a_{\alpha\gamma}\, a_{\beta\gamma} = a_{\gamma\alpha}\, a_{\gamma\beta} = \delta_{\alpha\beta}. \tag{56, 22}$$

Das Transformationsgesetz für Vektoren, die man im R_4 oft als *Vierervektoren* bezeichnet, stimmt mit (56, 21) überein. Das innere Produkt zweier Vektoren A_α und B_α ist die Invariante

$$A_\alpha\, B_\alpha,$$

die beiden Vektoren sind *orthogonal* oder *senkrecht*, wenn $A_\alpha\, B_\alpha = 0$ ist. Die Norm (Längenquadrat) von A_α ist

$$A^2 = A_\alpha\, A_\alpha;$$

der Vektor A_α heißt *zeitartig*, *raumartig* oder *isotrop*, je nachdem (bei reellen A_1, A_2, A_3 und rein imaginärem A_4)

$$A^2 < 0, \qquad > 0 \qquad \text{oder} \qquad = 0$$

ist[1]. Vier Vektoren $\overset{\varrho}{e}_\alpha$ bilden ein *normiertes Vierbein*, wenn

[1] Entsprechend (56, 19) wird oft auch $A^2 = -A_\alpha\, A_\alpha$ als Norm von A_α bezeichnet.

$$\overset{\varrho}{e}_{\alpha}\,\overset{\sigma}{e}_{\alpha} = \delta_{\varrho\sigma} \tag{56, 23}$$

ist; es gilt dann auch

$$\overset{\varrho}{e}_{\alpha}\,\overset{\varrho}{e}_{\beta} = \delta_{\alpha\beta}. \tag{56, 24}$$

Die Definition des ε-Tensors ist völlig analog zu (11, 07), nämlich

$$\varepsilon_{\alpha\beta\gamma\delta} = \begin{vmatrix} \overset{1}{e}_{\alpha} & \overset{1}{e}_{\beta} & \overset{1}{e}_{\gamma} & \overset{1}{e}_{\delta} \\ \overset{2}{e}_{\alpha} & \overset{2}{e}_{\beta} & \overset{2}{e}_{\gamma} & \overset{2}{e}_{\delta} \\ \overset{3}{e}_{\alpha} & \overset{3}{e}_{\beta} & \overset{3}{e}_{\gamma} & \overset{3}{e}_{\delta} \\ \overset{4}{e}_{\alpha} & \overset{4}{e}_{\beta} & \overset{4}{e}_{\gamma} & \overset{4}{e}_{\delta} \end{vmatrix}; \tag{56, 25}$$

er ist ein Tensor vierter Stufe, der in jedem Paar von Indizes alternierend ist und hat daher $4! = 24$ unabhängige, von Null verschiedene Koordinaten, die gleich $+1$ oder -1 sind, je nachdem $\alpha, \beta, \gamma, \delta$ eine gerade oder ungerade Permutation der Zahlen 1, 2, 3, 4 ist.

Durch eine ganz ähnliche Rechnung wie zur Gewinnung des Entwicklungssatzes (11, 15) ergibt sich für die einfache Überschiebung zweier ε-Tensoren

$$\varepsilon_{\alpha\beta\gamma\delta}\,\varepsilon_{\varrho\sigma\tau\delta} = \delta_{\alpha\varrho}\,\delta_{\beta\sigma}\,\delta_{\gamma\tau} + \delta_{\alpha\sigma}\,\delta_{\beta\tau}\,\delta_{\gamma\varrho} + \delta_{\alpha\tau}\,\delta_{\beta\varrho}\,\delta_{\gamma\sigma} - \delta_{\alpha\varrho}\,\delta_{\beta\tau}\,\delta_{\gamma\sigma} - \\ - \delta_{\alpha\tau}\,\delta_{\beta\sigma}\,\delta_{\gamma\varrho} - \delta_{\alpha\sigma}\,\delta_{\beta\varrho}\,\delta_{\gamma\tau} \tag{56, 26}$$

und für die doppelte Überschiebung

$$\varepsilon_{\alpha\beta\gamma\delta}\,\varepsilon_{\varrho\sigma\gamma\delta} = 2\,(\delta_{\alpha\varrho}\,\delta_{\beta\sigma} - \delta_{\alpha\sigma}\,\delta_{\beta\varrho}). \tag{56, 27}$$

Das *äußere Produkt* von zwei Vektoren wird ein alternierender Tensor zweiter Stufe

$$C_{\alpha\beta} = \varepsilon_{\alpha\beta\gamma\delta}\,A_{\gamma}\,B_{\delta}, \tag{56, 28}$$

das äußere Produkt von drei Vektoren ist ein Vektor

$$D_{\alpha} = \varepsilon_{\alpha\beta\gamma\delta}\,A_{\beta}\,B_{\gamma}\,C_{\delta}. \tag{56, 29}$$

Zu jedem alternierenden Tensor zweiter Stufe $A_{\alpha\beta}$ gibt es einen *dualen* Tensor

$$\tilde{A}_{\alpha\beta} = \frac{1}{2}\,\varepsilon_{\alpha\beta\gamma\delta}\,A_{\gamma\delta}. \tag{56, 30}$$

Bildet man zu $\tilde{A}_{\alpha\beta}$ nochmals den dualen Tensor $\tilde{\tilde{A}}_{\alpha\beta}$, so folgt wegen (56, 27)

$$\tilde{\tilde{A}}_{\alpha\beta} = \frac{1}{2}\,\varepsilon_{\alpha\beta\gamma\delta}\,\tilde{A}_{\gamma\delta} = \frac{1}{4}\,\varepsilon_{\alpha\beta\gamma\delta}\,\varepsilon_{\gamma\delta\varrho\sigma}\,A_{\varrho\sigma} =$$

$$= \frac{1}{4}\,\varepsilon_{\alpha\beta\gamma\delta}\,\varepsilon_{\varrho\sigma\gamma\delta}\,A_{\varrho\sigma} = \frac{1}{2}\,(\delta_{\alpha\varrho}\,\delta_{\beta\sigma} - \delta_{\alpha\sigma}\,\delta_{\beta\varrho})\,A_{\varrho\sigma}$$

$$= \frac{1}{2}\,(A_{\alpha\beta} - A_{\beta\alpha}) = A_{\alpha\beta}. \tag{56, 31}$$

Für den dualen Tensor von (56, 28) folgt

$$\left.\begin{aligned} \tilde{C}_{\alpha\beta} &= \frac{1}{2}\,\varepsilon_{\alpha\beta\gamma\delta}\,\varepsilon_{\gamma\delta\varrho\sigma}\,A_\varrho\,B_\sigma \\ &= A_\alpha\,B_\beta - A_\beta\,B_\alpha; \end{aligned}\right\} \tag{56, 32}$$

$\tilde{C}_{\alpha\beta}$ stimmt nicht mit $C_{\alpha\beta}$ überein (es ist z. B. in einem positiv orientierten Koordinatensystem $C_{12} = A_3\,B_4 - A_4\,B_3$, aber $\tilde{C}_{12} = A_1\,B_2 - A_2\,B_1$), wird aber doch im R_4 oft auch als äußeres Produkt der Vektoren A_α und B_α bezeichnet. Der alternierende Tensor zweiter Stufe hat im R_4 nur sechs unabhängige, von Null verschiedene Koordinaten. Die oft verwendete Bezeichnung „Sechservektor" ist irreführend — sie ließe eher, analog zum Vierervektor, einen Vektor des R_6 vermuten — und sollte daher vermieden werden. Die Bezeichnung dürfte aus dem auch heute noch nicht ganz überwundenen Aberglauben entstanden sein, daß der alternierende Tensor zweiter Stufe im R_3, der nur drei unabhängige Koordinaten hat, ein Vektor sei.

Der *Gradient* eines Skalarfeldes und die *Divergenz* eines Vektorfeldes werden im R_4 ebenso wie im R_3 definiert. Der *Rotor eines Vektors* A_α wird zu einem alternierenden Tensor zweiter Stufe

$$R_{\alpha\beta} = \varepsilon_{\alpha\beta\gamma\delta}\,\partial_\gamma\,A_\delta. \tag{56, 33}$$

Oft wird auch der duale Tensor

$$\tilde{R}_{\alpha\beta} = \frac{1}{2}\,\varepsilon_{\alpha\beta\gamma\delta}\,R_{\gamma\delta} = \partial_\alpha\,A_\beta - \partial_\beta\,A_\alpha \tag{56, 34}$$

als Rotor bezeichnet. Unter dem *Rotor eines Tensors zweiter Stufe* $A_{\alpha\beta}$ versteht man den Vektor

$$R_\alpha = \varepsilon_{\alpha\beta\gamma\delta}\,\partial_\beta\,A_{\gamma\delta}. \tag{56, 35}$$

Wir versuchen schließlich noch, unter Beschränkung auf parallele Koordinatensysteme S und $\bar{S}$ über die Gestalt der allgemeinen Lorentztransformation (56, 21), (56, 22) Aufschluß zu bekommen. Wir schreiben zunächst die spezielle Transformation (56, 16) mit den Abkürzungen

$$\beta = \frac{v}{c}, \qquad \lambda = (1 - \beta^2)^{-1/2}$$

unter Berücksichtigung von (56, 18) in der Gestalt

$$\bar{x}_1 = \lambda\,(x_1 + j\,\beta\,x_4), \qquad \bar{x}_2 = x_2,\ \bar{x}_3 = x_3, \qquad \bar{x}_4 = \lambda\,(-j\,\beta\,x_1 + x_4). \tag{56, 36}$$

Die Matrix dieser Transformation ist

$$c_{\alpha\beta} = \begin{pmatrix} \lambda & 0 & 0 & j\beta\lambda \\ 0 & 1 & 0 & 0 \\ 0 & 0 & 1 & 0 \\ -j\beta\lambda & 0 & 0 & \lambda \end{pmatrix}. \tag{56, 37}$$

Die allgemeine Transformation bekommen wir, wenn wir an Stelle der Bewegung längs der 1-Achse eine Bewegung in einer beliebigen Richtung e_i mit $e_i\,e_i = 1$ zugrunde legen; die Geschwindigkeit sei wieder v, so daß an Stelle des Geschwindigkeitsvektors $v\,\delta_{1i}$ jetzt der Vektor $v_i = v\,e_i$ tritt. Wir lösen diese Aufgabe dadurch, daß wir zunächst vom System S durch eine einfache Drehung, die die Richtung e_i in δ_{1i} überführt, zu einem System S' übergehen, von diesem durch die Transformation (56, 37) zu einem System S'' und von diesem wieder durch die Rückdrehung, die δ_{1i} wieder in e_i überführt, zum System $\bar{S}$. Die Drehung, die δ_{1i} in e_i überführt, können wir gemäß (11, 30) durch einen Drehtensor b_{ij} beschreiben, dessen Drehachse

$$\eta_i = \varrho\,\varepsilon_{ijk}\,\delta_{1j}\,e_k = \varrho\,\varepsilon_{i1k}\,e_k$$

mit einem Normierungsfaktor ϱ ist und dessen Drehwinkel ϑ sich aus

$$\cos\vartheta = e_i\,\delta_{1i} = e_1, \qquad \sin\vartheta = \sqrt{1 - e_1{}^2} = \sqrt{e_2{}^2 + e_3{}^2} > 0$$

bestimmt, wir finden

$$\eta_1 = 0, \qquad \eta_2 = -\,\varrho\,e_3, \qquad \eta_3 = \varrho\,e_2,$$

$$\varrho = \frac{1}{\sqrt{e_2{}^2 + e_3{}^2}} = \frac{1}{\sin\vartheta}$$

und damit

$$b_{ij} = \delta_{ij} e_1 + (1 - e_1) \eta_i \eta_j + \varepsilon_{ij2} e_3 - \varepsilon_{ij3} e_2.$$

Für die Transformation in R_4 ergibt sich daher die Matrix

$$b_{\alpha\beta} = \begin{pmatrix} e_1 & -e_2 & -e_3 & 0 \\ e_2 & e_1 + \dfrac{e_3^2}{1+e_1} & -\dfrac{e_2 e_3}{1+e_1} & 0 \\ e_3 & -\dfrac{e_2 e_3}{1+e_1} & e_1 + \dfrac{e_2^2}{1+e_1} & 0 \\ 0 & 0 & 0 & 1 \end{pmatrix} \qquad (56, 38)$$

und für die inverse Drehung (Vorzeichenwechsel bei ϑ), die e_i in δ_{1i} dreht,

$$b_{\alpha\beta}^{(-1)} = \begin{pmatrix} e_1 & e_2 & e_3 & 0 \\ -e_2 & e_1 + \dfrac{e_3^2}{1+e_1} & -\dfrac{e_2 e_3}{1+e_1} & 0 \\ -e_3 & -\dfrac{e_2 e_3}{1+e_1} & e_1 + \dfrac{e_2^2}{1+e_1} & 0 \\ 0 & 0 & 0 & 1 \end{pmatrix}. \qquad (56, 39)$$

Die Koeffizienten $a_{\alpha\delta}$ der allgemeinen Lorentztransformation $\bar{x}_\alpha = a_{\alpha\delta} x_\delta$ erscheinen somit in der Form

$$a_{\alpha\delta} = b_{\alpha\beta} c_{\beta\gamma} b_{\gamma\delta}^{(-1)}, \qquad (56, 40)$$

die sich durch Zusammensetzung der Transformationen

$$x_\gamma' = b_{\gamma\delta}^{(-1)} x_\delta, \qquad x_\beta'' = c_{\beta\gamma} x_\gamma', \qquad \bar{x}_\alpha = b_{\alpha\beta} x_\beta''$$

ergibt. Die Rechnung (56, 40) führen wir am einfachsten als Matrizenmultiplikation aus; zunächst wird

$$c_{\beta\gamma} b_{\gamma\delta}^{(-1)} = \begin{pmatrix} \lambda e_1 & \lambda e_2 & \lambda e_3 & i\beta\lambda \\ -e_2 & e_1 + \dfrac{e_3^2}{1+e_1} & -\dfrac{e_2 e_3}{1+e_1} & 0 \\ -e_3 & -\dfrac{e_2 e_3}{1+e_1} & e_1 + \dfrac{e_2^3}{1+e_1} & 0 \\ -i\beta\lambda e_1 & -i\beta\lambda e_2 & -i\beta\lambda e_3 & \lambda \end{pmatrix},$$

dann

$$a_{\alpha\delta} = b_{\alpha\beta}\,(c_{\beta\gamma}\,b_{\gamma\delta}^{(-1)}) =$$

$$= \begin{pmatrix} \lambda e_1^2 + e_2^2 + e_3^2 & (\lambda - 1)\,e_1 e_2 & (\lambda - 1)\,e_1 e_3 & j\beta\lambda e_1 \\ (\lambda - 1)\,e_1 e_2 & e_1^2 + \lambda e_2^2 + e_3^2 & (\lambda - 1)\,e_2 e_3 & j\beta\lambda e_2 \\ (\lambda - 1)\,e_1 e_3 & (\lambda - 1)\,e_2 e_3 & e_1^2 + e_2^2 + \lambda e_3^2 & j\beta\lambda e_3 \\ -j\beta\lambda e_1 & -j\beta\lambda e_2 & -j\beta\lambda e_3 & \lambda \end{pmatrix},$$

wofür wir auch kurz (lateinische Indizes laufen wie immer von 1 bis 3)

$$\boxed{a_{\alpha\delta} = \begin{pmatrix} \delta_{ij} + (\lambda - 1)\,e_i e_j & j\beta\lambda e_i \\ -j\beta\lambda e_j & \lambda \end{pmatrix}} \qquad (56, 41)$$

schreiben können. Ausführlich lautet die Transformation mit der Matrix (56, 41)

$$\boxed{\begin{aligned} \bar{x}_i &= x_i + (\lambda - 1)\,e_i e_j x_j + j\beta\lambda e_i x_4, \\ \bar{x}_4 &= -j\beta\lambda e_j x_j + \lambda x_4. \end{aligned}} \qquad (56, 42)$$

Die inverse Matrix ergibt sich aus (56, 41) durch einen Vorzeichenwechsel bei v bzw. $\beta = v/c$; die inverse Transformation lautet daher

$$\boxed{\begin{aligned} x_i &= \bar{x}_i + (\lambda - 1)\,e_i e_j \bar{x}_j - j\beta\lambda e_i \bar{x}_4, \\ x_4 &= j\beta\lambda e_j \bar{x}_j + \lambda \bar{x}_4. \end{aligned}} \qquad (56, 43)$$

Die Orthogonalitätsbedingungen (56, 22) sind leicht nachzuweisen, wenn man sie in drei Teile

$$a_{i\gamma}\,a_{j\gamma} = a_{ik}\,a_{jk} + a_{i4}\,a_{j4} = \delta_{ij},$$

$$a_{i\gamma}\,a_{4\gamma} = a_{ik}\,a_{4k} + a_{i4}\,a_{44} = 0$$

und

$$a_{4\gamma}\,a_{4\gamma} = a_{4i}\,a_{4i} + a_{44}\,a_{44} = 1$$

zerlegt. Für $e_i = \delta_{1i}$ geht (56, 41) in (56, 37) über, für $\beta \to 0$ wegen $\lambda \to 1$ in $a_{\alpha\beta} = \delta_{\alpha\beta}$; setzt man aber $x_4 = j\,c\,t$, $\bar{x}_4 = j\,c\,\bar{t}$, so folgt wegen $c\,\beta = v$ für $c \to \infty$

$$\bar{x}_i = x_i - v\,e_i\,t = x_i - v_i\,t, \qquad \bar{t} = t$$

also gerade (56, 02).

Wir wiederholen, daß (56, 42) noch nicht die allgemeinste Lorentztransformation ist, diese würde sich erst ergeben, wenn wir etwa das System $\bar{S}$ durch eine Bewegung (Drehung im R_3) in eine allgemeine Lage zum System S brächten, was aber physikalisch völlig belanglos ist.

§ 57. Spezielle Relativitätstheorie II

1. Diskussion der Lorentztransformation. Wir knüpfen an die spezielle Lorentztransformation (56, 17) oder

$$\bar{x}_1 = \lambda\,(x_1 - v\,t), \qquad \bar{x}_2 = x_2, \qquad \bar{x}_3 = x_3, \qquad \bar{t} = \lambda\left(-\frac{v}{c^2}\,x_1 + t\right), \tag{57, 01}$$

wo wieder $\lambda = \left(1 - \frac{v^2}{c^2}\right)^{-1/2}$ gesetzt ist, an. Auflösung nach den Koordinaten in Σ gibt

$$x_1 = \lambda\,(\bar{x}_1 + v\,\bar{t}), \quad x_2 = \bar{x}_2, \quad x_3 = \bar{x}_3, \quad t = \lambda\left(\frac{v}{c^2}\,\bar{x}_1 + \bar{t}\right). \tag{57, 02}$$

Nach dem Relativitätsprinzip ist es klar, daß diese Auflösung lediglich auf einen Vorzeichenwechsel bei v hinauskommt. Wir verwenden also wieder die Koordinaten (x_1, x_2, x_3, t) statt $(x_1, x_2, x_3, x_4 = j\,c\,t)$.

Für den Beobachter B in S (oder Σ, vgl. S. 219) ist S das *Ruhsystem* und $\bar{S}\,(\bar{\Sigma})$ das *bewegte System*, umgekehrt für den Beobachter $\bar{B}$ in $\bar{S}$.

1. Es seien (0, 0, 0, 0) und $(\bar{a}, 0, 0, 0)$ die Koordinaten zweier Ereignisse, bezogen auf $\bar{\Sigma}$. Für $\bar{B}$ sind die beiden Ereignisse *gleichzeitig*, weil sie dieselbe Zeitkoordinate $\bar{t} = 0$ haben. Nach (57, 02) sind die Koordinaten in Σ gleich (0, 0, 0, 0) bzw. $\left(\lambda\,\bar{a}, 0, 0, \lambda\frac{v}{c^2}\,\bar{a}\right)$. Dem Beobachter B erscheinen die beiden Ereignisse *nicht gleichzeitig* (Relativierung des Begriffs der Gleichzeitigkeit). Gehen wir umgekehrt von zwei in Σ gleichzeitigen Ereignissen (0, 0, 0, 0) und $(a, 0, 0, 0)$ aus, so sind ihre Koordinaten in $\bar{\Sigma}$ gleich (0, 0, 0, 0) und $\left(\lambda\,a, 0, 0, -\lambda\frac{v}{c^2}\,a\right)$. Was für B gleichzeitig ist, ist es nicht für $\bar{B}$.

2. Die Endpunkte einer Strecke auf der $\bar{x}_1$-Achse, die relativ zu $\bar{S}$ ruht (z. B. ein Maßstab des Beobachters $\bar{B}$), haben die Koordinaten $\bar{x}_1 = \bar{p}$, $\bar{x}_1 = \bar{q} > \bar{p}$, so daß $\bar{s} = \bar{q} - \bar{p}$ ihre Länge in $\bar{S}$ ist. Mißt B von S aus zu einer Zeit t diese Strecke, die sich relativ zu S mit der Geschwindigkeit v bewegt, so folgt aus (57, 01)

$$\bar{p} = \lambda\,(p - v\,t), \qquad \bar{q} = \lambda\,(q - v\,t),$$

wo p und q die Koordinaten der Endpunkte der Strecke im System S zur Zeit t sind, und daher für ihre Länge in S

$$s = q - p = \frac{1}{\lambda}\,(\bar{q} - \bar{p}) = \frac{1}{\lambda}\,\bar{s} < \bar{s}.$$

Die bewegte Strecke erscheint dem Beobachter B verkürzt. Genau dasselbe gilt für eine in S ruhende Strecke von der Länge s, deren Länge in $\bar{S}$ gleich $\bar{s} = \frac{1}{\lambda}\,s < s$ wird. Man sagt: „Bewegte Maßstäbe erscheinen verkürzt" oder „Bewegte Körper erfahren eine Verkürzung in der Bewegungsrichtung" (Lorentzkontraktion).

3. Wir betrachten zwei Ereignisse in $\bar{\Sigma}$, die am selben Ort (räumlich), nämlich im Ursprung von $\bar{S}$ zu den Zeiten $\bar{t} = 0$ und $\bar{t}$ stattfinden. Es möge sich etwa um zwei Ablesungen einer im Ursprung von $\bar{S}$ befindlichen Uhr handeln. Ihre Koordinaten in $\bar{\Sigma}$ sind (0, 0, 0, 0) und (0, 0, 0, $\bar{t}$). Ihr raumzeitlicher Abstand $c\,\bar{t}$ stimmt bis auf den Faktor c mit dem rein zeitlichen Abstand $\bar{t}$ der beiden Ereignisse überein. Ihre Koordinaten in Σ sind (0, 0, 0, 0) und ($\lambda\,v\,\bar{t}$, 0, 0, $\lambda\,\bar{t}$). Daß für B die beiden Ereignisse nicht am selben, sondern an verschiedenen Orten stattfinden, ist wegen des Bewegungszustandes von $\bar{S}$ keineswegs neu und überraschend; neu und überraschend ist nur, daß der rein zeitliche Abstand für B nicht $\bar{t}$, sondern $t = \lambda\,\bar{t} > \bar{t}$, also größer ist; man sagt: „Bewegte Uhren scheinen langsamer zu gehen"[1]. Genau dasselbe stellt $\bar{B}$ für eine in S ruhende Uhr fest; sie ist für $\bar{B}$ eine bewegte Uhr und scheint ihm langsamer zu gehen.

4. Aus 2 folgt insbesondere für das räumliche Volumselement

$$d\bar{x}_1\,d\bar{x}_2\,d\bar{x}_3 = d\bar{V} = \lambda\,dV = \lambda\,dx_1\,dx_2\,dx_3, \tag{57, 03}$$

---

[1] Es sei etwa $\lambda = 1{,}1$, was einer Geschwindigkeit $v = 1{,}25 \cdot 10^5$ km/sec entspricht, und $\bar{t} = 10$ sec, dann ist $t = 11$ sec.

während das vierdimensionale Volumselement

$$d\bar{x}_1\, d\bar{x}_2\, d\bar{x}_3\, d\bar{x}_4 = d\bar{W} = dW = dx_1\, dx_2\, dx_3\, dx_4 \qquad (57,04)$$

gemäß 2 und 3 eine Invariante ist.

5. In $\bar{S}$ bewege sich ein Punkt gemäß

$$\bar{x}_1 = u\,\bar{t}, \qquad \bar{x}_2 = \bar{x}_3 = 0,$$

also mit der Geschwindigkeit u längs der 1-Achse von $\bar{S}$; Anfangslage für $\bar{t} = 0$ ist der Ursprung von $\bar{S}$. Für den Beobachter B in S folgt aus (57, 01)

$$\lambda\,(x_1 - v\,t) = u\,\lambda\left(-\frac{v}{c^2}\,x_1 + t\right)$$

und daher für die resultierende Geschwindigkeit

$$\boxed{w = \frac{x_1}{t} = \frac{u+v}{1+\frac{u\,v}{c^2}},} \qquad (57,05)$$

das *Additionstheorem der Geschwindigkeiten.* Für $u \to c$ oder $v \to c$ folgt aus (57, 05) auch $w \to c$; auch hier erweist sich c wieder als Grenzgeschwindigkeit[1].

6. Im System S, d. h. in einem euklidischen R_3 bewege sich ein Punkt P gleichförmig und geradlinig:

$$x_\iota = \overset{0}{x}_\iota + v_\iota\, t;$$

$v_\iota = v\, e_\iota = \frac{dx_\iota}{dt}$ ist der (gewöhnliche) Geschwindigkeitsvektor von P. Wir betrachten ein zweites System $\bar{S}$, das für $t = 0$ mit S zusammenfällt und mit P fest verbunden ist, d. h. die Koordinaten von P in $\bar{S}$ sind nicht nur zur Zeit $t = 0$, sondern immer durch

---

[1] Nimmt man $u > c$ (Überlichtgeschwindigkeit), etwa $u = c + h$, $h > 0$, so folgt aus (57, 05) wegen $v/c < 1$

$$w = c\,\frac{c + v + h}{c + v + \frac{v}{c}\,h} > c,$$

d. h. die Überlichtgeschwindigkeit bleibt auf jeden Fall Überlichtgeschwindigkeit, auch wenn v negativ wird (gegenlaufige Bewegung).

$\bar{x}_\iota = \overset{0}{\bar{x}}_i$ gegeben. Dann ist $d\bar{x}_\iota = 0$ und aus (56, 43) folgt durch Differentiation

$$dx_\iota = -j\,\beta\,\lambda\,e_\iota\,d\bar{x}_4, \qquad dx_4 = \lambda\,d\bar{x}_4 \tag{57, 06}$$

oder für $dx_4 = j\,c\,dt$, $d\bar{x}_4 = j\,c\,d\bar{t}$ wegen $c\,\beta = v$

$$dx_\iota = \lambda\,v\,e_i\,d\bar{t} = \lambda\,v_i\,d\bar{t}, \qquad dt = \lambda\,d\bar{t}. \tag{57, 07}$$

Elimination von $\bar{t}$ gibt noch $dx_\iota = v_i\,dt$, also $\dfrac{dx_\iota}{dt} = v_i$ wie oben.

Für das quadrierte Bogenelement (56, 05) in der W_4 folgt

$$d\sigma^2 = -\,d\bar{x}_\alpha\,d\bar{x}_\alpha = -\,d\bar{x}_4{}^2 = c^2\,d\bar{t}^2, \tag{57, 08}$$

also bei geeigneter Wahl des Anfangspunktes der Zeitmessung

$$\boxed{\sigma = c\,\bar{t} = \frac{c}{\lambda}\,t.} \tag{57, 09}$$

Man nennt σ die *Eigenzeit* des bewegten Punktes P; sie ist bis auf den konstanten Faktor c die Angabe $\bar{t}$ einer mit P mitbewegten Uhr, also einer Uhr, deren Weltlinie mit der von P übereinstimmt[1].

Es sei nun $x_i = x_i(t)$ die beliebige Bahnkurve $\mathfrak{C}$ eines Punktes P im System S. Der Geschwindigkeitsvektor von P ist $\dfrac{dx_\iota}{dt} = v_\iota = v\,e_\iota$ wie oben, aber jetzt sind v_ι, v und e_ι im allgemeinen nicht konstant, sondern Funktionen von t. Wir können dem Punkt P jetzt in jeder seiner Lagen längs $\mathfrak{C}$ ein anderes System $\bar{S}(t)$ zuordnen, das sich relativ zu S mit der Geschwindigkeit v_i bewegt. Für alle diese Systeme gelten die Gleichungen (57, 06) bis (57, 08), während an Stelle von (57, 09) jetzt

$$\boxed{\sigma = c\,\tau = c\int \frac{dt}{\lambda}} \tag{57, 10}$$

tritt, weil auch λ nicht mehr konstant ist. σ ist in genau demselben Sinn wie oben die *Eigenzeit* von P. Wir bemerken, daß aus (57, 08) noch

---

[1] σ hat die Dimension einer Lange; man nennt daher oft auch $\tau = \dfrac{\sigma}{c} = \bar{t}$ die Eigenzeit von P.

$$d\sigma = c\,d\tau = \frac{c}{\lambda}\,dt = -j\,d\bar{x}_4 = -\frac{j}{\lambda}\,dx_4 \qquad (57,11)$$

folgt. Im System S wird wegen (57, 07)

$$d\sigma^2 = -dx_\alpha dx_\alpha = -dx_\iota dx_\iota - dx_4^2 = \beta^2\lambda^2 d\bar{x}_4^2 - \lambda^2 d\bar{x}_4^2 = -d\bar{x}_4^2$$

wie in (57, 08), was natürlich nur eine Probe auf die Richtigkeit der Rechnung ist.

7. Mit Hilfe der Eigenzeit läßt sich der *Geschwindigkeitsvektor* eines bewegten Punktes in der W_4 zweckmäßig definieren. Die Ausdrücke $\frac{dx_\alpha}{dt}$ sind nicht brauchbar, weil t eine Koordinate in der W_4, also keine Invariante ist. Es liegt aber nahe, in den Bewegungsgleichungen die durch (57, 10) definierte Eigenzeit als Parameter einzuführen und

$$\boxed{w_\alpha = c\,\frac{dx_\alpha}{d\sigma}} \qquad (57,12)$$

als den Geschwindigkeitsvektor von P zu erklären. Der Faktor c ist dabei gesetzt, damit $w_\iota \to \frac{dx_\iota}{dt}$ für $c \to \infty$ wird. Wegen (57, 11) wird

$$w_\alpha = c\,\frac{dx_\alpha}{dt}\,\frac{dt}{d\sigma} = \lambda\,\frac{dx_\alpha}{dt},$$

also

$$w_\iota = \lambda\,\frac{dx_\iota}{dt} = \lambda\,v_\iota, \qquad w_4 = j\,c\,\lambda \qquad (57,13)$$

Der Vektor w_α der W_4 läßt sich also in einen Vektor $\lambda\,v_\iota$ des R_3 und in einen Skalar $j\,c\,\lambda$ zerlegen. Das gilt ganz allgemein für jeden Vektor der W_4, weil die vierte Koordinate unverändert bleibt, wenn man sich auf Transformationen des R_3 in sich, also auf gegeneinander ruhende Systeme S und $\bar{S}$ beschränkt.

Für die Norm von w_α finden wir

$$w_\alpha w_\alpha = w_\iota w_\iota + w_4^2 = \lambda^2 v^2 - \lambda^2 c^2 = -c^2.$$

w_α ist also ein *zeitartiger* Vektor.

2. Relativistische Mechanik. Wir beschränken uns hier darauf, einige der wichtigsten Begriffe auf die Raum-Zeit-Welt W_4 zu übertragen. Wir erklären zunächst den *relativistischen Impuls* einer bewegten Partikel (Massenpunkt) durch

$$\boxed{J_\alpha = m_0\, w_\alpha = m_0\, c\, \frac{d x_\alpha}{d\sigma}.} \tag{57, 14}$$

Daraus folgt

$$J_\iota = \lambda\, m_0\, v_\iota = m\, v_\iota, \qquad J_4 = j\, c\, \lambda\, m_0 = j\, c\, m; \tag{57,15}$$

man pflegt

$$\boxed{m = \lambda\, m_0} \tag{57, 16}$$

als *Masse der bewegten Partikel* zu bezeichnen und von der *Ruhmasse* m_0 zu unterscheiden: Die Masse der bewegten Partikel nimmt mit zunehmender Geschwindigkeit zu.

Analog zum Newtonschen Grundgesetz für den R_3 erklären wir die *relativistische Kraft* durch

$$\boxed{F_\alpha = m_0\, c^2\, \frac{d^2 x_\alpha}{d\sigma^2} = c\, \frac{d J_\alpha}{d\sigma};} \tag{57, 17}$$

es folgt

$$F_\alpha = m_0\, c^2\, \frac{d}{d\sigma}\left(\frac{d x_\alpha}{dt}\,\frac{dt}{d\sigma}\right) = c\,\frac{d}{d\sigma}\left(m_0\,\lambda\,\frac{d x_\alpha}{dt}\right) = c\,\frac{d}{d\sigma}\left(m\,\frac{d x_\alpha}{dt}\right) =$$

$$= \lambda\,\frac{d}{dt}\left(m\,\frac{d x_\alpha}{dt}\right), \tag{57, 18}$$

also

$$F_\iota = \lambda\,\frac{d}{dt}(m\, v_\iota),$$

wobei

$$\frac{F_\iota}{\lambda} = K_\iota = \frac{d}{dt}(m\, v_\iota)$$

die Newtonsche Kraft als zeitliche Änderung des Impulses ist. Nur für konstantes m wird daraus

$$K_i = m\,\frac{d^2\, x_\iota}{dt^2}.$$

Für die vierte Koordinate folgt aus (57, 17) wegen (57, 11)

$$F_4 = m_0 c^2 \frac{d}{d\sigma} \frac{dx_4}{d\sigma} = j\, m_0 c^2 \frac{d\lambda}{d\sigma} = j\, c^2 \frac{dm}{d\sigma} = j \frac{dE}{d\sigma}.$$

$E = c^2 m$ ist die *Gesamtenergie* der bewegten Partikel; wegen (57, 16) und

$$\lambda = \left(1 - \frac{v^2}{c^2}\right)^{-(1/2)} = 1 + \frac{v^2}{2c^2} + \frac{3v^4}{8c^4} + \ldots,$$

$$v^2 = \frac{dx_i}{dt} \frac{dx_i}{dt},$$

folgt

$$E = m_0 c^2 + \frac{1}{2} m_0 v^2 + \frac{3}{8} m_0 \frac{v^4}{c^2} + \ldots$$

oder

$$\boxed{E = E_0 + E_{\text{kin}}.} \qquad (57, 19)$$

Dabei ist

$$\boxed{E_0 = m_0 c^2} \qquad (57, 20)$$

die *Energie der ruhenden Partikel* und E_{kin} die kinetische Energie der bewegten Partikel; für $v \ll c$ ist

$$E_{\text{kin}} = \frac{1}{2} m_0 v^2$$

wie in der klassischen Physik. (57, 20) ist die bekannte Einsteinsche Aussage über die Äquivalenz von Masse und Energie.

Wir betrachten schließlich noch den Fall *beliebig im Raum verteilter Materie.* Die Geschwindigkeit irgend eines Punktes P der Materie sei $v_i = \dfrac{dx_i}{dt}$, bezogen auf ein beliebiges Cartesisches System S. Ähnlich wie bei der Einführung der Eigenzeit betrachten wir ein zweites, zu S paralleles Koordinatensystem $\bar{S}$, dessen Ursprung zur Zeit $t = t_0$ mit P zusammenfalle und das sich mit der Geschwindigkeit v_i relativ zu S bewege, so daß für $t = t_0$ die Geschwindigkeit von P relativ zu $\bar{S}$

$$\overset{0}{\bar{v}}_i = \left(\frac{d\bar{x}_i}{dt}\right)_0 = 0$$

ist. Die Dichte der Materie im Punkt 0, bezogen auf das System $\bar{S}$, ist zur Zeit $t = t_0$

$$\varrho_0 = \frac{dm_0}{dV_0}.$$

Für das System S setzen wir analog

$$\varrho = \frac{dm}{dV};$$

wegen $dm = \lambda\, dm_0$ (57, 16), $dV = \frac{1}{\lambda}\, dV_0$ (57, 03) ist

$$\boxed{\varrho = \lambda^2 \varrho_0.} \tag{57, 21}$$

Die Bewegung der Materie wird in der klassischen Mechanik durch die Kontinuitätsgleichung (45, 26), d. h.

$$\frac{\partial \varrho}{\partial t} + \partial_j (\varrho\, v_j) = 0,$$

und durch die Gleichung[1] von Navier-Stokes (46, 02)

$$g_i = \varrho \left(\frac{\partial v_i}{\partial t} + v_j\, \partial_j\, v_i \right) - \partial_j\, \sigma_{ij}$$

beschrieben. Wir formen die letztere um, indem wir (45, 26) mit v_i multiplizieren und zur rechten Seite von (46, 02) addieren; das gibt

$$g_i = \frac{\partial (\varrho\, v_i)}{\partial t} + \partial_j\, (\varrho\, v_i\, v_j - \sigma_{ij}); \tag{57, 22}$$

wir suchen die relativistische Form dieser Gleichungen. Wir führen dazu, bezogen auf das System $\bar{\Sigma}$ und für den Punkt P, folgende Größen der W_4 ein: erstens den Vierervektor der Geschwindigkeit gemäß (57, 13)

$$w_i = \lambda\, v_i, \qquad w_4 = j\, c\, \lambda,$$

der für P die Koordinaten $\overset{0}{\bar{w}}_i = 0$, $\overset{0}{\bar{w}}_4 = j\, c$ hat, zweitens den Vektor f_α der Kraftdichte, für den in P

[1] g_i ist hier die Kraftdichte (Kraft je Volumseinheit) und entspricht also der Größe $\varrho\, g_i$ von (46, 02), wo g_i die auf die Masse bezogene Kraft war.

$$\bar{f}_i = g_i, \qquad \bar{f}_4 = 0$$

und drittens einen symmetrischen Tensor zweiter Stufe $\Sigma_{\alpha\beta}$, der in P die Koordinaten

$$\bar{\Sigma}_{ij} = \sigma_{ij}, \qquad \bar{\Sigma}_{i4} = \bar{\Sigma}_{4j} = \bar{\Sigma}_{44} = 0$$

hat. Damit wird aus (57, 22) zunächst in $\bar{\Sigma}$ und für den Punkt P [1]

$$\bar{f}_\alpha = \bar{\partial}_\beta \left(\varrho_0 \bar{w}_\alpha \bar{w}_\beta - \bar{\sum}_{\alpha\beta}\right), \tag{57, 23}$$

denn es ist wegen $\bar{x}_4 = j\, c\, \bar{t}$ und (57, 21)

$$\bar{f}_i = \bar{\partial}_j \left(\varrho_0 \lambda^2 \bar{v}_i \bar{v}_j - \sigma_{ij}\right) + \bar{\partial}_4 \left(\varrho_0 \lambda^2 \bar{v}_i \cdot j\, c\right) =$$

$$= \bar{\partial}_j \left(\varrho \bar{v}_i \bar{v}_j - \sigma_{ij}\right) + \frac{\partial}{\partial \bar{t}} \left(\varrho \bar{v}_i\right)$$

und

$$\bar{f}_4 = 0 = \bar{\partial}_j \left(\varrho_0 \lambda^2 j\, c\, \bar{v}_j\right) + \bar{\partial}_4 \left(- \varrho_0 \lambda^2 c^2\right) =$$

$$= j\, c \left[\bar{\partial}_j (\varrho \bar{v}_j) + \frac{\partial \varrho}{\partial \bar{t}}\right].$$

Das sind aber genau die Gleichungen (57, 22) und (45, 26), die letztere nur abgesehen vom Faktor $j\, c$. Nun ist aber (57, 23) eine tensorielle, gegenüber der Lorentztransformation (56, 42) invariante Relation in der W_4. Wir schreiben (57, 23) für ein beliebiges System in der Form

$$\boxed{\partial_\beta T_{\alpha\beta} = f_\alpha,} \tag{57, 24}$$

wo

$$\boxed{T_{\alpha\beta} = \varrho_0 w_\alpha w_\beta - \sum\nolimits_{\alpha\beta}} \tag{57, 25}$$

der *Energie-Impulstensor der Materie* ist. Für *inkohärente* Materie, in der keinerlei Spannungen oder Drücke auftreten, z. B. für feinen Staub[2] im Vakuum, ist in (57, 25) natürlich $\Sigma_{\alpha\beta} = 0$ zu setzen.

[1] Man beachte, daß die Ableitungen von $\bar{v}_i$ in P im allgemeinen nicht verschwinden, d. h. daß man in (57, 23) erst nach Ausführung der Differentiationen $\bar{v}_i = 0$ setzen kann!

[2] „Fein“ heißt dabei, daß die Durchmesser der Staubpartikel klein gegenüber ihren Entfernungen sind

3. Relativistische Elektrodynamik. Wir suchen zunächst eine Darstellung der Größen des elektromagnetischen Feldes in der W_4 und benützen dabei vor allem die schon bei der Einführung des Geschwindigkeitsvektors hervorgehobene Tatsache, daß jeder Vektor der W_4 (Vierervektor) in einen Vektor des R_3 und in einen Skalar zerfällt. Es ist naheliegend, einen Vierervektor aus dem Vektorpotential $A_\imath$ (55, 01) und dem skalaren Potential Ψ (55, 04) in der Form[1]

$$A_\alpha = \left(A_1, A_2, A_3, \frac{j}{c}\Psi\right)$$

zu bilden. Mit dem Vektor A_α bilden wir den *Feldtensor*

$$\boxed{F_{\alpha\beta} = \varepsilon_{\alpha\beta\gamma\delta}\,\partial_\gamma A_\delta;} \tag{57, 26}$$

$F_{\alpha\beta}$ ist ein alternierender Tensor zweiter Stufe in der W_4; insbesondere ist

$$F_{11} = F_{22} = F_{33} = F_{44} = 0.$$

Wegen

$$\varepsilon_{\imath 4\jmath k} = \varepsilon_{\imath\jmath k4} = \varepsilon_{i\jmath k}$$

folgt

$$F_{\imath 4} = \varepsilon_{\imath\jmath k}\,\partial_\jmath A_k = B_i \tag{57, 27}$$

und

$$F_{4\imath} = -B_i. \tag{57, 28}$$

Schließlich ist

$$F_{\imath\jmath} = \varepsilon_{\imath\jmath\gamma\delta}\,\partial_\gamma A_\delta = \varepsilon_{\imath\jmath k4}\,\partial_k A_4 + \varepsilon_{\imath\jmath 4k}\,\partial_4 A_k =$$

$$= \frac{j}{c}\varepsilon_{\imath\jmath k}\,\partial_k \Psi - \varepsilon_{\imath\jmath k} A_k \frac{1}{jc} = \frac{j}{c}\varepsilon_{\imath\jmath k}\,(\partial_k \Psi + \dot{A}_k)$$

oder wegen (55, 04)

$$F_{\imath\jmath} = -\frac{j}{c}\varepsilon_{\imath\jmath k} E_k. \tag{57, 29}$$

[1] Die vierte Koordinate A_4 muß natürlich wie $x_4 = j\,c\,t$ imaginär sein; der Faktor $\frac{1}{c}$ ist aus Zweckmäßigkeitsgründen gesetzt und wird durch die folgenden Formeln gerechtfertigt.

Für den *dualen Feldtensor* $\tilde{F}_{\alpha\beta}$ finden wir

$$\tilde{F}_{ij} = \frac{1}{2}\,\varepsilon_{ij\gamma\delta}\,F_{\gamma\delta} = \frac{1}{2}\,\varepsilon_{ijk4}\,F_{k4} + \frac{1}{2}\,\varepsilon_{ij4k}\,F_{4k}$$

oder

$$\tilde{F}_{ij} = \varepsilon_{ijk}\,B_k \tag{57, 30}$$

und

$$\tilde{F}_{i4} = \frac{1}{2}\,\varepsilon_{i4jk}\,F_{jk} = \frac{1}{2\,j\,c}\,\varepsilon_{ijk}\,\varepsilon_{jkl}\,E_l = \frac{1}{j\,c}\,\delta_{il}\,E_l$$

oder

$$\tilde{F}_{i4} = -\,\tilde{F}_{4i} = \frac{E_i}{j\,c}\,. \tag{57, 31}$$

Der Übersichtlichkeit halber schreiben wir die beiden Tensoren noch in Matrizenform an:

$$F_{\alpha\beta} = \begin{pmatrix} 0 & \frac{E_3}{j\,c} & -\frac{E_2}{j\,c} & B_1 \\ -\frac{E_3}{j\,c} & 0 & \frac{E_1}{j\,c} & B_2 \\ \frac{E_2}{j\,c} & -\frac{E_1}{j\,c} & 0 & B_3 \\ -B_1 & -B_2 & -B_3 & 0 \end{pmatrix}, \tag{57, 32}$$

$$\tilde{F}_{\alpha\beta} = \begin{pmatrix} 0 & B_3 & -B_2 & \frac{E_1}{j\,c} \\ -B_3 & 0 & B_1 & \frac{E_2}{j\,c} \\ B_2 & -B_1 & 0 & \frac{E_3}{j\,c} \\ -\frac{E_1}{j\,c} & -\frac{E_2}{j\,c} & -\frac{E_3}{j\,c} & 0 \end{pmatrix}. \tag{57, 33}$$

Die Gleichungen (57, 27) bis (57, 33) gelten nur im Ruhsystem. Sie verlieren ihre Gültigkeit, wenn wir zu dem bewegten System übergehen, wie wir noch sehen werden. Sie gelten aber für alle Arten des Ruhsystems, d. h. sie bleiben erhalten, wenn wir eine Transformation im R_3 durchführen, also eine Transformation, bei der die 4-Achse ungeändert bleibt und somit von den Transformationskoeffizienten $a_{\alpha\beta}$ nur die Werte a_{ij} und $a_{44} = 1$ von Null verschieden sind. Obwohl die Feldvektoren als Koordinaten eines Tensors 2. Stufe erscheinen, transformieren sie sich dabei doch als Vektoren. Bei den Koordinaten F_{4i} und F_{i4} deshalb, weil diese Größen im R_3 als Vektoren erscheinen. Bei den übrigen Koordinaten, weil $j\frac{E_i}{c}$ der Vektor des Tensors F_{ij} ist und diese Relation zwischen Vektor und Tensor invariant ist. Da wir $F_{\alpha\beta}$ als Rotor des Viererpotentials A_α dargestellt haben, so muß die Divergenz von $F_{\alpha\beta}$ verschwinden, also

$$\boxed{\partial_\beta F_{\alpha\beta} = 0} \tag{57, 34}$$

sein. Wir spalten in die räumlichen und zeitlichen Koordinaten auf. Es ist dann

$$\partial_i F_{\alpha i} + \partial_4 F_{\alpha 4} = 0.$$

Ist hier $\alpha = 4$, so erhalten wir wegen $F_{44} = 0$

$$\partial_i B_i = 0,$$

also die IV. Maxwellsche Gleichung (53, 18). Ist $\alpha = j \neq 4$, so folgt

$$\partial_i F_{ji} = -\partial_4 F_{j4}$$

oder

$$\varepsilon_{ijk}\, \partial_j E_k = -\dot{B}_i,$$

die II. Maxwellsche Gleichung (53, 23). Somit ist (57, 34) die vierdimensionale Darstellung der II. und IV. Maxwell-Gleichung.

Für den Rotor des dualen Tensors $\tilde{F}_{\alpha\beta}$ folgt aus (56, 30), (56, 27) und (57, 34)

$$\varepsilon_{\alpha\beta\gamma\delta}\, \partial_\beta \tilde{F}_{\gamma\delta} = 0. \tag{57, 35}$$

Während nach (57, 34) die Divergenz des Feldtensors verschwindet, muß nach (57, 35) der Rotor des dualen Feldtensors gleich Null sein.

Es ist naheliegend, einen zweiten Tensor $f_{\alpha\beta}$ in ganz analoger Weise aus den Vektoren D_i und H_i zu bilden, indem man

$$f_{ij} = a\, \varepsilon_{ijk} D_k \tag{57, 36}$$

und

$$f_{i4} = -f_{4i} = b\,H_i \tag{57, 37}$$

setzt. Die Werte für a und b sind so zu wählen, daß (53, 22) und (53, 17) erfüllt sind. Wir bilden dazu den Rotor von $f_{\alpha\beta}$ und finden

$$\begin{aligned} R_\alpha &= \varepsilon_{\alpha\beta\gamma\delta}\,\partial_\beta\,f_{\gamma\delta} = \\ &= \varepsilon_{\alpha j\gamma\delta}\,\partial_j\,f_{\gamma\delta} + \varepsilon_{\alpha 4kl}\,\partial_4\,f_{kl} = \\ &= \varepsilon_{\alpha jkl}\,\partial_j\,f_{kl} + \varepsilon_{\alpha j4l}\,\partial_j\,f_{4l} + \varepsilon_{\alpha jk4}\,\partial_j\,f_{k4} + \varepsilon_{\alpha 4kl}\,\partial_4\,f_{kl}, \end{aligned}$$

also

$$R_\alpha = \varepsilon_{\alpha jkl}\,\partial_j\,f_{kl} + 2\,\varepsilon_{\alpha jk4}\,\partial_j\,f_{k4} + \varepsilon_{\alpha kl4}\,\partial_4\,f_{kl}. \tag{57, 38}$$

Damit wird

$$R_i = \varepsilon_{ijkl}\,\partial_j\,f_{kl} + 2\,b\,\varepsilon_{ijk}\,\partial_j\,H_k + \frac{a}{j\,c}\,\varepsilon_{ikl}\,\varepsilon_{klm}\,\dot{D}_m.$$

Das erste Glied auf der rechten Seite verschwindet, da bei der Beschränkung der Indizes des ε-Tensors auf Werte bis 3 zwei Indizes gleich sein müssen. Es bleibt, wenn wir auf das letzte Glied rechts den Entwicklungssatz anwenden

$$R_i = 2\,b\,\varepsilon_{ijk}\,\partial_j\,H_k + \frac{2\,a}{j\,c}\,\dot{D}_i. \tag{57, 39}$$

Setzen wir $a = -j\,c$ und $b = 1$, so folgt aus (53, 22)

$$R_i = 2\,S_i. \tag{57, 40}$$

Es bleibt noch zu untersuchen, welche Bedeutung R_4 hat. Wir finden

$$\begin{aligned} R_4 &= \varepsilon_{4jkl}\,\partial_j\,f_{kl} = -a\,\varepsilon_{jkl}\,\partial_j\,\varepsilon_{klm}\,D_m \\ &= -2\,a\,\partial_j\,D_j = 2\,j\,c\,\gamma. \end{aligned} \tag{57, 41}$$

Die Zusammenfassung von D_i und H_i zu dem Tensor $f_{\alpha\beta}$, den man den *Erregungstensor* nennt, befriedigt (53, 22) und (53, 17), wenn wir gleichzeitig den Vektor der Vierer-Stromdichte

$$S_\alpha = (S_1, S_2, S_3, j\,c\,\gamma) \tag{57, 42}$$

einführen. An die Stelle von (53, 22) und (53, 17) tritt dann

$$\boxed{\varepsilon_{\alpha\beta\gamma\delta}\,\partial_\beta\,f_{\gamma\delta} = 2\,S_\alpha} \tag{57, 43}$$

als vierdimensionale Darstellung der I. und III. Maxwellschen Gleichung. (57, 43) vereinfacht sich, wenn wir zu dem dualen Tensor $\tilde{f}_{\alpha\beta}$ übergehen. Es ist dann wegen (56, 27)

$$\frac{1}{2} \varepsilon_{\alpha\beta\gamma\delta} \, \partial_\beta \, \varepsilon_{\gamma\delta\mu\nu} \tilde{f}_{\mu\nu} = (\delta_{\alpha\mu} \delta_{\beta\nu} - \delta_{\alpha\nu} \delta_{\beta\mu}) \, \partial_\beta \tilde{f}_{\mu\nu} = 2 \, S_\alpha$$

oder

$$\boxed{\partial_\beta \tilde{f}_{\alpha\beta} - \partial_\beta \tilde{f}_{\beta\alpha} = 2 \, S_\alpha.} \qquad (57, 44)$$

Der Zusammenhang zwischen den elektrischen und den magnetischen Feldgrößen, der durch die Feldfaktoren ε und μ bestimmt ist, zeigt sich in der vierdimensionalen Darstellung in der Form eines Tensors 4. Stufe $T_{\alpha\beta\gamma\delta}$ oder

$$F_{\alpha\beta} = T_{\alpha\beta\gamma\delta} \, f_{\gamma\delta}. \qquad (57, 45)$$

$T_{\alpha\beta\gamma\delta}$ ist alternierend in den Indizes α und β bzw. γ und δ. Wenn wir (57, 45) in die Indizes 1 bis 3 und 4 aufspalten, erhalten wir

$$\frac{1}{j\,c} \varepsilon_{ijk} E_k = - j \, c \, \varepsilon \, T_{ijkl} \, \varepsilon_{klm} E_m + 2 \, T_{ijk4} H_k$$

und

$$B_i = - j \, c \, \varepsilon \, T_{i4kl} \, \varepsilon_{klm} E_m + 2 \, T_{i4k4} H_k.$$

Daraus folgt

$$T_{i4kl} = T_{ijk4} = 0,$$

d. h. es verschwindet jede Koordinate, bei der ein Index den Wert 4 annimmt. Ebenso verschwinden alle Koordinaten, wo mehr als zwei Indizes gleich 4 sind. Es verbleibt

$$\varepsilon_{ijm} = c^2 \, \varepsilon \, T_{ijkl} \, \varepsilon_{klm} \qquad (57, 46)$$

und

$$T_{i4k4} = \frac{\mu}{2} \delta_{ik}. \qquad (57, 47)$$

Beschränken wir uns auf den Fall des Feldes im Vakuum, wo

$$c^2 = \frac{1}{\mu \, \varepsilon} \qquad (57, 48)$$

gilt, dann lassen sich (57, 46) und (57, 47) durch den Ansatz

$$T_{\alpha\beta\gamma\delta} = \frac{\mu}{2}(\delta_{\alpha\gamma}\,\delta_{\beta\delta} - \delta_{\alpha\delta}\,\delta_{\beta\gamma}) \tag{57, 49}$$

befriedigen. An Stelle des Faktors μ kann man auch $\frac{1}{c}\sqrt{\frac{\mu}{\varepsilon}}$ setzen. Dieser Faktor reduziert sich auf die Wurzel allein, wenn man, wie dies oft geschieht, $c\,F_{\alpha\beta}$ als Feldtensor verwendet.

Wir stellen uns schließlich die Aufgabe, die Maxwellschen Gleichungen für bewegte Körper aufzustellen. Damit ist folgendes gemeint: Die Gleichungen des § 53 gelten für ruhende Körper, d. h. in einem System S, das mit der das Feld erfüllenden und die elektrischen und magnetischen Ladungen tragenden Materie fest verbunden ist und daher als Ruhsystem bezeichnet wird. Wir betrachten nun ein System $\bar{S}$, das sich gegen S geradlinig und gleichförmig bewegt, so daß S und $\bar{S}$ durch die Lorentztransformationen (56, 42) und (56, 43) verknüpft sind. Da die Maxwellschen Gleichungen nach dem Relativitätsprinzip gegenüber Lorentztransformationen invariant und in den in S geltenden Relationen (57, 34) und (57, 44) enthalten sind, haben wir nichts anderes zu tun, als die Tensoren $F_{\alpha\beta}$ und $J_{\alpha\beta}$ in das System $\bar{S}$ zu transformieren und die transformierten Tensoren in ihre räumlichen und zeitlichen Koordinaten aufzuspalten, um die Maxwellschen Gleichungen für bewegte Körper zu erhalten.

Wenn die $a_{\alpha\beta}$ durch (56, 41) gegeben sind, so ist

$$\bar{F}_{\alpha\beta} = a_{\alpha\gamma}\,a_{\beta\delta}\,F_{\gamma\delta}$$

oder

$$\bar{F}_{ij} = a_{ih}\,a_{jk}\,F_{hk} + a_{i4}\,a_{jk}\,F_{4k} + a_{ih}\,a_{j4}\,F_{h4} + a_{i4}\,a_{j4}\,F_{44}.$$

Das letzte Glied verschwindet wegen (57, 26), das zweite und das dritte lassen sich zusammenfassen, so daß

$$\bar{F}_{ij} = a_{ih}\,a_{jk}\,F_{hk} + (a_{i4}\,a_{jk} - a_{j4}\,a_{ik})\,F_{4k}$$

oder wegen (57, 28) und (57, 29)

$$\bar{F}_{ij} = -\frac{j}{c}\,a_{ih}\,a_{jk}\,\varepsilon_{hkl}\,E_l - (a_{i4}\,a_{jk} - a_{j4}\,a_{ik})\,B_k. \tag{57, 50}$$

Wir berechnen die Koeffizienten einzeln

$$a_{ih}\,a_{jk}\,\varepsilon_{hkl} = [\delta_{ih} + (\lambda - 1)\,e_i\,e_h]\,[\delta_{jk} + (\lambda - 1)\,e_j\,e_k]\,\varepsilon_{hkl} =$$
$$= [\delta_{ih}\,\delta_{jk} + (\lambda - 1)\,(e_i\,e_h\,\delta_{jk} + e_j\,e_k\,\delta_{ih})]\,\varepsilon_{hkl} =$$
$$= \varepsilon_{ijl} + (\lambda - 1)\,e_h\,e_p\,(\delta_{ip}\,\delta_{jk} - \delta_{jp}\,\delta_{ik})\,\varepsilon_{hkl} =$$
$$= \varepsilon_{ijl} + (\lambda - 1)\,e_h\,e_p\,\varepsilon_{ijq}\,\varepsilon_{pkq}\,\varepsilon_{hkl} =$$
$$= \varepsilon_{ijl} + (\lambda - 1)\,e_h\,e_p\,(\delta_{ph}\,\delta_{ql} - \delta_{pl}\,\delta_{qh})\,\varepsilon_{ijq} =$$
$$= \varepsilon_{ijl} + (\lambda - 1)\,(\varepsilon_{ijl} - \varepsilon_{ijh}\,e_h\,e_l) =$$
$$= \varepsilon_{ijh}\,[\lambda\,\delta_{hl} - (\lambda - 1)\,e_h\,e_l],$$

$$a_{i4}\,a_{jk} - a_{j4}\,a_{ik} = j\,\beta\,\lambda\,e_i\,[\delta_{jk} + (\lambda - 1)\,e_j\,e_k] - j\,\beta\,\lambda\,e_j\,[\delta_{ik} +$$
$$+ (\lambda - 1)\,e_i\,e_k] = j\,\beta\,\lambda\,[e_i\,\delta_{jk} - e_j\,\delta_{ik}] =$$
$$= j\,\beta\,\lambda\,e_h\,(\delta_{ih}\,\delta_{jk} - \delta_{ik}\,\delta_{jh}) = j\,\beta\,\lambda\,e_h\,\varepsilon_{ijl}\,\varepsilon_{hkl} =$$
$$= j\,\beta\,\lambda\,e_l\,\varepsilon_{ijh}\,\varepsilon_{lkh}.$$

Damit wird aus (57, 50) wegen $\beta = \dfrac{v}{c}$

$$\bar{F}_{ij} = -\frac{j}{c}\,\varepsilon_{ijh}\,\{[\lambda\,\delta_{hl} - (\lambda - 1)\,e_h\,e_l]\,E_l - \lambda\,\varepsilon_{hkl}\,B_k\,v_l\}.$$

Wegen (57, 29) ist also

$$\bar{E}_h = [\lambda\,\delta_{hl} - (\lambda - 1)\,e_h\,e_l]\,E_l - \lambda\,\varepsilon_{hkl}\,B_k\,v_l. \qquad (57, 51)$$

Für $c \to \infty$ wird daraus

$$\bar{E}_h = E_h - \varepsilon_{hkl}\,B_k\,v_l. \qquad (57, 52)$$

Für die magnetische Induktion im System $\bar{S}$ ergibt sich

$$\bar{B}_i = \bar{F}_{i4} = a_{i\alpha}\,a_{4\beta}\,F_{\alpha\beta} = a_{ij}\,a_{4h}\,F_{jh} + (a_{ij}\,a_{44} - a_{i4}\,a_{4j})\,F_{j4} =$$
$$= -\frac{j}{c}\,a_{ij}\,a_{4h}\,\varepsilon_{jhk}\,E_k + (a_{ij}\,a_{44} - a_{i4}\,a_{4j})\,B_j;$$

wegen

$$a_{ij}\,a_{4h}\,\varepsilon_{jhk} = -j\,\beta\,\lambda\,\varepsilon_{ihk}\,e_h$$

und

$$a_{ij}\,a_{44} - a_{i4}\,a_{4j} = [\delta_{ij} + (\lambda - 1)\,e_i\,e_j]\,\lambda - \beta^2\,\lambda^2\,e_i\,e_j =$$
$$= \lambda\,\delta_{ij} - (\lambda - 1)\,e_i\,e_j$$

wird weiter

$$\bar{B}_i = -\frac{\beta\,\lambda}{c}\,\varepsilon_{ihk}\,e_h\,E_k + \lambda\,B_i - (\lambda - 1)\,e_i\,e_j\,B_j$$

oder

$$\bar{B}_i = [\lambda\,\delta_{ij} - (\lambda - 1)\,e_i\,e_j]\,B_j + \frac{\lambda}{c^2}\,\varepsilon_{ihk}\,E_h\,v_k, \qquad (57,53)$$

was auch

$$\bar{B}_i = \mu\left\{[\lambda\,\delta_{ij} - (\lambda - 1)\,e_i\,e_j]\,H_j + \frac{\lambda}{c^2\,\mu\,\varepsilon}\,\varepsilon_{ihk}\,D_h\,v_k\right\}$$

geschrieben werden kann. Für $c \to \infty$ folgt daraus wegen $c^2\,\mu\,\varepsilon = 1$

$$\bar{B}_i = \mu(H_i + \varepsilon_{ihk}\,D_h\,v_k)$$

und daher

$$\bar{H}_i = H_i + \varepsilon_{ihk}\,D_h\,v_k \qquad (57,54)$$

analog zu (57, 52).

Für den Zusammenhang zwischen elektrischer Verschiebung D_i und magnetischer Feldstärke H_i ergeben sich dieselben Formeln (57, 51) und (57, 53), wo nur E_i durch D_i und B_i durch H_i zu ersetzen ist. Die Maxwellschen Gleichungen für bewegte Körper gehen aus den Gleichungen für ruhende Körper hervor, wenn man in ihnen die Feldgrößen durch ihre transformierten nach (57, 51) und (57, 53) ersetzt. Aus (57, 52) folgt (53, 11), wenn man

$$\varepsilon_{ijh}\,\partial_j\,E_h = -\frac{\partial B_i}{\partial t}$$

setzt und beachtet, daß in (53, 11) auf der linken Seite die im bewegten Körper festgestellte Feldstärke, also nach unserer jetzigen Bezeichnung $\bar{E}_i$ steht.

Aus (57, 42) folgt ferner wegen (56, 41) im bewegten System

$$\bar{S}_i = a_{ik}\,S_k + a_{i4}\,S_4 = [\delta_{ik} + (\lambda - 1)\,e_i\,e_k\,S_k] - \lambda\,\gamma\,v_i$$

und daraus für $c \to \infty$ nach (53, 17)

$$\bar{S}_i = S_i - \gamma\,v_i = S_i - v_i\,\partial_j\,D_j.$$

Damit folgt aus (57, 54) und (53, 22)

$$\varepsilon_{ijk}\,\partial_j\,\bar{H}_k = \frac{\partial D_i}{\partial t} + S_i + \varepsilon_{ijk}\,\varepsilon_{kpq}\,\partial_i(D_p\,v_q) =$$

$$= \frac{\partial D_i}{\partial t} + \varepsilon_{ijk}\,\varepsilon_{kpq}\,\partial_j(D_p\,v_q) + v_i\,\partial_j\,D_j + \bar{S}_i$$

in Übereinstimmung mit (53, 14), wobei man deutlich sieht, daß $\bar{S}_i$ (dort S_i) der Strom in bezug auf das bewegte System ist.

§ 58. Allgemeine Relativitätstheorie

1. Die Krümmung des Riemannschen Raumes. Wir beginnen mit einigen rein mathematischen Ergänzungen zu § 36, die wir im folgenden brauchen werden. Aus (36, 05) oder

$$(\mathfrak{d}_k \mathfrak{d}_l - \mathfrak{d}_l \mathfrak{d}_k) A_j = - R^h_{.jkl} A_h \tag{58, 01}$$

folgt durch nochmalige kovariante Differentiation

$$\mathfrak{d}_i(\mathfrak{d}_k \mathfrak{d}_l - \mathfrak{d}_l \mathfrak{d}_k) A_j = - \mathfrak{d}_i R^h_{.jkl} A_h - R^h_{.jkl} \mathfrak{d}_i A_h$$

und daraus durch zyklische Vertauschung der Indizes i, k, l

$$\mathfrak{d}_k(\mathfrak{d}_l \mathfrak{d}_i - \mathfrak{d}_i \mathfrak{d}_l) A_j = - \mathfrak{d}_k R^h_{.jli} A_h - R^h_{.jli} \mathfrak{d}_k A_h$$

und

$$\mathfrak{d}_l(\mathfrak{d}_i \mathfrak{d}_k - \mathfrak{d}_k \mathfrak{d}_i) A_j = - \mathfrak{d}_l R^h_{.jik} A_h - R^h_{.jik} \mathfrak{d}_l A_h.$$

Addition ergibt

$$\begin{aligned}(\mathfrak{d}_k \mathfrak{d}_l - \mathfrak{d}_l \mathfrak{d}_k) \mathfrak{d}_i A_j + (\mathfrak{d}_l \mathfrak{d}_i - \mathfrak{d}_i \mathfrak{d}_l) \mathfrak{d}_k A_j + (\mathfrak{d}_i \mathfrak{d}_k - \mathfrak{d}_k \mathfrak{d}_i) \mathfrak{d}_l A_j = \\ = - (\mathfrak{d}_i R^h_{.jkl} + \mathfrak{d}_k R^h_{.jli} + \mathfrak{d}_l R^h_{.jik}) A_h - \\ - R^h_{.jkl} \mathfrak{d}_i A_h - R^h_{.jli} \mathfrak{d}_k A_h - R^h_{.jik} \mathfrak{d}_l A_h.\end{aligned} \tag{58, 02}$$

Anderseits gibt eine ähnliche Rechnung wie die, die uns in § 36 zu (36, 05) geführt hat, für einen Tensor zweiter Stufe A_{ij}

$$(\mathfrak{d}_k \mathfrak{d}_l - \mathfrak{d}_l \mathfrak{d}_k) A_{ij} = - R^h_{.ikl} A_{hj} - R^h_{.jkl} A_{ih};$$

für $A_{ij} = \mathfrak{d}_i A_j$ wird daraus

$$(\mathfrak{d}_k \mathfrak{d}_l - \mathfrak{d}_l \mathfrak{d}_k) \mathfrak{d}_i A_j = - R^h_{.ikl} \mathfrak{d}_h A_j - R^h_{.jkl} \mathfrak{d}_i A_h.$$

Setzen wir diesen und die daraus durch zyklische Vertauschung von i, k, l entstehenden Ausdrücke auf der linken Seite von (58, 02) ein, so folgt wegen

$$R^h_{.ikl} + R^h_{.kli} + R^h_{.lik} = 0,$$

(was im wesentlichen mit der dritten Gleichung (36, 10) übereinstimmt)

$$(\mathfrak{d}_i R^h_{.jkl} + \mathfrak{d}_k R^h_{.jli} + \mathfrak{d}_l R^h_{.jik}) A_h = 0.$$

Da das für jeden beliebigen Vektor A_h gilt, muß

$$\boxed{\mathfrak{d}_i R^h_{.jkl} + \mathfrak{d}_k R^h_{.jli} + \mathfrak{d}_l R^h_{.jik} = 0} \tag{58, 03}$$

sein und nach Überschiebung mit g_{hp}

$$\boxed{\mathfrak{d}_i R_{pjkl} + \mathfrak{d}_k R_{pjli} + \mathfrak{d}_l R_{pjik} = 0.} \qquad (58,04)$$

Die Gleichungen (58, 03) und (58, 04) heißen die *Identitäten von Bianchi.*

Die Verjüngung des gemischten Krümmungstensors gibt einen kovarianten Tensor zweiter Stufe

$$\boxed{R_{jk} = R^{i}_{\cdot jki} = g^{il} R_{ijkl},} \qquad (58,05)$$

der gelegentlich auch als *Riccitensor* bezeichnet wird. Man beachte dabei, daß

$$R^{i}{}_{ikl} = g^{ij} R_{ijkl} = 0$$

und

$$R^{i}_{\cdot jil} = - R^{i}_{\cdot jli} = - R_{jl}$$

ist; beides folgt aus der Symmetrierelation $R^{i}{}_{jkl} = - R^{i}_{\cdot jlk}$, vgl. (36, 10). Die beiden anderen möglichen Verjüngungen geben also nichts Neues. Die Invariante

$$\boxed{R = g^{jk} R_{jk} = g^{il} g^{jk} R_{ijkl}} \qquad (58,06)$$

wird als *Krümmungsinvariante* bezeichnet.

Aus (36, 03) folgt

$$R_{jk} = \partial_k \begin{Bmatrix} i \\ i\,j \end{Bmatrix} - \partial_i \begin{Bmatrix} i \\ j\,k \end{Bmatrix} + \begin{Bmatrix} i \\ k\,l \end{Bmatrix} \begin{Bmatrix} l \\ i\,j \end{Bmatrix} - \begin{Bmatrix} i \\ i\,l \end{Bmatrix} \begin{Bmatrix} l \\ j\,k \end{Bmatrix}.$$

Dabei ist

$$\begin{Bmatrix} i \\ i\,j \end{Bmatrix} = g^{ih}\,[i\,j, h] = \frac{1}{2} g^{ih} (\partial_i g_{hj} + \partial_j g_{ih} - \partial_h g_{ij}) = \frac{1}{2} g^{ih} \partial_j g_{ih};$$

anderseits ist $g\,g^{ih}$ das algebraische Komplement von g_{ih} in der Entwicklung der Determinante $g = \det g_{ij}$ und daher ist nach der Regel für die Differentiation einer Determinante

$$\partial_p g = g\, g^{ih} \partial_p g_{ih}$$

und somit

$$\begin{Bmatrix} i \\ i\,j \end{Bmatrix} = \frac{1}{2g} \partial_j g = \partial_j \ln \sqrt{g}. \qquad (58,07)$$

Damit ergibt sich

$$R_{jk} = \partial_j \partial_k \ln \sqrt{g} - \partial_i \begin{Bmatrix} i \\ j\,k \end{Bmatrix} + \begin{Bmatrix} i \\ k\,l \end{Bmatrix} \begin{Bmatrix} l \\ i\,j \end{Bmatrix} - \begin{Bmatrix} l \\ j\,k \end{Bmatrix} \partial_l \ln \sqrt{g}, \quad (58, 08)$$

woraus man unmittelbar

$$R_{jk} = R_{kj}, \quad (58, 09)$$

die Symmetrie des Riccitensors entnimmt.

Ein Raum, in dem

$$R_{jk} = J \cdot g_{jk}$$

mit einer Invariante J gilt, heißt ein *Einsteinscher Raum*; aus

$$R = g^{jk} R_{jk} = g^{jk} g_{jk} J = n J$$

folgt

$$J = \frac{R}{n}$$

und daher

$$\boxed{R_{jk} = \frac{R}{n} g_{jk}.} \quad (58, 10)$$

Es seien in einem Punkt P zwei kontravariante Vektoren A^i und B^i gegeben, wir bilden mit ihnen die Invariante

$$G = R_{ijkl} A^i A^k B^j B^l. \quad (58, 11)$$

Die beiden Vektoren A_i und B_i bestimmen eine Ebenenstellung V_2 (zweidimensionaler Vektorraum) in P; dieselbe V_2 ist aber auch durch zwei Vektoren

$$C^i = \alpha A^i + \beta B^i, \qquad D^i = \gamma A^i + \delta B^i \quad (58, 12)$$

bestimmt, wenn $\alpha \delta - \beta \gamma \neq 0$ ist; bilden wir mit den Vektoren C^i und D^i die Invariante (58, 11), so folgt nach einfacher Rechnung wegen (36, 10)

$$\begin{aligned} G' &= R_{ijkl} C^i C^k D^j D^l = \\ &= R_{ijkl} (\alpha A^i + \beta B^i)(\alpha A^k + \beta B^k)(\gamma A^j + \delta B^j)(\gamma A^l + \delta B^l) = \\ &= (\alpha \delta - \beta \gamma)^2 R_{ijkl} A^i A^k B^j B^l = (\alpha \delta - \beta \gamma)^2 G, \end{aligned}$$

d. h. G ist eine relative Invariante gegenüber den Vektortransformationen (58, 12). Wir suchen eine absolute Invariante, also einen Ausdruck, der nur von der V_2 in P (und natürlich vom

Punkt P selbst) abhängt, aber nicht von der Wahl der besonderen Vektoren, die diese V_2 aufspannen. Eine solche absolute Invariante erhalten wir sofort, wenn wir eine zweite relative Invariante angeben können, die sich bei der Transformation (58, 12) ebenfalls mit dem Quadrat der Transformationsdeterminante multipliziert. Da nun der Tensor vierter Stufe

$$g_{ik} g_{jl} - g_{il} g_{jk},$$

wie man sofort einsieht, dieselben Symmetrieeigenschaften (36, 10) hat wie R_{ijkl}, so ist

$$H = (g_{ik} g_{jl} - g_{il} g_{jk}) A^i A^k B^j B^l$$

eine derartige Invariante; in der Tat ist

$$\begin{aligned} H' &= (g_{ik} g_{jl} - g_{il} g_{jk}) C^i C^k D^j D^l = \\ &= (g_{ik} g_{jl} - g_{il} g_{jk}) (\alpha A^i + \beta B^i) (\alpha A^k + \beta B^k) \cdot \\ &\quad \cdot (\gamma A^j + \delta B^j) (\gamma A^l + \delta B^l) = \\ &= (\alpha \delta - \beta \gamma)^2 H \end{aligned}$$

und daher

$$\boxed{K = \frac{G}{H} = \frac{R_{ijkl} A^i A^k B^j B^l}{(g_{ik} g_{jl} - g_{il} g_{jk}) A^i A^k B^j B^l}} \qquad (58,\ 13)$$

eine Invariante der gesuchten Art; sie wird als die zum Punkt P und zu der (durch die Vektoren A^i und B^i aufgespannten) V_2 in P gehörige *Riemannsche Krümmung* bezeichnet.

Ist $n = 2$, so gibt es in jedem Punkt nur eine einzige V_2, nämlich die Tangentenebene in P; wir können daher $A^i = (1,0)$ und $B^i = (0,1)$ wahlen, dann ergibt (58, 13)

$$K = \frac{R_{1212}}{g},$$

d. h. die Riemannsche Krümmung geht in die Gaußsche Krümmung im Punkt P über. An die Einführung der Riemannschen Krümmung knüpfen sich sofort einige Fragen. Die erste ist, welche Räume durch verschwindende Riemannsche Krümmung $K = 0$ gekennzeichnet sind. Aus

$$R_{ijkl} A^i A^k B^j B^l = 0, \qquad (58,\ 14)$$

gültig für beliebige Vektoren A^i und B^i, können wir aber nicht sofort auf $R_{ijkl} = 0$ schließen, da in der Vierfachsumme links i und k, j und l vertauschbar sind, so daß also zunächst nur[1]

$$R_{ijkl} + R_{kjil} + R_{ilkj} + R_{klij} = 0$$

folgt (alle diese Koeffizienten sind mit $A^i A^k B^j B^l$ multipliziert). Hier stimmt wegen (36, 10) (zweite Zeile) der erste mit dem vierten und der zweite mit dem dritten Summanden überein, also ist

$$R_{ijkl} + R_{ilkj} = 0. \tag{58, 15}$$

Addieren wir dazu die letzte Gleichung (36, 10), d. h.

$$R_{ijkl} + R_{iklj} + R_{iljk} = 0,$$

so folgt wegen $R_{ilkj} + R_{iljk} = 0$

$$2\,R_{ijkl} + R_{iklj} = 0. \tag{58, 16}$$

Vertauschen wir in (58, 15) j und k, so folgt

$$R_{ikjl} + R_{iljk} = 0$$

und wenn wir das zur Summe von (58, 15) und (58, 16) addieren, bleibt

$$3\,R_{ijkl} = 0,$$

weil nach (36, 10) $R_{ilkj} + R_{iljk} = R_{iklj} + R_{ikjl} = 0$ ist.

Zusammen mit dem am Schluß von § 36 bewiesenen Satz folgt also: *Die Räume verschwindender Riemannscher Krümmung sind euklidische Räume.*

Die zweite Frage, die wir uns stellen, geht nach jenen Räumen, für die K nur vom Punkt P, nicht aber von der Ebenenstellung V_2 durch P abhängt. Für solche Räume gilt wegen (58, 13)

$$[K\,(g_{ik}\,g_{jl} - g_{il}\,g_{jk}) - R_{ijkl}]\,A^i A^k B^j B^l = 0$$

für alle Vektoren A^i und B^i, so daß gemäß der eben durchgeführten Überlegung

$$R_{ijkl} - K\,(g_{ik}\,g_{jl} - g_{il}\,g_{jk}) = 0$$

---

[1] Aus dem identischen Verschwinden der mit einem beliebigen Tensor B_{ij} gebildeten quadratischen Form $B_{ij}\,A^i A^j$ folgt zunächst auch nur, daß $B_{ij} + B_{ji} = 0$, d. h. B_{ij} alternierend ist. Nur wenn B_{ij} von vornherein symmetrisch war, folgt $B_{ij} = 0$. Man konnte demgemaß, wenn wir (58, 14) zunächst als quadratische Form in B^i ansehen, auf $(R_{ijkl} + R_{ilkj})\,A^i A^k = 0$ und aus dieser Identitat dann in derselben Weise auf die obige Gleichung schließen.

ist. Kovariante Differentiation gibt wegen

$$\mathfrak{d}_h g_{ij} = 0, \qquad \mathfrak{d}_h K = \partial_h K$$

$$\mathfrak{d}_h R_{ijkl} = (g_{ik} g_{jl} - g_{il} g_{jk}) \partial_h K;$$

in die Bianchische Identität (58, 04) eingesetzt, gibt das

$$(g_{ik} g_{jl} - g_{il} g_{jk}) \partial_h K + (g_{il} g_{jh} - g_{ih} g_{jl}) \partial_k K +$$
$$+ (g_{ih} g_{jk} - g_{ik} g_{jh}) \partial_l K = 0$$

und nach Überschiebung mit $g^{ik} g^{jl}$

$$(n^2 - n) \partial_h K + (1 - n) \delta_h^k \partial_k K + (1 - n) \delta_h^l \partial_l K = 0$$

oder

$$\boxed{(n-1)(n-2) \partial_h K = 0.} \qquad (58, 17)$$

Das gibt den Satz von Schur:

Ist die Riemannsche Krümmung eines R_n, $n > 2$, in jedem Punkt P unabhängig von der Ebenenstellung in P, so ist sie überhaupt konstant.

Die Riemannschen R_2, die wir immer als Flächen im euklidischen Raum deuten können, nehmen nur scheinbar eine Sonderstellung ein. Es gibt ja hier in jedem Punkt P nur eine einzige V_2, nämlich die Tangentenebene in P, mit der man die Riemannsche Krümmung berechnen kann; daß diese mit der Gaußschen Krümmung übereinstimmt, haben wir schon oben gezeigt.

Für das Folgende brauchen wir noch den Tensor zweiter Stufe

$$\boxed{G_{ij} = R_{ij} - \frac{1}{2} R g_{ij},} \qquad (58, 18)$$

der als *Einsteintensor* bezeichnet wird. Dabei ist R_{ij} der Riccitensor (58, 05) und R die Krümmungsinvariante (58, 06). Aus der Bianchischen Identität (58, 04) folgt durch Überschiebung mit $g^{pk} g^{jl}$

$$-\mathfrak{d}_i R + g^{pk} \mathfrak{d}_k R_{pi} + g^{jl} \mathfrak{d}_l R_{ji} = 0,$$

so daß wegen $R_{ij} = R_{ji}$

$$\mathfrak{d}_i R = 2 g^{jk} \mathfrak{d}_k R_{ij}. \qquad (58, 19)$$

Differentiation von (58, 18) gibt

$$\mathfrak{d}_k G_{ij} = \mathfrak{d}_k R_{ij} - \frac{1}{2} g_{ij} \mathfrak{d}_k R;$$

überschiebt man das mit g^{jk}, so folgt weiter

$$g^{jk}\,\mathfrak{d}_k G_{ij} = \mathfrak{d}_k G_i^{\cdot k} = g^{jk}\,\mathfrak{d}_k R_{ij} - \frac{1}{2}\,\mathfrak{d}_i R,$$

also wegen (58, 19) die wichtige Relation

$$\boxed{\mathfrak{d}_k G_i^{\cdot k} = 0.} \qquad (58, 20)$$

2. Die Einsteinsche Gravitationstheorie. So bedeutungsvoll die Ergebnisse der speziellen Relativitätstheorie auch für unser physikalisches Weltbild sind, so bleiben doch einige recht wesentliche Fragen offen, Fragen, die zum Teil durch die spezielle Relativitätstheorie selbst aufgerollt werden und deren Beantwortung sich durch eine konsequente Weiterentwicklung ihrer Grundgedanken ergibt. Es ist vor allem die Beschränkung auf gleichförmige Bewegungen, die willkürlich erscheint und nicht in befriedigender Weise erklärt ist. Das *Prinzip von der Gleichheit von schwerer und träger Masse*[1] macht es unmöglich, festzustellen, ob ein System im Schwerfeld gravitierender Massen ruht oder ob es sich in einem feldfreien Raum beschleunigt bewegt. Die allgemeine Relativitätstheorie stellt sich die Aufgabe, die physikalischen Gesetze so zu formulieren, daß sie gegenüber beliebigen, nicht nur gleichförmigen Bewegungen des Bezugssystems invariant sind. An Stelle der Lorentztransformationen treten alle zulässigen[2] Koordinatentransformationen in der W_4, an Stelle der durch (56,19) gegebenen Minkowskischen Maßbestimmung

$$d\sigma^2 = -\,dx_\iota\,dx_\iota + dx_4{}^2 \qquad (58, 21)$$

der auf die *reellen* Koordinaten $x_1, x_2, x_3, x_4 = c\,t$ bezogenen W_4 tritt die allgemeine Riemannsche Maßbestimmung

$$\left.\begin{aligned} d\sigma^2 &= g_{\alpha\beta}\,dx_\alpha\,dx_\beta, \\ g_{\alpha\beta} = g_{\beta\alpha}, &\qquad g = \det g_{\alpha\beta} \neq 0, \end{aligned}\right\} \qquad (58, 22)$$

[1] Diese Gleichheit war in der klassischen Mechanik lange Zeit als nicht weiter erwähnenswerte Selbstverständlichkeit angenommen worden und man hat erst recht spät erkannt, daß es sich hier um zwei grundsätzlich völlig verschiedene Begriffe handelt. Äußerst präzise Experimente von Eötvös haben gezeigt, daß bei geeigneter Wahl der Maßeinheiten träge und schwere Masse eines Körpers tatsächlich gleich sind.

[2] Das heißt umkehrbar eindeutig und mindestens zweimal stetig differenzierbar.

wobei die $g_{\alpha\beta}$ die Bedeutung tensorieller Gravitationspotentiale haben. Die in der physikalischen Welt W_4 (wir behalten diese Bezeichnung auch im allgemeinen Fall bei) geltende Geometrie hängt also von der Verteilung gravitierender Massen im Weltraum ab. Nur in einer von Materie völlig freien Welt, oder annähernd in sehr großer Entfernung von gravitierenden Massen läßt sich (58, 22) durch Wahl geeigneter Koordinaten auf die Form (58, 21) bringen. In diesem Fall sprechen wir im folgenden von einer *ebenen* W_4. An die Stelle des Gravitationsfeldes der klassischen Mechanik tritt die besondere, durch (58, 22) bestimmte geometrische Struktur der Welt. Dieser Gedanke muß aber, um physikalisch fruchtbar zu sein, noch durch ein weiteres Prinzip ergänzt werden.

In der ebenen W_4 sind die Weltlinien freier Partikel „Gerade". Die „Geraden" sind die Geodätischen der W_4, d. h. mit anderen Worten, die Extremalen des Variationsproblems der durch (58, 21) definierten Eigenzeit σ. Sie sind für materielle Partikel zeitartig ($d\sigma^2 > 0$), für Lichtstrahlen *Nullgeodätische* ($d\sigma^2 = 0$), die in der Metrik (58, 21) reell sind und deren Tangenten isotrope Gerade durch den Berührungspunkt sind.

Da die Geodätischen unter gewissen Voraussetzungen die „kürzesten" (d. h. $\sigma = \text{Min.}$) Verbindungslinien zweier Weltpunkte sind, ist es naheliegend (zumindest nachträglich läßt sich das ganz leicht sagen), diese in der ebenen W_4 charakteristischen Eigenschaften der Weltlinien von Partikeln und der Lichtstrahlen auch für den allgemeinen Fall zu postulieren, was durch das *Einsteinsche Prinzip der geodätischen Linien* geschieht:

Die Weltlinien materieller, nur der Gravitationskraft unterworfener Partikel sind stets zeitartige Geodätische, die Lichtstrahlen Nullgeodätische der Maßbestimmung (58, 22).

Die allgemeine Relativitätstheorie ist somit, vor allem historisch gesehen, in erster Linie eine Gravitationstheorie und wir wollen sie im folgenden auch nur von diesem Gesichtspunkt aus darstellen und einige Folgerungen kosmologischer Art diskutieren. Einen kurzen Exkurs über einige Begriffe der Variationsrechnung und das Problem der Geodätischen eines Riemannschen Raumes bringen wir im folgenden Paragraphen.

Bei einer zulässigen Koordinatentransformation

$$\bar{x}_\alpha = \bar{x}_\alpha (x_1, x_2, x_3, x_4) \tag{58, 23}$$

transformieren sich die $g_{\alpha\beta}$ als kovarianter Tensor zweiter Stufe:

$$\bar{g}_{\alpha\beta} = g_{\lambda\mu} \frac{\partial x_\lambda}{\partial \bar{x}_\alpha} \frac{\partial x_\mu}{\partial \bar{x}_\beta}.$$

Für die Koordinatendifferentiale folgt aus (58, 23)

$$d\bar{x}_\alpha = \frac{\partial \bar{x}_\alpha}{\partial x_\lambda} dx_\lambda, \qquad (58, 24)$$

es handelt sich also um eine lineare Transformation der quadratischen Form (58, 22) mit nicht verschwindender Determinante. In der Algebra wird gezeigt, daß bei reellen Transformationen — und (58, 24) ist reell, weil (58, 23) es ist — die sogenannte *Signatur* der quadratischen Form eine Invariante ist. Man kann die Transformation (58, 23) stets so bestimmen, daß in den $\bar{x}_\alpha$ für einen bestimmten Punkt (nicht für die ganze W_4, die sonst eben wäre)

$$\bar{g}_{\alpha\beta} = 0, \qquad \alpha \neq \beta$$

ist, so daß (58, 22) in eine Summe von Quadraten übergeht, wobei man noch erreichen kann, daß die Koeffizienten der Quadrate die Werte $+1$ oder -1 annehmen. Aber die Differenz der Zahl der positiven und der negativen Quadrate ist stets dieselbe, wie immer man diese Transformation auch durchführt, und da man als Signatur die Hälfte dieser Differenz bezeichnet, ist die Signatur eine Invariante. Da ferner für den materiefreien Raum (58, 22) bei geeigneter Wahl der Koordinaten in (58, 21) übergeht, ist die Signatur von (58, 22) stets gleich -1 [1].

[1] Die Transformation (58, 24) ist eine *affine* Transformation der Differentiale; für *orthogonale* Transformationen ist der Satz von der Invarianz der Signatur in dem Satz von der Invarianz der Eigenwerte enthalten (§ 13); bei orthogonalen Transformationen ist es im allgemeinen nicht möglich, die Koeffizienten der Quadrate gleich ± 1 zu machen. Wir bemerken noch, daß sich für die Koeffizienten der Quadrate die folgenden Möglichkeiten (bis auf die Reihenfolge) ergeben:

1.	1	1	1	1	2
2.	1	1	1	−1	1
3.	1	1	−1	−1	0
4.	1	−1	−1	−1	−1
5.	−1	−1	−1	−1	−2

rechts neben dem Strich stehen die zugehörigen Signaturen; die Formen vom Typus 1 und 5 sind positiv bzw. negativ definit, die vom Typus 2, 3 und 4 indefinit. Die Form (58, 21) ist vom Typus 4 und hat also Signatur -1.

Die Geometrie mit der Maßbestimmung (58, 22) ist also insoweit keine Riemannsche Geometrie, als der Maßtensor $g_{\alpha\beta}$ nicht wie bei dieser positiv definit, sondern indefinit mit der Signatur -1 ist; die verallgemeinerte Weltgeometrie verhält sich zur Riemannschen also ebenso wie die pseudoeuklidische zur euklidischen Geometrie. In den folgenden Betrachtungen spielt dieser Unterschied aber so gut wie keine Rolle.

Im Weltraum ist die Materie äußerst spärlich verteilt, die Durchmesser selbst der größten bekannten Sterne sind um viele Größenordnungen kleiner als ihre Entfernungen, so daß wir die einzelnen Sterne als materielle Partikel von sehr kleinem Durchmesser betrachten können. Der Energie-Impuls-Tensor hat die für inkohärente Materie gültige Form

$$T_{\alpha\beta} = \varrho_0 w_\alpha w_\beta,$$

vgl. (57, 25). Da die Gravitationskräfte im Maßtensor berücksichtigt sind und da wir nach aller Erfahrung von anderen, zwischen den Weltkörpern wirkenden Kräften etwa elektromagnetischen Ursprungs absehen können, gilt an Stelle von (57, 24) jetzt

$$\boxed{\mathfrak{d}_\beta T_{\alpha}^{\cdot\,\beta} = 0,} \tag{58, 25}$$

wo wir natürlich, mit Rücksicht auf die jetzt verwendeten allgemeinen Koordinaten die kovariante Differentiation verwenden und $T_{\alpha\beta}$ durch den gemischten Tensor $T_{\alpha}^{\cdot\,\beta}$ ersetzen müssen; in der ebenen W_4 ist natürlich wieder $\mathfrak{d}_\alpha = \partial_\alpha$.

Gemäß (58, 20) genügt der durch (58, 18) definierte Einsteintensor

$$G_{\alpha\beta} = R_{\alpha\beta} - \frac{1}{2} R g_{\alpha\beta}, \tag{58, 26}$$

der wegen (58, 09) so wie $R_{\alpha\beta}$ symmetrisch ist, der identischen Relation

$$\boxed{\mathfrak{d}_\beta G_{\alpha}^{\cdot\,\beta} = 0.} \tag{58, 27}$$

Für den leeren, von Materie völlig freien Raum ist $T_{\alpha\beta} = 0$ Anderseits folgt aus (58, 26) wegen $g^{\alpha\beta} g_{\alpha\beta} = \delta_{\alpha}^{\alpha} = 4$

$$g^{\alpha\beta} G_{\alpha\beta} = G_{\alpha}^{\cdot\,\alpha} = R - 2R = -R$$

und daher folgt $R_{\alpha\beta} = 0$ aus $G_{\alpha\beta} = 0$ und umgekehrt. $R_{\alpha\beta} = 0$ charakterisiert aber, wie wir zu Beginn des Paragraphen gezeigt haben, die ebene Welt. Die beiden Tensoren $G_{\alpha\beta}$ und $T_{\alpha\beta}$ verschwinden somit gleichzeitig. Das legt den Ansatz

$$\boxed{G_\alpha^\beta = -\varkappa\, T_{\alpha\beta}} \tag{58, 28}$$

nahe, der bereits die einfachste Form des *Einsteinschen Gravitationsgesetzes* darstellt. Für die Konstante $\varkappa$ ergibt sich aus der Überlegung, daß die Newtonsche Theorie eine erste Annäherung der Einsteinschen sein muß, der Wert

$$\varkappa = 8\,\pi\,\gamma_0\,c^{-4}, \tag{58, 29}$$

wo γ_0 die Newtonsche Gravitationskonstante ist. Aus $\gamma_0 = 6{,}664 \cdot 10^{-8}\,\mathrm{cm}^3\,\mathrm{s}^{-2}\,g^{-1}$ und $c = 2{,}998 \cdot 10^{10}\,\mathrm{cm\,s}^{-1}$ folgt[1]

$$\varkappa = 2{,}073 \cdot 10^{-48}\,\mathrm{cm}^{-1}\,\mathrm{s}^2\,\mathrm{g}^{-1}.$$

Es ist klar, daß in jenen Teilen der Welt, die von größeren Massen entsprechend weit entfernt sind, wegen dieser besonderen Kleinheit von $\varkappa$ schon $G_{\alpha\beta} = 0$ oder, was dasselbe ist,

$$\boxed{R_{\alpha\beta} = 0} \tag{58, 30}$$

eine brauchbare Annäherung für (58, 28) sein wird.

Einen etwas allgemeineren Ansatz als (58, 28) erhält man, wenn man auf der linken Seite noch ein Glied $\lambda\, g_{\alpha\beta}$ mit konstantem $\lambda \neq 0$ hinzufügt; wegen $\mathfrak{d}_\gamma\, g_{\alpha\beta} = 0$ bleibt (58, 27) auch für $H_\alpha^{\cdot\beta} = G_\alpha^{\cdot\beta} + \lambda\,\delta_\alpha^\beta$ bestehen. Aus

$$\boxed{H_{\alpha\beta} = -\varkappa\, T_{\alpha\beta}} \tag{58, 31}$$

oder ausführlich

$$R_{\alpha\beta} - \frac{1}{2}\, g_{\alpha\beta}\,(R - 2\,\lambda) = -\varkappa\, T_{\alpha\beta}$$

folgt durch Überschiebung mit $g^{\alpha\beta}$

$$R - 2\,R + 4\,\lambda = -\varkappa\, g^{\alpha\beta}\, T_{\alpha\beta}.$$

Setzen wir

$$g^{\alpha\beta}\, T_{\alpha\beta} = T_\alpha^{\cdot\alpha} = T,$$

[1] Die numerischen Werte sind entnommen aus B. Spain, Tensor Calculus, Edinburgh 1943.

so folgt

$$R - 4\lambda = \varkappa T.$$

In Bereichen, die von Materie weit genug entfernt sind, können wir wieder $T_{\alpha\beta} = 0$ setzen; dann ist auch $T = 0$, also $R = 4\lambda$ konstant und aus (58, 31) folgt

$$\boxed{R_{\alpha\beta} = \lambda\, g_{\alpha\beta}.} \qquad (58,\ 32)$$

Dieser Ansatz führt also auch für den völlig leeren Raum nicht zu einer ebenen, sondern wegen $R = 4\lambda$ zu einer gekrümmten Welt.

§ 59. Spezielle Lösungen der Gravitationsgleichungen

1. Die Schwarzschildsche Lösung der Gleichung $R_{\alpha\beta} = 0$. Wir versuchen, das Feld einer dauernd im Ursprung des Koordinatensystems ruhenden materiellen Partikel zu ermitteln. Es ist naheliegend, dabei von der Maßbestimmung einer ebenen Welt auszugehen, die auf die räumlichen Polarkoordinaten $x_1 = r$, $x_2 = \vartheta$, $x_3 = \varphi$ und die Zeitkoordinate $x_4 = c\,t$ bezogen ist und für die

$$d\sigma^2 = -\,dr^2 - r^2\, d\vartheta^2 - r^2 \sin^2\vartheta\, d\varphi^2 + c^2\, dt^2 \qquad (59,\ 01)$$

gilt. Die Randbedingungen für die Lösung bestehen also einerseits aus der durch die gravitierende Partikel im Ursprung hervorgerufenen Singularität und anderseits aus der Gültigkeit der Maßbestimmung (59, 01) im Unendlichen. Es ist somit im ganzen Raum mit Ausnahme des Ursprungs $T_{\alpha\beta} = 0$, so daß wir die Gleichungen (58, 30) zugrunde legen können. Man kann nun zeigen, daß es im wesentlichen nur eine Möglichkeit gibt, die Maßbestimmung (59, 01) so zu verallgemeinern, daß alle Symmetrien erhalten bleiben, nämlich[1]

$$d\sigma^2 = -\,e^{\alpha}\, dr^2 - r^2\, d\vartheta^2 - r^2 \sin^2\vartheta\, d\varphi^2 + e^{\beta}\, c^2\, dt^2, \qquad (59,\ 02)$$

[1] Der etwas allgemeinere Ansatz

$$d\sigma^2 = -\,e^{\alpha}\, dr^2 - e^{\gamma}\, r^2\, (d\vartheta^2 + \sin^2\vartheta\, d\varphi^2) + e^{\beta}\, c^2\, dt^2$$

laßt sich durch die Substitution $e^{\gamma}\, r^2 = r_1^2$ auf (59, 02) zuruckfuhren, da e^{γ} nahe bei 1 liegen muß (ebenso wie naturlich auch e^{α} und e^{β}), wird sich r_1 nur wenig von r unterscheiden und man kann r_1 ebensogut als Radiusvektor der Polarkoordination ansehen wie r. Dieser Radiusvektor ist ja lediglich eine fiktive (Koordinaten-) Größe und nicht eine objektiv meßbare physikalische Große.

wo α und β Funktionen von r allein sind, die der Bedingung

$$\lim_{r\to\infty} \alpha = \lim_{r\to\infty} \beta = 0 \qquad (59,03)$$

genügen müssen. Aus (38, 05) findet man leicht

$$\left.\begin{aligned} &\begin{Bmatrix} 1 \\ 11 \end{Bmatrix} = \frac{1}{2}\alpha', \quad \begin{Bmatrix} 1 \\ 22 \end{Bmatrix} = -r e^{-\alpha}, \quad \begin{Bmatrix} 1 \\ 33 \end{Bmatrix} = -r e^{-\alpha}\sin^2\vartheta, \\ &\begin{Bmatrix} 1 \\ 44 \end{Bmatrix} = \frac{1}{2}e^{\beta-\alpha}\beta', \quad \begin{Bmatrix} 2 \\ 12 \end{Bmatrix} = \frac{1}{r}, \quad \begin{Bmatrix} 2 \\ 33 \end{Bmatrix} = -\sin\vartheta\cos\vartheta, \\ &\begin{Bmatrix} 3 \\ 13 \end{Bmatrix} = \frac{1}{r}, \quad \begin{Bmatrix} 3 \\ 23 \end{Bmatrix} = \cot\vartheta, \quad \begin{Bmatrix} 4 \\ 14 \end{Bmatrix} = \frac{1}{2}\beta', \end{aligned}\right\} \qquad (59,04)$$

wo die Striche Ableitungen nach r bedeuten. Alle übrigen Klammern haben entweder wegen $\begin{Bmatrix} \varrho \\ \lambda\,\mu \end{Bmatrix} = \begin{Bmatrix} \varrho \\ \mu\,\lambda \end{Bmatrix}$ die obigen Werte oder verschwinden. Aus (58, 08), wo nur $\sqrt{g}$ durch

$$\sqrt{-g} = r^2 \sin\vartheta \sqrt{e^{\alpha+\beta}}$$

zu ersetzen ist, folgt dann

$$\left.\begin{aligned} R_{11} &= \frac{1}{2}\beta'' - \frac{1}{4}\alpha'\beta' + \frac{1}{4}\beta'^2 - \frac{\alpha'}{r}, \\ R_{22} &= e^{-\alpha}\left[1 + \frac{1}{2}r(\beta' - \alpha')\right] - 1, \\ R_{33} &= \sin^2\vartheta\, R_{22}, \\ R_{44} &= e^{\beta-\alpha}\left(-\frac{1}{2}\beta'' + \frac{1}{4}\alpha'\beta' - \frac{1}{4}\beta'^2 - \frac{\beta'}{r}\right), \end{aligned}\right\} \qquad (59,05)$$

während alle übrigen $R_{\alpha\beta} = 0$ sind. Die Gleichungen (58, 30), d. h. $R_{\alpha\beta} = 0$ reduzieren sich also auf die drei

$$\left.\begin{aligned} \frac{1}{2}\beta'' - \frac{1}{4}\alpha'\beta' + \frac{1}{4}\beta'^2 - \frac{\alpha'}{r} &= 0, \\ e^{-\alpha}\left[1 + \frac{1}{2}r(\beta' - \alpha')\right] - 1 &= 0, \\ -\frac{1}{2}\beta'' + \frac{1}{4}\alpha'\beta' - \frac{1}{4}\beta'^2 - \frac{\beta'}{r} &= 0. \end{aligned}\right\} \qquad (59,06)$$

Aus der ersten und dritten folgt durch Addition $\alpha' + \beta' = 0$, also wegen (59, 03) $\alpha + \beta = 0$. Setzen wir noch $e^\beta = \gamma$, so wird die zweite Gleichung (59, 06)

$$\gamma + r\gamma' = 1,$$

woraus durch Integration

$$\gamma = 1 - \frac{2\,m}{c^2\,r} \tag{59, 07}$$

mit der Integrationskonstanten $\frac{2\,m}{c^2}$ folgt. m ist dabei, wie sich noch des näheren zeigen wird, der Masse der gravitierenden Partikel im Ursprung proportional. Man überzeugt sich leicht, daß damit alle Gleichungen (59, 06) erfüllt sind. (59, 02) geht über in

$$\boxed{d\sigma^2 = -\gamma^{-1}\,dr^2 - r^2\,d\vartheta^2 - r^2\sin^2\vartheta\,d\varphi^2 + \gamma\,c^2\,dt^2,} \tag{59, 08}$$

die von SCHWARZSCHILD angegebene partikuläre Lösung der Gravitationsgleichungen (58, 30).

2. Die Geodätischen der W_4. In der Variationsrechnung wird gezeigt, daß ein Integral

$$J = \int_a^b f(x_\varrho, \dot{x}_\varrho)\,du, \tag{59, 09}$$

wo $\dot{x}_\varrho = \frac{dx_\varrho}{du}$ ist, für eine Kurve $x_\alpha = x_\alpha(u)$ nur dann einen extremen Wert annimmt, wenn die Eulerschen Gleichungen

$$\frac{\partial f}{\partial x_\alpha} - \frac{d}{du}\frac{\partial f}{\partial \dot{x}_\alpha} = 0 \tag{59, 10}$$

oder ausführlich

$$\frac{\partial f}{\partial x_\alpha} - \frac{\partial^2 f}{\partial \dot{x}_\alpha\,\partial x_\beta}\,\dot{x}_\beta - \frac{\partial^2 f}{\partial \dot{x}_\alpha\,\partial \dot{x}_\beta}\,\ddot{x}_\beta = 0 \tag{59, 11}$$

erfüllt sind. Die Integralkurven dieser Differentialgleichungen zweiter Ordnung heißen die *Extremalen* des Variationsproblems (59, 09); sie verleihen dem Integral J jedenfalls einen stationären

Wert, der unter gewissen zusätzlichen Voraussetzungen, auf die wir hier nicht näher eingehen können, ein Extremum ist[1]. Nur wenn

$$\det \frac{\partial^2 f}{\partial \dot{x}_\alpha \, \partial \dot{x}_\beta} \neq 0$$

ist, lassen sich die Gleichungen (59, 11) auf die *Normalform*

$$\ddot{x}_\alpha = F_\alpha(x_\varrho, \dot{x}_\varrho)$$

bringen.

Bei vielen geometrischen Aufgaben verlangt man, daß der Integrand f in (59, 09) in den $\dot{x}_\varrho$ positiv homogen von erster Ordnung ist, damit J von der Wahl des Parameters u unabhängig ist. Es ist dann

$$f(x_\varrho, \lambda\, \dot{x}_\varrho) = \lambda\, f(x_\varrho, \dot{x}_\varrho)$$

für alle $\lambda > 0$ oder (Eulersche Differentialgleichung der homogenen Funktionen)

$$\frac{\partial f}{\partial \dot{x}_\alpha} \dot{x}_\alpha = f.$$

Differentiation nach $\dot{x}_\beta$ gibt

$$\frac{\partial^2 f}{\partial \dot{x}_\alpha \, \partial \dot{x}_\beta} \dot{x}_\alpha = 0,$$

so daß

$$\det \frac{\partial^2 f}{\partial \dot{x}_\alpha \, \partial \dot{x}_\beta} = 0$$

ist. Somit liegt hier gerade der Fall vor, daß die Gleichungen (59, 11) nicht auf die Normalform gebracht werden können. Man kann diese Schwierigkeit dadurch umgehen, daß man an Stelle von $f(x_\varrho, \dot{x}_\varrho)$ den Integranden

$$\varphi(x_\varrho, \dot{x}_\varrho) = [f(x_\varrho, \dot{x}_\varrho)]^2$$

---

[1] Ebenso wie eine Funktion $f(x_\varrho)$ einen stationaren Wert annimmt, wenn $\partial_\alpha f = 0$ ist; dieser stationare Wert ist unter gewissen zusätzlichen Voraussetzungen ein Extremum der Funktion f. Näheres über die Herleitung der Eulerschen Gleichungen (59, 10) und Ergänzungen zu den folgenden Ausfuhrungen findet man bei A. Duschek, Vorlesungen uber hohere Mathematik, Band III (Wien 1953, 2. Aufl. 1960).

(oder allgemeiner $\varphi = f^p$ mit $p > 1$) betrachtet. Die Eulerschen Gleichungen für das Variationsproblem

$$J_1 = \int_a^b \varphi(x_\varrho, \dot{x}_\varrho)\, du$$

sind

$$\frac{\partial \varphi}{\partial x_\alpha} - \frac{d}{du}\frac{\partial \varphi}{\partial \dot{x}_\alpha} = 2f\left(\frac{\partial f}{\partial x_\alpha} - \frac{d}{du}\frac{\partial f}{\partial \dot{x}_\alpha}\right) - 2\frac{df}{du}\frac{\partial f}{\partial \dot{x}_\alpha} = 0; \qquad (59,12)$$

gibt es also einen Parameter u, für den $f = \text{konst.} \neq 0$ ist, so stimmen die Extremalen von J_1 mit denen von J überein; φ ist aber in den $\dot{x}_\varrho$ positiv homogen von der Ordnung 2, also ist

$$\frac{\partial \varphi}{\partial \dot{x}_\alpha}\dot{x}_\alpha = 2\varphi,$$

daher

$$\frac{\partial^2 \varphi}{\partial \dot{x}_\alpha\, \partial \dot{x}_\beta}\dot{x}_\alpha = \frac{\partial \varphi}{\partial \dot{x}_\beta}$$

und im allgemeinen

$$\det \frac{\partial^2 \varphi}{\partial \dot{x}_\alpha\, \partial x_\beta} \neq 0.$$

Ist aber für den besonderen Parameter $f = 0$, so ist der Übergang zum Variationsproblem J_1 nicht möglich. Die Kurven mit $f = 0$, die den Eulerschen Gleichungen (59, 10) genügen, heißen *Nullextremalen* des Variationsproblems (59, 09).

Die Geodätischen der W_4 sind die Extremalen des Variationsproblems

$$J = \int_a^b d\sigma = \int_a^b \sqrt{g_{\alpha\beta}\,\dot{x}_\alpha\,\dot{x}_\beta}\, du \qquad (59,13)$$

der Eigenzeit σ. Der Integrand

$$f = \sqrt{g_{\alpha\beta}\,\dot{x}_\alpha\,\dot{x}_\beta}$$

ist in den $\dot{x}_\varrho$ positiv homogen von der Ordnung 1; wir betrachten also an Stelle von (59, 13) das Variationsproblem

$$J_1 = \int_a^b \varphi\, du = \int_a^b g_{\alpha\beta}\, \dot{x}_\alpha\, \dot{x}_\beta\, du;$$

ein Parameter, für den φ und damit auch f konstant ist, ist die Eigenzeit $\sigma = \int_a^u f\, du$, für die

$$g_{\alpha\beta}\, x_\alpha'\, x_\beta' = 1 \tag{59, 14}$$

ist, wo die Striche Ableitungen nach σ bedeuten. Die Eulerschen Gleichungen (59, 11) werden, gleich für den Parameter σ angeschrieben,

$$\partial_\gamma\, g_{\alpha\beta}\, x_\alpha'\, x_\beta' - 2\, \frac{d}{d\sigma}\, g_{\alpha\gamma}\, x_\alpha' =$$

$$= (\partial_\gamma\, g_{\alpha\beta} - 2\, \partial_\beta\, g_{\alpha\gamma})\, x_\alpha'\, x_\beta' - 2\, g_{\alpha\gamma}\, x_\alpha'' = 0$$

oder, wenn wir im mittleren Glied einmal α und β vertauschen,

$$-\, [\alpha\, \beta, \gamma]\, x_\alpha'\, x_\beta' - g_{\alpha\gamma}\, x_\alpha'' = 0.$$

Überschiebung mit $g^{\gamma\lambda}$ gibt die Normalform

$$x_\lambda'' + \begin{Bmatrix} \lambda \\ \alpha\,\beta \end{Bmatrix} x_\alpha'\, x_\beta' = 0 \tag{59, 15}$$

oder

$$\boxed{\frac{\mathfrak{d} x_\lambda'}{\mathfrak{d}\sigma} = 0.} \tag{59, 16}$$

In der letzten Form sagen diese Gleichungen, wie wir schon in § 35 erwähnten, daß der Tangentenvektor x_λ' längs einer Geodätischen parallel verschoben ist.

Aus (59, 14) folgt wegen

$$\frac{\mathfrak{d} g_{\alpha\beta}}{\mathfrak{d}\sigma} = 0$$

(Satz von Ricci, § 35) durch Differentiation nach σ

$$g_{\alpha\beta}\, x_\alpha'\, \frac{\mathfrak{d} x_\beta'}{\mathfrak{d}\sigma} = 0,$$

d. h. die vier Gleichungen (59, 16) sind nicht unabhängig; man kann stets eine von ihnen durch (59, 14) ersetzen.

Die Nullextremalen heißen jetzt *Nullgeodätische*[1], sie sind die Bahnkurven der Lichtteilchen und durch

$$g_{\alpha\beta}\,\dot{x}_\alpha\,\dot{x}_\beta = 0, \qquad \frac{\mathfrak{d}\dot{x}_\alpha}{\mathfrak{d}u} = 0 \tag{59, 17}$$

definiert.

3. Planetenbewegung und Perihelverschiebung. Bekanntlich war die auf Grund der Newtonschen Theorie vergeblich gesuchte Erklärung der Perihelverschiebung des Merkur eines der ersten Ergebnisse der Einsteinschen Theorie. Wir versuchen zunächst auf Grund der letzteren die Bahn eines Planeten zu berechnen. Wenn wir annehmen, daß die Masse des Planeten so klein ist, daß sie die Metrik nicht beeinflußt, so können wir die Schwarzschildsche Maßbestimmung (59, 08) verwenden, mit einem Koordinatensystem, dessen Ursprung im Mittelpunkt der Sonne liegt. Die Planetenbahn ist dann eine Geodätische dieser W_4. Die Christoffelklammern entnehmen wir aus (59, 04), wo nur

$$e^{-\alpha} = e^{\beta} = \gamma = 1 - \frac{2\,m}{c^2\,r}$$

zu setzen ist. Die Gleichungen (59, 15) gehen über in

$$\left.\begin{aligned}
&\frac{d^2r}{d\sigma^2} - \frac{\gamma'}{2\gamma}\left(\frac{dr}{d\sigma}\right)^2 - r\gamma\left(\frac{d\vartheta}{d\sigma}\right)^2 - r\gamma\sin^2\vartheta\left(\frac{d\varphi}{d\sigma}\right)^2 + \\
&\qquad + \frac{c^2\gamma\gamma'}{2}\left(\frac{dt}{d\sigma}\right)^2 = 0,\\
&\frac{d^2\vartheta}{d\sigma^2} + \frac{2}{r}\frac{dr}{d\sigma}\frac{d\vartheta}{d\sigma} - \sin\vartheta\cos\vartheta\left(\frac{d\varphi}{d\sigma}\right)^2 = 0,\\
&\frac{d^2\varphi}{d\sigma^2} + \frac{2}{r}\frac{dr}{d\sigma}\frac{d\varphi}{d\sigma} + 2\cot\vartheta\,\frac{d\vartheta}{d\sigma}\frac{d\varphi}{d\sigma} = 0,\\
&\frac{d^2t}{d\sigma^2} + \frac{\gamma'}{\gamma}\frac{dr}{d\sigma}\frac{dt}{d\sigma} = 0,
\end{aligned}\right\} \tag{59, 18}$$

[1] Nach der in § 56 verwendeten Terminologie handelt es sich um isotrope Geodätische; da aber hier kein Mißverständnis zu befürchten ist wie beim „Nullvektor", wollen wir beim üblichen Sprachgebrauch „Nullgeodätische" bleiben.

wo $\gamma' = \frac{d\gamma}{dr} = \frac{2\,m}{c^2 r^2}$ ist. Eine dieser Gleichungen, am besten die erste, lassen wir weg und ersetzen sie durch (59, 14), d. h.

$$-\frac{1}{\gamma}\left(\frac{dr}{d\sigma}\right)^2 - r^2\left(\frac{d\vartheta}{d\sigma}\right)^2 - r^2\sin^2\vartheta\left(\frac{d\varphi}{d\sigma}\right)^2 + \gamma\,c^2\left(\frac{dt}{d\sigma}\right)^2 = 1. \tag{59, 19}$$

Als Anfangsbedingung schreiben wir vor, daß der Planet seine Bewegung in der Ebene $\vartheta = \frac{\pi}{2}$ beginnen soll, so daß

$$\left(\frac{d\vartheta}{d\sigma}\right)_0 = 0, \qquad (\cos\vartheta)_0 = 0$$

ist. Dann folgt aus der zweiten Gleichung (59, 18)

$$\left(\frac{d^2\vartheta}{d\sigma^2}\right)_0 = 0,$$

und durch wiederholte Differentiation von (59, 18) ergibt sich, daß

$$\left(\frac{d^k\,\vartheta}{d\sigma^k}\right)_0 = 0$$

ist für alle $k = 1, 2, \ldots$ Daher ist dauernd $\vartheta = \frac{\pi}{2}$.

(59, 19) und die dritte Gleichung (59, 18) gehen über in

$$-\gamma^{-1}\left(\frac{dr}{d\sigma}\right)^2 - r^2\left(\frac{d\varphi}{d\sigma}\right)^2 + c^2\gamma\left(\frac{dt}{d\sigma}\right)^2 = 1 \tag{59, 20}$$

und

$$\frac{d^2\varphi}{d\sigma^2} + \frac{2}{r}\,\frac{dr}{d\sigma}\,\frac{d\varphi}{d\sigma} = 0. \tag{59, 21}$$

Die vierte Gleichung (59, 18) bleibt unverändert; sie läßt sich ebenso wie (59, 21) unmittelbar integrieren. Wir erhalten

$$r^2\frac{d\varphi}{d\sigma} = \frac{h}{c}, \qquad \gamma\,\frac{dt}{d\sigma} = k \tag{59, 22}$$

mit den Integrationskonstanten h und k. Eliminiert man aus (59, 20) und (59, 22) t und σ, so folgt

$$-\frac{1}{r^4}\left(\frac{dr}{d\varphi}\right)^2 - \frac{1}{r^2}\gamma + \frac{c^4\,k^2}{h^2} = \frac{c^2}{h^2}\gamma. \tag{59, 23}$$

Setzen wir hier $\frac{1}{r} = u$, so ergibt sich durch Differentiation nach φ und eine einfache Umformung wegen (59, 07)

$$\frac{d^2u}{d\varphi^2} + u = \frac{m}{h^2} + \frac{3\,m\,u^2}{c^2}, \tag{59, 24}$$

während nach der Newtonschen Theorie

$$\frac{d^2u}{d\varphi^2} + u = \frac{m}{h^2} \tag{59, 25}$$

gilt, was sich von (59, 24) nur durch das sehr kleine Glied $\frac{3\,m\,u^2}{c^2}$ unterscheidet. Es wird daher die Lösung[1]

$$u = \frac{m}{h^2}\left[1 + \varepsilon \cos(\varphi - \omega)\right] \tag{59, 26}$$

von (59, 25) eine brauchbare Näherung für die Lösung von (59, 24) sein, die wir noch nach der Methode der sukzessiven Approximationen um einen Schritt verbessern. Setzt man (59, 26) auf der rechten Seite von (59, 24) ein, so folgt

$$\frac{d^2u}{d\varphi^2} + u = \frac{m}{h^2} + \frac{3\,m^3}{c^2\,h^4} + \frac{6\,m^3}{c^2\,h^4}\,\varepsilon \cos(\varphi - \omega) + \\ + \frac{3\,m^3}{2\,c^2\,h^4}\,\varepsilon^2\left[1 + \cos 2(\varphi - \omega)\right]. \tag{59, 27}$$

Hier hat neben dem ersten nur das dritte Glied rechts noch einen innerhalb der Beobachtungsgrenzen liegenden Einfluß auf die Lösung[2], der sich wegen der eintretenden Resonanz im Laufe der Zeit verstärkt. Da

$$u = \frac{1}{2}\,A\,\varphi \sin(\varphi - \omega)$$

[1] ε ist die *numerische Exzentrizität* der Bahnellipse und die *Perihellänge* ω der Winkel zwischen einer festen Richtung in der Bahnebene und der Verbindungsgeraden von Sonne und dem als *Perihel* bezeichneten, der Sonne zunächst liegendem Scheitelpunkt der Bahnellipse.

[2] Wegen der Kleinheit von ε; es ist für den Merkur $\varepsilon = 0{,}2056$, für alle anderen Planeten ist ε wesentlich kleiner.

ein partikuläres Integral von

$$\frac{d^2u}{d\varphi^2} + u = A \cos(\varphi - \omega)$$

ist, tritt zu der Lösung (59, 26) ein Korrekturglied

$$\frac{3\, m^3}{c^2\, h^4}\, \varepsilon\, \varphi \sin(\varphi - \omega)$$

hinzu, so daß

$$u = \frac{m}{h^2}\left[1 + \varepsilon \cos(\varphi - \omega) + \frac{3\, m^2}{c^2\, h^2}\, \varepsilon\, \varphi \sin(\varphi - \omega)\right]$$

oder

$$u = \frac{m}{h^2}\,[1 + \varepsilon \cos(\varphi - \omega - \delta\omega)] \tag{59, 28}$$

die Lösung von (59, 24) ist, wobei wir

$$\delta\omega = \frac{3\, m^2}{c^2\, h^2}\, \varphi \tag{59, 29}$$

gesetzt und höhere Potenzen von $\delta\omega$ vernachlässigt haben. Für einen vollen Umlauf $\varphi = 2\pi$ folgt daraus die *Perihelverschiebung*

$$\delta\omega = \frac{6\, \pi\, m^2}{c^2\, h^2} = \frac{6\, \pi\, m}{c^2\, a\, (1 - \varepsilon^2)}, \tag{59, 30}$$

wo a die Länge der großen Halbachse der Bahnellipse ist[1]. Da ferner nach dem dritten Keplerschen Gesetz

$$m = \left(\frac{2\, \pi}{T}\right)^2 a^3$$

ist, wo T die Umlaufzeit bedeutet, kann man (59, 30) auch auf die Form

$$\delta\omega = \frac{24\, \pi^3\, a^2}{c^2\, T^2\, (1 - \varepsilon^2)}$$

bringen. Die Perihelverschiebung ist nur für den Planeten Merkur praktisch merklich; die obige Formel gibt für einen Zeitraum von 100 Jahren den Wert $\delta\omega = 42{,}9''$, was mit den Beobachtungen gut übereinstimmt.

[1] Es ist $h^2 = m\, a\, (1 - \varepsilon^2)$, wie sich leicht aus (59, 26) ergibt. Vgl. hierzu auch A. Duschek, Vorlesungen über höhere Mathematik III, S. 273.

4. Die Ablenkung der Lichtstrahlen. Ein weiteres Ergebnis der Einsteinschen Theorie war, daß ein Lichtstrahl im Feld einer materiellen Partikel eine Ablenkung erfährt; die Rechnung ergibt für einen knapp an der Sonne vorbeigehenden Strahl eine Ablenkung, die noch innerhalb der Beobachtungsmöglichkeiten liegt. Für die Rechnung legen wir dieselben Annahmen zugrunde wie bei der Berechnung der Planetenbahn; betrachten aber an Stelle des materiellen Planeten ein Lichtteilchen, das sich längs einer Nullgeodätischen bewegt. Es gelten also die Gleichungen (59, 18) unverändert, während in (59, 19) rechts 1 durch 0 zu ersetzen ist, σ bedeutet jetzt selbstverständlich nicht mehr die Eigenzeit, sondern irgendeinen geeignet gewählten Parameter. Für $\vartheta = \frac{\pi}{2}$ gilt wie oben (59, 22), während (59, 23) in

$$-\frac{1}{r^4}\left(\frac{dr}{d\varphi}\right)^2 - \frac{1}{r^2}\gamma + \frac{c^4 k^2}{h^2} = 0 \qquad (59, 31)$$

übergeht. Setzt man hier wieder $\frac{1}{r} = u$, so gibt die Differentiation nach φ schließlich

$$\frac{d^2u}{d\varphi^2} + u = \frac{3\,m\,u^2}{c^2}. \qquad (59, 32)$$

Vernachlässigt man hier zunächst wieder den kleinen Ausdruck rechts, so wird

$$u = \frac{1}{R}\cos\varphi$$

eine Lösung der Näherungsgleichung mit der Integrationskonstanten $\frac{1}{R}$; setzt man sie auf der rechten Seite von (59, 32) ein, so folgt als zweite Näherung

$$u = \frac{1}{R}\cos\varphi + \frac{m}{c^2 R^2}(1 + \sin^2\varphi).$$

Führt man hier wieder r an Stelle von u ein, so wird daraus

$$R = r\cos\varphi + \frac{m\,r}{c^2 R}\,(1 + \sin^2\varphi)$$

oder in Cartesischen Koordinaten

$$x = R - \frac{m}{c^2 R} \frac{x^2 + 2 y^2}{\sqrt{x^2 + y^2}}. \tag{59, 33}$$

Die Bildkurve dieser Gleichung ähnelt sehr stark einem Hyperbelast mit dem Scheitel in $(R, 0)$ und den Achsen $y = 0$ und $x = R$; die Asymptoten bekommt man, wenn man y gegen x sehr groß annimmt, als

$$x = R \pm \frac{2m}{c^2 R} y,$$

so daß der Winkel zwischen den Asymptoten im Bogenmaß $\alpha = \frac{4m}{c^2 R}$ beträgt. Die Rechnung ergibt (R ist der Sonnenradius)

$$\alpha = 1{,}75'',$$

was ebenfalls gut mit den nachträglich bei verschiedenen Gelegenheiten beobachteten Werten übereinstimmt.

5. Die sphärische Welt von De Sitter. Wir versuchen, unter denselben Annahmen wie bei der Ermittlung der Schwarzschildschen Maßbestimmung die allgemeineren Gleichungen (58, 32) zu lösen. An Stelle von (59, 06) treten jetzt die Gleichungen

$$\left.\begin{aligned} \frac{1}{2}\beta'' - \frac{1}{4}\alpha'\beta' + \frac{1}{4}\beta'^2 - \frac{\alpha'}{r} &= -\lambda e^{\alpha}, \\ e^{-\alpha}\left[1 + \frac{1}{2} r(\beta' - \alpha')\right] - 1 &= -\lambda r^2, \\ e^{\beta-\alpha}\left(-\frac{1}{2}\beta'' + \frac{1}{4}\alpha'\beta' - \frac{1}{4}\beta'^2 - \frac{\beta'}{r}\right) &= \lambda e^{\beta}. \end{aligned}\right\} \tag{59, 34}$$

Aus der ersten und dritten Gleichung folgt wieder $\alpha' + \beta' = 0$; wir können auch hier $\alpha = -\beta$ setzen, da eine additive Konstante sich nur als Änderung der Zeiteinheit auswirken würde. Setzen wir wieder $e^{\beta} = \gamma$, so wird die zweite Gleichung

$$\gamma + r\gamma' = 1 - \lambda r^2$$

mit dem Integral

$$\gamma = 1 - \frac{2m}{c^2 r} - \frac{\lambda}{3} r^2. \tag{59, 35}$$

Setzen wir hier $m = 0$, so verschwindet die materielle Partikel im Ursprung und wir erhalten

$$\boxed{d\sigma^2 = -\left(1 - \frac{r^2}{a^2}\right)^{-1} dr^2 - r^2 (d\vartheta^2 + \sin^2\vartheta\, d\varphi^2) + \left(1 - \frac{r^2}{a^2}\right) c^2\, dt^2,} \tag{59, 36}$$

wo noch $a^2 = \dfrac{3}{\lambda}$ $(a > 0)$ gesetzt wurde. Diese Lösung von (58, 32) wurde von DE SITTER angegeben; sie gilt für einen vollständig leeren Raum. Für $r = a$ ergibt sich eine nicht übersteigbare Schranke der Welt, die man auch als *Horizont* bezeichnet.

Für eine ruhende (r, ϑ, φ konst.) Uhr ist

$$d\sigma = c\sqrt{1 - \frac{r^2}{a^2}}\, dt, \tag{59, 37}$$

d. h. aber nichts anderes, als daß für einen Beobachter im Ursprung die Dauer eines Umlaufes des Uhrzeigers mit wachsendem r zunimmt, bis schließlich am Horizont $r = a$ der Uhrzeiger und alles physikalische Geschehen zum Stillstand kommt. Da aber wegen der Symmetrie von (59, 36) jeder Punkt zum Ursprung gemacht werden kann, kann es auch keinen Unterschied zwischen den Ereignissen am Horizont und im Ursprung geben. Ein Beobachter, der sich, vom Ursprung aus gesehen, am Horizont befindet, hat *seinen* Horizont in der Entfernung $r = a$, wo für ihn alles stillstehend erscheint. Für ein Lichtteilchen, das sich in der Ebene $\varphi = 0$, $\vartheta = \dfrac{\pi}{2}$ vom Ursprung zum Horizont bewegt, ist nach (59, 36)

$$-\left(1 - \frac{r^2}{a^2}\right)^{-1} dr^2 + \left(1 - \frac{r^2}{a^2}\right) c^2\, dt^2 = 0,$$

also

$$dt = \pm \left(1 - \frac{r^2}{a^2}\right)^{-1} \frac{dr}{c};$$

das Lichtsignal braucht eine unendlich lange Zeit, um vom Ursprung zum Horizont zu gelangen.

Die Gleichungen der Geodätischen (59, 18) und (59, 19) gelten unverändert, wenn jetzt $\gamma = 1 - \frac{r^2}{a^2}$ gesetzt wird. Wir nehmen wieder die Anfangsbedingung $\vartheta = \frac{\pi}{2}$, so daß (59, 19) und die dritte Gleichung (59, 18) in (59, 20) und (59, 21) übergehen. Für eine ruhende Partikel ist

$$\frac{dr}{d\sigma} = \frac{d\varphi}{d\sigma} = 0$$

und daher nach (59, 20)

$$c^2 \left(\frac{dt}{d\sigma}\right)^2 = \frac{1}{\gamma},$$

so daß die erste Gleichung (59, 18) in

$$\frac{d^2 r}{d\sigma^2} + \frac{1}{2}\gamma' = 0$$

oder

$$\frac{d^2 r}{d\sigma^2} = \frac{r}{a^2} \tag{59, 38}$$

übergeht. Eine zu Beginn ruhende, nicht im Ursprung $r = 0$ befindliche Partikel bleibt also nicht in Ruhe, sondern bewegt sich vom Ursprung fort. Eine Gruppe von ursprünglich ruhenden Partikeln wird auseinanderstreben, sofern ihre gegenseitige Anziehung nicht stark genug ist, um dieses Auseinanderstreben zu kompensieren. Für den Durchmesser eines Sternsystems (Milchstraße, Spiralnebel) wird es also eine obere Grenze geben, bei der die Gravitationskräfte dem Auseinanderstreben gerade das Gleichgewicht halten. Alle bekannten Spiralnebel bewegen sich mit wenigen Ausnahmen vom Sonnensystem weg, und zwar mit einer mittleren Radialgeschwindigkeit, die in einer Entfernung von $3 \cdot 10^{19}$ km etwa 260 km $\cdot$ s^{-1} beträgt. Dafür gibt also die De Sittersche Theorie eine gewisse Erklärung[1].

[1] Anderseits folgt aus (59, 37) eine Rotverschiebung der Spektrallinien weit entfernter Objekte, die durch das Langsamerwerden der Schwingungen entsteht, so daß die beobachteten Bewegungen der Spiralnebel auch bloß auf einer unrichtigen Interpretation beruhen könnten.

Zur De Sitterschen Welt kann man auch durch folgende Überlegung kommen: Das Bogenelement auf einer Kugel vom Radius a im euklidischen Raum E_3 ist

$$ds^2 = a^2 (d\vartheta^2 + \sin^2 \vartheta \, d\varphi^2);$$

entsprechend ist das Bogenelement einer dreidimensionalen Kugel K_3 in einem euklidischen E_4

$$ds^2 = a^2 [d\chi^2 + \sin^2 \chi (d\vartheta^2 + \sin^2 \vartheta \, d\varphi^2)], \qquad (59, 39)$$

was sich leicht aus der Parameterdarstellung

$$x_1 = a \cos \varphi \sin \vartheta \sin \chi, \qquad x_2 = a \sin \varphi \sin \vartheta \sin \chi,$$

$$x_3 = a \cos \vartheta \sin \chi, \qquad x_4 = a \cos \chi$$

der K_3 ergibt. Gehen wir noch einen Schritt weiter, so ergibt sich das Bogenelement

$$ds^2 = a^2 \{d\omega^2 + \sin^2 \omega \, [d\chi^2 + \sin^2 \chi (d\vartheta^2 + \sin^2 \vartheta \, d\varphi^2)]\} \qquad (59, 40)$$

einer vierdimensionalen Kugel K_4 in einem euklidischen E_5. Mit (59, 39) werden wir uns im nächsten Abschnitt noch kurz beschäftigen. Führt man in (59, 40) an Stelle von ω und χ neue Variable ψ und t durch die Substitution

$$\cos \omega = \cos \psi \cos \frac{j c t}{a}, \qquad \cot \chi = \cot \psi \sin \frac{j c t}{a}$$

ein, deren Umkehrung

$$\sin \psi = \sin \chi \sin \omega, \qquad \tan \frac{j c t}{a} = \cos \chi \tan \omega \qquad (59, 41)$$

lautet, so folgt

$$d\sigma^2 = - ds^2 = - a^2 d\psi^2 - a^2 \sin^2 \psi (d\vartheta^2 + \sin^2 \vartheta \, d\varphi^2) +$$
$$+ c^2 \cos^2 \psi \, dt^2. \qquad (59, 42)$$

Setzt man hier noch $a \sin \psi = r$, so kommt man wieder zur De Sitterschen Maßbestimmung (59, 36). Die De Sittersche Welt, die große Ähnlichkeiten mit einer vierdimensionalen Kugel hat, bezeichnet man auch als *sphärische Welt.* Sie ist ein Einsteinscher Raum (58, 10) mit der konstanten Krümmung a^{-2}.

6. Die Einsteinsche Welt. Eine wesentlich andere Lösung der Gravitationsgleichungen hat EINSTEIN angegeben. Wir gehen von (59, 39) aus und versuchen den Ansatz

$$\begin{aligned} d\sigma^2 &= -ds^2 + c^2\,dt^2 \\ &= -a^2\,d\chi^2 - a^2\sin^2\chi\,(d\vartheta^2 + \sin^2\vartheta\,d\varphi^2) + c^2\,dt^2. \end{aligned} \tag{59, 43}$$

Setzen wir wie oben

$$a\sin\chi = r,$$

so folgt

$$d\sigma^2 = -\left(1 - \frac{r^2}{a^2}\right)^{-1} dr^2 - r^2\,(d\vartheta^2 + \sin^2\vartheta\,d\varphi^2) + c^2\,dt^2. \tag{59, 44}$$

Entsprechend der Herleitung aus (59, 39) nennt man diese Einsteinsche Welt auch eine *zylindrische Welt.* In (59, 02) ist jetzt $\beta = 0$ zu setzen, während

$$e^{\alpha} = \left(1 - \frac{r^2}{a^2}\right)^{-1} = \frac{1}{\gamma}$$

ist wie bei der De Sitterschen Lösung, womit aber nicht gesagt ist, daß die Konstante a in beiden Fällen denselben Wert hat. Aus (59, 05) folgt jetzt

$$\left.\begin{aligned} R_{11} &= -\frac{\alpha'}{r} = -\frac{2}{a^2\gamma} = -\frac{2}{a^2 - r^2}, \\ R_{22} &= \gamma\left(1 - \frac{r^2}{a^2 - r^2}\right) - 1 = -\frac{2\,r^2}{a^2}, \\ R_{33} &= -\frac{2\,r^2}{a^2}\sin^2\vartheta, \\ R_{44} &= 0 \end{aligned}\right\} \tag{59, 45}$$

und daher

$$R = g^{\alpha\beta} R_{\alpha\beta} = \frac{6}{a^2}. \tag{59, 46}$$

Wegen $R_{44} = 0$ kann die Einsteinsche Welt keine leere Welt sein, denn aus (58, 32) würde sonst $g_{44} = 0$ in Widerspruch zu (59, 44) folgen; es muß $T_{\alpha\beta} \neq 0$ sein und daher ist der Ansatz (58, 31) zu verwenden. Das gibt

$$\left.\begin{aligned} -\varkappa T_{11} &= \left(\frac{1}{a^2} - \lambda\right) \frac{a^2}{a^2 - r^2}, \\ -\varkappa T_{22} &= \left(\frac{1}{a^2} - \lambda\right) r^2, \\ -\varkappa T_{33} &= \left(\frac{1}{a^2} - \lambda\right) r^2 \sin^2 \vartheta, \\ -\varkappa T_{44} &= -\left(\frac{3}{a^2} - \lambda\right). \end{aligned}\right\} \qquad (59, 47)$$

Der Energieimpulstensor ist nach (57, 25) wegen $\Sigma_{\alpha\beta} = 0$ und (57, 12)

$$T_{\alpha\beta} = c^2 \varrho_0 \frac{dx_\alpha}{d\sigma} \frac{dx_\beta}{d\sigma};$$

nehmen wir an, daß die Geschwindigkeiten der Weltkörper klein sind im Vergleich zur Lichtgeschwindigkeit, so können wir

$$T_{ii} \approx 0, \qquad T_{i4} \approx 0, \qquad T_{44} = c^2 \varrho_0$$

setzen (man beachte, daß jetzt $x_4 = c\,t$ ist und nicht $x_4 = \imath\, c\, t$ wie in § 57), so daß die Gleichungen (59, 47) mit

$$\lambda = \frac{1}{a^2}, \qquad \varkappa c^2 \varrho_0 = \frac{2}{a^2}$$

erfüllt sind. Wegen (58, 29) folgt noch

$$a = \frac{c}{2\sqrt{\pi \gamma_0 \varrho_0}} \qquad (59, 48)$$

für den „Radius" der Einsteinschen Welt. Für das, wegen $g_{44} = 1$ von t unabhängige Gesamtvolumen der Welt finden wir

$$V = \iiint \sqrt{-g}\, dr\, d\vartheta\, d\varphi = 2\pi \int_0^a \frac{r^2}{\sqrt{\gamma}} dr \int_0^\pi \sin\vartheta\, d\vartheta = \pi^2 a^3,$$

so daß die Gesamtmasse

$$M = \pi^2 a^3 \varrho_0 = \frac{c^2 a \pi}{4 \gamma_0}$$

wird, was rund einer Trillion Sonnenmassen entspricht. Man ist geneigt, anzunehmen, daß die Einsteinsche Welt der Grenzfall einer Welt ist, die soviel Materie enthält, als überhaupt möglich ist, während die De Sittersche Welt den Grenzfall einer völlig leeren Welt darstellt.

Für die Lichtstrahlen, also für die Nullgeodätischen, ergeben sich aus (59, 15) die Gleichungen (σ ist wieder nicht die Eigenzeit)

$$\left.\begin{aligned} &\frac{d^2\vartheta}{d\sigma^2} + \frac{2}{r}\frac{dr}{d\sigma}\frac{d\vartheta}{d\sigma} - \sin\vartheta\cos\vartheta\left(\frac{d\varphi}{d\sigma}\right)^2 = 0, \\ &\frac{d^2\varphi}{d\sigma^2} + \frac{2}{r}\frac{dr}{d\sigma}\frac{d\varphi}{d\sigma} + 2\cot\vartheta\frac{d\vartheta}{d\sigma}\frac{d\varphi}{d\sigma} = 0, \\ &\frac{d^2t}{d\sigma^2} = 0, \end{aligned}\right\} \qquad (59, 49)$$

wo wir die erste ($\lambda = 1$) Gleichung weggelassen haben, und aus $g_{\alpha\beta}\, x_\alpha'\, x_\beta' = 0$

$$-\left(1 - \frac{r^2}{a^2}\right)^{-1}\left(\frac{dr}{d\sigma}\right)^2 - r^2\left(\frac{d\vartheta}{d\sigma}\right)^2 - r^2\sin^2\vartheta\left(\frac{d\varphi}{d\sigma}\right)^2 + c^2\left(\frac{dt}{d\sigma}\right)^2 = 0; \qquad (59, 50)$$

mit $\vartheta = \frac{\pi}{2}$ reduzieren sie sich auf

$$\frac{d^2\varphi}{d\sigma^2} + \frac{2}{r}\frac{dr}{d\sigma}\frac{d\varphi}{d\sigma} = 0, \qquad \frac{d^2t}{d\sigma^2} = 0 \qquad (59, 51)$$

und

$$-\left(1 - \frac{r^2}{a^2}\right)^{-1}\left(\frac{dr}{d\sigma}\right)^2 - r^2\left(\frac{d\varphi}{d\sigma}\right)^2 + c^2\left(\frac{dt}{d\sigma}\right)^2 = 0. \qquad (59, 52)$$

Integration von (59, 51) ergibt

$$r^2\frac{d\varphi}{d\sigma} = \frac{h}{c}, \qquad \frac{dt}{d\sigma} = k \qquad (59, 53)$$

mit den Konstanten h und k, und die Elimination von t und σ aus diesen Gleichungen und (59, 52) schließlich

$$\left(\frac{dr}{d\varphi}\right)^2 = r^2\left(1 - \frac{r^2}{a^2}\right)\left(\frac{c^4\,k^2}{h^2}r^2 - 1\right).$$

Eine einfache Rechnung gibt die Lösung

$$\frac{1}{r^2} = \frac{1}{a^2}\cos^2(\varphi - \omega) + \frac{c^4\,k^2}{h^2}\sin^2(\varphi - \omega) \qquad (59, 54)$$

mit der Integrationskonstanten ω. $\frac{1}{r^2}$ ist somit eine mit π periodische Funktion von φ, die Lichtstrahlen sind *geschlossene Kurven*. Aus (59, 53) folgt

$$\frac{dt}{d\varphi} = \frac{c\,k}{h}\,r^2,$$

so daß die Zeit T, die ein Lichtteilchen für einen vollen Umlauf braucht,

$$T = a^2\,c\,k\,h \int_0^\pi \frac{d\varphi}{h^2 \cos^2(\varphi - \omega) + a^2\,c^4\,k^2 \sin^2(\varphi - \omega)} = \frac{a\,\pi}{c}$$

wird. Wir erwähnen noch, daß die Einsteinsche Welt weder ein Einsteinscher Raum (58, 10) noch ein Raum konstanter Krümmung ist.

Anhang

Lösungen der Aufgaben

§ 39

1. Es ist

$$w^i = (\dot{\varrho}, \dot{\varphi}, \dot{z})$$

Aus Aufgabe 2 des § 33 entnehmen wir

$$g_{pq} = \begin{pmatrix} 1 & 0 & 0 \\ 0 & \varrho^2 & 0 \\ 0 & 0 & 1 \end{pmatrix}$$

und daher folgt aus (39, 16)

$$w\langle 1 \rangle = \dot{\varrho}, \qquad w\langle 2 \rangle = \varrho \dot{\varphi}, \qquad w\langle 3 \rangle = \dot{z}.$$

2. Es ist

$$w^i = (\dot{r}, \dot{\varphi}, \dot{\vartheta}).$$

Aus (38, 17) entnehmen wir

$$g_{11} = 1, \qquad g_{22} = r^2 \sin^2 \vartheta, \qquad g_{33} = r^2$$

und daher ist

$$w\langle 1 \rangle = \dot{r}, \qquad w\langle 2 \rangle = r \sin \vartheta \, \dot{\varphi}, \qquad w\langle 3 \rangle = r \dot{\vartheta}.$$

3. Es ist

$$w^1 = \dot{u}_1 = \dot{x}_1 - \frac{1}{\sqrt{3}} \dot{x}_2,$$

$$w^2 = \dot{u}_2 = \frac{2}{\sqrt{3}} \dot{x}_2,$$

$$w^3 = \dot{u}_3 = \dot{x}_3.$$

Nach (33, 24) ist

$$g_{pq} = \begin{pmatrix} 1 & \frac{1}{2} & 0 \\ \frac{1}{2} & 1 & 0 \\ 0 & 0 & 1 \end{pmatrix}$$

und daher sind die physikalischen Koordinaten $w\langle i \rangle$ gleich den w^i.

4. Aus

$$\varrho = \text{konst.},$$
$$\varphi = \omega t,$$
$$z = k t^2$$

folgt

$$w^i = (0, \omega, 2 k t).$$

Da von den Christoffelklammern zweiter Art, wie das Beispiel auf S. 8 zeigt, nur

$$\begin{Bmatrix} 1 \\ 22 \end{Bmatrix} = -\varrho, \qquad \begin{Bmatrix} 2 \\ 12 \end{Bmatrix} = \frac{1}{\varrho}, \qquad \begin{Bmatrix} 2 \\ 21 \end{Bmatrix} = \frac{1}{\varrho}$$

nicht verschwinden, erhalten wir nach (39, 22)

$$a^1 = 0 + \begin{Bmatrix} 1 \\ 22 \end{Bmatrix} w^2 w^2 = -\varrho \omega^2,$$
$$a^2 = 0 + \begin{Bmatrix} 2 \\ 12 \end{Bmatrix} w^1 w^2 + \begin{Bmatrix} 2 \\ 21 \end{Bmatrix} w^2 w^1 = 0,$$
$$a^3 = 2 k.$$

Zur Berechnung nach (39, 26) bilden wir

$$S = \frac{1}{2} g_{lk} w^k w^l =$$
$$= \frac{1}{2} (g_{22} w^2 w^2 + g_{23} w^2 w^3 + g_{32} w^3 w^2 + g_{33} w^3 w^3) =$$
$$= \frac{1}{2} (\varrho^2 \omega^2 + 4 k^2 t^2).$$

Es ist

$$\frac{\partial S}{\partial w^1} = 0, \qquad \frac{\partial S}{\partial w^2} = \varrho^2 \omega, \qquad \frac{\partial S}{\partial w^3} = 4 k t.$$

Ferner ist

$$\frac{d}{dt}\left(\frac{\partial S}{\partial w^1}\right) = \frac{d}{dt}\left(\frac{\partial S}{\partial w^2}\right) = 0, \qquad \frac{d}{dt}\left(\frac{\partial S}{\partial w^3}\right) = 4 k$$

und

$$\frac{\partial S}{\partial u_1} = \varrho\,\omega^2, \qquad \frac{\partial S}{\partial u_2} = 0, \qquad \frac{\partial S}{\partial u_3} = 2\,k.$$

Somit erhalten wir aus (39, 26)

$$a_1 = -\,\varrho\,\omega^2, \qquad a^2 = 0, \qquad a_3 = 4\,k - 2\,k = 2\,k.$$

Die kovarianten Koordinaten der Beschleunigung stimmen mit den kontravarianten überein, da wir ein orthogonales Koordinatensystem benutzt haben.

§ 41

1. Nach (41, 07) ist

$$\theta_{ij} = \sum m\,(x_p\,x_p\,\delta_{ij} - x_i\,x_j).$$

Der Massenpunkt im Abstand $+a$ hat die Koordinaten

$$x_i = (a, 0, 0).$$

Für seinen Anteil an der Summe (41, 07) findet man

$$\overset{1}{\theta}_{11} = m\,a^2\,\delta_{11} - a^2 = 0,$$

$$\overset{1}{\theta}_{22} = m\,a^2\,\delta_{22} = m\,a^2,$$

$$\overset{1}{\theta}_{33} = m\,a^2\,\delta_{33} = m\,a^2.$$

Alle Koordinaten θ_{ij} für $i \neq j$ verschwinden. Analog gilt für den Anteil $\overset{2}{\theta}_{ij}$ des zweiten Massenpunktes mit den Koordinaten

$$x_i = (-\,a, 0, 0),$$

$$\overset{2}{\theta}_{11} = m\,a^2\,\delta_{11} - a^2 = 0,$$

$$\overset{2}{\theta}_{22} = \overset{2}{\theta}_{33} = m\,a^2$$

und daher

$$\theta_{ij} = \begin{pmatrix} 0 & 0 & 0 \\ 0 & 2\,m\,a^2 & 0 \\ 0 & 0 & 2\,m\,a^2 \end{pmatrix}.$$

2. a) Für das Trägheitsmoment um die 1-Achse verwenden wir den Einsvektor

$$e_i = (1, 0, 0)$$

daher ist

$$\theta = \theta_{ij}\, e_i\, e_j = 0.$$

b) Für das Trägheitsmoment um die 2-Achse benutzen wir den Einsvektor

$$e_i = (0, 1, 0).$$

Es ist

$$\theta = \theta_{ij}\, e_i\, e_j = 2\, m\, a^2.$$

c) Für das Trägheitsmoment um die 3-Achse benutzen wir den Einsvektor

$$e_i = (0, 0, 1)$$

und es folgt

$$\theta = \theta_{ij}\, e_i\, e_j = 2\, m\, a^2.$$

§ 43

Man benutzt ebene Polarkoordinaten

$$q_i = (r, \varphi).$$

Der Verschiebungsvektor ist dann durch

$$U_r = U^r = (\varepsilon\, r, 0) \qquad \text{mit} \qquad \varepsilon = \alpha - 1$$

bestimmt. Von den Christoffelklammern sind nach Aufgabe 1 von § 35 nur die folgenden drei von Null verschieden:

$$\begin{Bmatrix} 1 \\ 22 \end{Bmatrix} = -r, \qquad \begin{Bmatrix} 2 \\ 12 \end{Bmatrix} = \frac{1}{r}, \qquad \begin{Bmatrix} 2 \\ 21 \end{Bmatrix} = \frac{1}{r}.$$

Die absoluten Ableitungen des Verschiebungsvektors verschwinden mit Ausnahme von

$$\mathfrak{d}_1 U_1 = \frac{\partial \varepsilon\, r}{\partial r} - U_1 \begin{Bmatrix} 1 \\ 11 \end{Bmatrix} = \varepsilon,$$

$$\mathfrak{d}_1 U^1 = \frac{\partial \varepsilon\, r}{\partial r} + U_1 \begin{Bmatrix} 1 \\ 11 \end{Bmatrix} = \varepsilon,$$

$$\mathfrak{d}_2 U_2 = \frac{\partial 0}{\partial \varphi} - U_1 \begin{Bmatrix} 1 \\ 22 \end{Bmatrix} = \varepsilon r^2,$$

$$\mathfrak{d}_2 U^2 = \frac{\partial 0}{\partial \varphi} + U^1 \begin{Bmatrix} 2 \\ 12 \end{Bmatrix} = \varepsilon r \frac{1}{r} = \varepsilon.$$

Daraus folgt

$$2\gamma_{11} = 2\varepsilon + \varepsilon^2 = \alpha^2 - 1,$$
$$2\gamma_{22} = 2\varepsilon r^2 + \varepsilon^2 r^2 = (\alpha^2 - 1) r^2$$

und

$$\gamma_{rs} = \frac{1}{2}\begin{pmatrix} \alpha^2 - 1 & 0 & 0 \\ 0 & (\alpha^2 - 1) r^2 & 0 \\ 0 & 0 & 1 \end{pmatrix}.$$

Man kann zu dem gleichen Ergebnis auch direkt von (43, 49) kommen. Nach Aufgabe 2 von § 33 ist

$$g_{rs} = \begin{pmatrix} 1 & 0 & 0 \\ 0 & r^2 & 0 \\ 0 & 0 & 1 \end{pmatrix}.$$

Bei der Deformation wird jede Strecke in der Ebene im Verhältnis $\alpha : 1$ gedehnt, daher muß gelten

$$d\bar{s}^2 = \alpha^2 \, dr \, dr + \alpha^2 r^2 \, d\varphi \, d\varphi + dz \, dz,$$

d. h. es ist

$$\bar{g}_{rs} = \begin{pmatrix} \alpha^2 & 0 & 0 \\ 0 & \alpha^2 r^2 & 0 \\ 0 & 0 & 1 \end{pmatrix}$$

und nach (43, 49)

$$\gamma_{rs} = \frac{1}{2}\begin{pmatrix} \alpha^2 - 1 & 0 & 0 \\ 0 & (\alpha^2 - 1) r^2 & 0 \\ 0 & 0 & 1 \end{pmatrix}.$$

Sachverzeichnis

MIX
Papier aus verantwortungsvollen Quellen
Paper from responsible sources
FSC® C105338

If you have any concerns about our products,
you can contact us on
ProductSafety@springernature.com

In case Publisher is established outside the EU,
the EU authorized representative is:
Springer Nature Customer Service Center GmbH
Europaplatz 3, 69115 Heidelberg, Germany

Printed by Libri Plureos GmbH
in Hamburg, Germany